生物质评估手册

——为了环境可持续的生物能源

The Biomass Assessment Handbook

Bioenergy for a Sustainable Environment

Frank Rosillo-Calle, Peter de Groot,
Sarah L. Hemstock, Jeremy Woods 编著

胡 林 张蓓蓓 主译

程 序 主审

中国农业大学出版社
·北京·

内 容 简 介

本书系统介绍了生物质资源、生物质原料供应和消费的评估方法、遥感技术的应用以及生物能开发利用的案例研究。全书共7章。1～6章概述了生物能的作用、潜力、传统与现代应用，并分析了数据获得和分类中存在困难、大规模应用的障碍及生物质的未来，还分别介绍了生物质评估的方法论基础、木质生物质供应、非木质生物质和二次燃料、生物质消费评估及遥感技术在生物质生产和碳封存项目中的应用。基于实证研究，第7章介绍了5个案例，包括生物质能的国际贸易、生物质能市场建立、沼气和生物柴油的应用、生物质能对碳封存和气候变化的潜在影响。本书内容丰富、取材广泛，尤其是对生物质能源供应和消费的评估提供了实用、标准化的方法，作者都是资源、环境和农村发展领域的国际知名专家。翻译并出版本书，相信对推动我国新兴的生物质能资源评估和产业发展将大有裨益。

图书在版编目(CIP)数据

生物质评估手册/(英)罗西奥-卡乐(Rosillo-Calle，F.)等编著；胡林，张蓓蓓主译；程序主审. —北京：中国农业大学出版社，2012.5

ISBN 978-7-5655-0515-7

Ⅰ.①生… Ⅱ.①罗…②胡…③张…④程… Ⅲ.①生物能源-评估-手册 Ⅳ.①TK6-62

中国版本图书馆CIP数据核字(2012)第051458号

书　名　生物质评估手册——为了环境可持续的生物能源

作　者　Frank Rosillo-Calle 等编著　胡林 张蓓蓓 主译　程序 主审

策划编辑　梁爱荣　　**责任编辑**　梁爱荣

封面设计　郑　川　　**责任校对**　陈　莹　王晓凤

出版发行　中国农业大学出版社

社　址　北京市海淀区圆明园西路2号　　**邮政编码**　100193

电　话　发行部 010-62818525，8625　　读者服务部 010-62732336

编辑部 010-62732617，2618　　出　版　部 010-62733440

网　址　http://www.cau.edu.cn/caup　　**E-mail** cbsszs @ cau.edu.cn

经　销　新华书店

印　刷　涿州市星河印刷有限公司

版　次　2013年1月第1版　2013年1月第1次印刷

规　格　787×1 092　16开本　16印张　275千字

定　价　48.00元

图书如有质量问题本社发行部负责调换

本书简体中文版本翻译自 Frank Rosillo-Calle，Peter de Groot，Sarah L. Hemstock，Jeremy Woods 编著的“*The Biomass Assessment Handbook*”。

Translation from the English language edition:

The Biomass Assessment Handbook, By Frank Rosillo-Calle, Peter de Groot, Sarah L. Hemstock, Jeremy Woods.

ISNB:978-1-84407-526-3.

Authorized translation from English language edition published by Earthscan Press, part of Taylor & Francis Group LLC.

本书原版由 Taylor & Francis 出版集团旗下，Earthscan 出版公司出版，并经其授权中国农业大学出版社专有权利在中国大陆出版发行。

著作权合同登记图字:01-2009-4759。

参 译 人 员

引言　张蓓蓓　胡　林

1 生物能的概述　胡　林　张蓓蓓

2 生物质评估方法论基础的概述　胡　林　李　杰

3 木质生物质供应的评估方法　赵臣郡　张蓓蓓

4 非木质生物质和二次燃料　孙运辉　关政荣　耿　维

5 生物质消费评估　胡　林　李红莉

6 评估生物质生产与碳封存项目的遥感技术　胡　林　贺　盼　卜美东

7 案例研究　张蓓蓓　邹晓霞

附录　王秀玲　张蓓蓓　耿　维

校译者的话

近半个世纪以来，发达国家率先开发现代生物能源产业；而广大发展中国家仍在很大程度上依赖传统利用方式的生物质能。在逐步工业化、生活水平提高和化石能源价格不断上涨等多个因素的作用下，一些发展中国家也开始积极开发生物质能源。

生物质原料可以说是现代生物能源的“生命线”。与发达国家大量使用谷物、食用油制备乙醇和生物柴油以及大量种植专用能源作物的做法不同，发展中国家可利用的原料，首先是农、林、牧业生产、工业生产及人民生活产生的各种有机下脚料和废弃物；其次是选择性地在边际性土地上种植能源林、灌木和植物。本书正是针对发展中国家这方面的需求，详尽地介绍了两大类生物质原料的能源特性、资源量评估方法，并配以若干实际的案例加以进一步说明。作者都是资源、环境和农村发展领域的国际知名专家，又长期在发展中国家从事生物能源工作。因此，书的内容切合包括中国在内的发展中国家的实际。我们愿意向有志于生物能源开发的人士推荐本书。

本书能够出版，要感谢中国农业大学出版社及责任编辑梁爱荣同志。由于书的翻译校稿时间较长，加上译稿不是一次交齐，给他们的工作带来很多困难，特别是要多次与国外版权单位协调。另外，本书在翻译和校对过程中，中国农业大学生物质工程中心的许多研究生也做了不少工作，王涛教授、董仁杰教授、谢光辉教授、庞昌乐副教授、崔建宇副教授给予了宝贵意见。中国农业大学“985”生物质工程科技创新平台、“211 工程”生物能源新兴交叉学科建设项目及北京市“生物质工程”重点学科建设项目对本书的出版给予了资助，在此也一并表示感谢。

由于我们的水平所限，书中难免有翻译不准确或错误之处，恳请各位专家、读者不吝指正。

程序　胡林

2012 年 11 月

目　录

图、表、框

图

表

框

编者说明

编著者无疑对本书做出了大量贡献。但事实上，自编写本书的念头产生后，已有很多人通过不同方式对书的写作提供了直接和间接的帮助。由于人数众多，我们无法将他们的名字一一列举，只能尽力而为。对于遗漏而未提及者，我们表示诚挚的歉意。

对大卫·霍尔先生致以的敬意

谨以本书纪念大卫·奥克利·霍尔(David Oakely Hall)教授,一个富有远见卓识的人,他不知疲倦地倡导将生物质作为一种现代能源和社会发展、环境保护的手段。

大卫是一个杰出的科学家,他的研究兴趣包括自然草原的生物生产力、固定细胞和光合作用产生的能量和化学物质,这些使他赢得了全世界同行的广泛尊重。他感到,发达国家和发展中国家的决策者们都严重忽视了生物质作为现代能源和化学制品的重要性。因此,他利用一切机会大声疾呼,以使生物质作为一个更重要的工具,来解决我们今天面临的主要问题,包括贫困、食物供给、能源、住房、环境破坏和气候变化。

大卫不仅是一个非常受人尊重的学者,同时他也总是努力把理论和知识应用于实际,鼓励和支持实际的、多学科的生物质项目,从而改善生活和维护环境,而这类项目有不少是在偏远地区实施。

大卫很清楚地认识到,测量各种形式生物质的种类繁多的系统,是生物质资源评估和比较的一个阻碍因素。这使人很难向决策者和规划者提供一幅清晰连贯的图景,即生物质能源在世界一半人口的生活中所扮演的重要角色,以及现代生物质能源在减少对化石燃料的依赖、缓解气候变化和创造就业机会等重要方面可以发挥的关键作用。作为改变这一局面的尝试,大卫为本手册第一版的统稿,对协调许多撰稿的内容花了大量的心血。尽管生物质能源现在已更多地成为头条新闻。令人感伤的是,这已经是20多年前的事了,当能源问题开始出现,但还没有变得很糟以前,大卫就已经敏锐地意识到了。这一点是发人深省和令人感慨的。

1999年8月22日,大卫不幸去世,年仅63岁。他广博的知识、很强的处世能力以及他的热情和旺盛的精力都让我们深深怀念。所有的编者们为曾与他共事而深感荣幸,并终生受益于他的智慧、慷慨和人格。将生物质置于人类发展和环境福祉的核心位置是大卫·霍尔先生的梦想。我们希望本手册的出版能为实现他的这一梦想尽一份绵薄之力。

编者

致　谢

编者感谢为这本手册做出各种贡献（财政上或其他方面）的以下机构和个人。

AFREPREN*，Al Binger，生物质用户网*，Charles Wereko-Brobby，英联邦科学理事会，David Hall，联合国粮食及农业组织*，Gerald Leach，John Soussan，Keith Openshaw，Phil O'Keefe，洛克菲勒基金会*，Tbaa Tietema，Woraphat Arthauyti，Gustavo Best，Miguel Trossero，Jonathan M. Scarlock，阿洛法图瓦卢基金会，Gilliane Le Gllic，Fanny Heros 和 John Hensford.

* 为在此项目期间提供各种财政支持的机构。

前　言

就像20世纪见证石油作为一种主要燃料的上涨一样，21世纪应该是一种能源载体的新混合物的市场，其中逐渐占据统治地位的是可再生能源，特别是生物能源。

因此本书是在一个关键和适时的时刻出版的。

自从发现火后，全人类一直在使用传统形式的生物能，有薪材、木炭和有机残留物，但是只在近100年来，它才以更先进和现代化的形式重新出现。我们不要忘记，19世纪20年代和30年代的战争时期，生物质气化炉被用作汽车运输燃料，以及1893年Rudolf Diesel第一次使用花生油作为汽车发动机燃料。尽管生物能技术应用在那些时期开始发展，但是随着廉价的、丰富的石油和天然气形式的化石燃料处于统治地位，生物燃料在80多年来处于能源发展的次要地位。

此后事情发生了相当大的变化。目前我们处于这样一个新时代：化石燃料正在经历它们霸权地位的最后几十年，环境和气候变化问题在国际议程中上升为主要地位，由于相当不幸的原因，能源安全已经作为变化的主要驱动力而受到人们的注意。仅这些原因即使我们比以往任何时候都需要生物能。然而，需要现代化生物能还有其他更加紧迫的原因：

世界上的12亿农村人口仍然缺少能源，并且需要更廉价、清洁和可持续的能源。

生物能是一种地方上可获得的能源，在可再生能源中，它具有最强的灵活性。也就是说，它能够以固体、液体和气体形式被利用。没有其他能源可以为发展农业和林业、增加工作以及加强农村基础设施创造新的机会，在许多国家，无论是发展中国家还是发达国家，也无论在东方、西方、南方、北方。生物能强势发展并不是偶然的。在某种意义上，这种发展似乎快于前沿知识的进展，而前沿知识应该针对这一新领域指导决策、确定环境承载力、确保可持续发展和保证这个社会公平。

这就是为什么这本书如此及时——这是因为它阐明和解释了引导生物能未来的关键因素。

在某时某地，什么是生物能的潜力？

缺乏获得这一关键信息的方法，决策就会是冒险的，将导致潜在的经济损失、环境灾害和软弱的能源情景。

本书的作者都是世界上著名的专家，他们拥有在能源和农业发展前沿的多年经验以及国际公认的专业精神。作为坚定的研究者，他们寻找更好的方法和有用的工具，以促使通往可持续生物能系统的道路切实可行。

这本书中的资料将会有益于对社会更美好的未来感兴趣的不同部门的许多人，也会在发展能源、农业未来、农村人口融入现代社会、增强环境、减缓气候变化，特别是加强粮食安全和稳定公平的商品价格方面发挥作用。

我想强调这本书对我的组织——联合国粮食与农业组织(FAO)的重要性。它将会显著增强国际生物能源平台(IBEP)这一由 FAO 推动，进行设计以便促进国家层面作出关于生物能问题的明智政策和技术决定，以及调节国际合作使其适应 21 世纪向生物能转折的工具。

因此，我们非常真诚地感谢这本书的作者。该书确实是对 IBEP 和世界各地其他生物能项目关键要素的贡献。

记住，信息的一个定义是：

知识能引起变化

我很高兴和荣幸介绍这本书给那些寻找生物能信息的人们。

古斯塔夫·贝斯特
(Gustavo Best)

FAO 资深能源协调员

2006 年 5 月

首字母缩合词和简称的名单

ABI 奥地利生物柴油研究所
AMI 美国甲醇研究所
BECS 储存碳的生物能
BEDP 甘蔗渣能源发展方案
BI 1×10^9 升
boe 桶油当量=40 加仑(US)(1US 加仑=4.55 升)
CAI 年生长量
CCS 碳捕获和封存
CDM 清洁发展机制
CEB 中央电力委员会
CHP 热电联产
CRF 资本回收因子
CRI 作物残留物量指数
CT 碳交易
DBF 致密成型生物质燃料
DBH 胸径
DLG 发展中国家(也是欠发达国家)
EEZ 专属经济区
EREC 欧洲可再生能源委员会
EU 欧盟
FAO 粮食与农业组织
FAOSTAT 联合国粮食及农业组织统计部
FBC 流化床燃烧
FxBC 固定床燃烧
G8 八国集团
GCV 总热值
GHG 温室气体
GHV 总热值
GIS 地理信息系统
GPS 全球定位系统
CNG 压缩天然气
GTCC 燃气涡轮/蒸汽轮机联合循环
HHV 高位热值
HVS 均匀植被层
IBEP 国际生物能源平台
IBGI 综合生物质能气化炉/燃气轮机
IC 内燃机
IEA 国际能源署
IPCC 政府间气候变化专门委员会
LCA 全生命周期分析
LEI 低能源投入
LGP 液化石油气
LHV 低位热值
LIDAP 光探测和测距
LPG 液化石油气
LSP 大型摄影
MAI 年平均生长量
mc 水分含量
MSW 城市固体废物
Mtoe 1×10^6 吨石油当量
NDVI 归一化植被指数
NGO 非政府组织
NHV 净热值
NIR 近红外线

NPP 净初级生产量(吨/公顷·年)
ODT 烘干吨
OECD 经合组织
PET 潜在蒸发蒸腾
PPA 购电协议
RD&D 研究、开发与示范
RET 可再生能源技术
SPOT(地球观测卫星)
SRES 气候变化政府间协商组织关于全球温室气体排放情况的特别报告(IPCC)
UFO 使用过的煎炸油
VME 蔬菜酸甲酯
NUE 养分利用效率
ODV 烘干重
PAR 光合有效辐射
PJ 百万亿焦耳(10^{15}焦耳)
RADAR 无线电探测和测距
RE 可再生能源
SFC 具体燃料消费
SRC 短轮伐灌木林
SST 统计抽样技术
toe 吨油当量=42 Giga Joules(Mtoe=1×10^6 toe)
USDOE 美国能源部
UV 紫外线

引　言

写这本书的想法产生于二十年前；自从它第一次被设想为英联邦科学委员会的一个项目，许多事情已经发生了变化。我们现在正生活在生物能源历史上的一个特别重要和激动人心的时刻。在工业化国家，化石燃料特别是石油几十年来一直控制着我们消费的能源以及整个经济。交通系统已经变得危险地和过于依赖石油。由于目前油价较高以及认识到这可能是未来的主要趋势，我们现在可以播下能让我们在使用(和生产)能源的方式上发生真正的根本变化的种子。面对这种新情景，尽管可能有不确定性，生物能必然将发挥越来越重要的作用。

生物能不再像过去常被描述的那样，只是一种过渡性的能源。事实上，世界上的许多国家在过去几年已经推出了支持生物能的政策。此外，生物能不再因只是"穷人的燃料"而被忽视，而是被认为是能够为现代消费者提供方便、可靠和负担得起的服务的一种能源。因此，现在应该集中研究现代生物能的发展和生产：与在三块石头架起的火堆上燃烧木材有很大的区别。

但是正如已故 Anil Agarwal 所说，实际上对发展中国家的大多数人来说，生活就是为生物质而斗争。在占世界人口 3/4 的发展中国家，生物质能源是他们的最重要能源。一些国家，例如布隆迪、埃塞俄比亚、尼泊尔、卢旺达、苏丹和坦桑尼亚，生物质能源占一次能源消费量的 95%以上。生物质不仅用于家庭、许多机构和服务行业的烹饪，也用于农产品加工以及砖瓦、水泥、肥料等制造业。生物质经常大量用于烹饪以外的其他目的，特别是在城镇和城市周围。

在可预见的未来，生物质将是世界上大多数人的主要能源。一份 IEA (2002)报告指出：

到 2030 年，发展中国家超过 26 亿的人口将继续依赖生物质用于烹饪和供暖……增加 2.4 亿人以上。(在 2030 年)生物质使用将占家庭能源消费的一半以上。

生物质能源的传统和现代应用

生物质能源能够从木材、树枝、稻草、粪便和农业残留物等中很容易地得到。它可以通过燃烧直接产热或发电，也可以发酵成醇类燃料，厌氧消化为沼气，或是气化后产生高能值的燃气。

因为满足不断增长人口的粮食需求而进行的农业扩展，导致传统生物质能源的过度使用，进而导致薪材的日益匮乏，以及砍伐森林和沙漠化问题。但即使如此，地球上仍有巨大的尚未开发的生物质潜力，特别是在更好地利用现有森林和其他土地资源以及较高的植物生产力方面。

能源效率

未加工形式的生物质往往燃烧效率很低，所以大部分的能量被浪费了。例如，在农村地区薪材用于烹饪，人均能源消耗量要比利用气体或液体燃料高好几倍，(折能)几乎与 20 世纪 70 年代中期西欧人均汽车消费的能源量相当。

能源规划者应考虑利用先进的技术，将生物质原料转化为现代的、方便的能源载体，例如电力、液体或气体燃料、加工的固体燃料，以增加从生物质中可提取的能源。

多种用途

除了食物和能源，生物质是许多重要日常材料的主要来源。生物质的多种用途可总结为六个 f(译者注：英文首字母)：食物(food)、饲料(feed)、燃料(fuels)、原料(feedstock)、纤维(fiber)和肥料(fertilizer)。生物质产品也经常作为第七个 f——即资金(finance)的来源。

由于人们对于生物质的依赖几乎是普遍的、多方面的，因此重要的是理解这些用途之间的相互联系，以及确定在未来更有效率生产和更广泛使用的可能性。任何一种新形式的生物质能源的成功取决于使用合理先进的技术。因此，调查生物质以现代生物燃料(例如生物乙醇)驱动燃气轮机的潜力是非常重要的。

土地管理

实现最佳生物质的可持续生产和利用，真正问题在于土地管理。新的和传统的农业间作和农林系统能够最大限度地提高能源和粮食生产，同时通过产生辅助效益，如饲料、化肥、建筑材料和药物等，使土地使用多样化，而通过长期种植维持土壤肥力和结构，增加环境保护。

大规模能源种植园需要关于如何使用土地的国家或地区政策。这些政策远远超出能源范围，包括粮食生产和价格、土地改革、粮食出口和进口、旅游和环境方面。缺少这些综合政策经常会引起燃料、粮食和其他用途的土地利用之间的冲突，从而会导致毁林和热带稀树草原开荒，以扩张农业。

环境因素

植物和植物残留物的可持续生产和转换为燃料，为减轻森林和林地作为燃料使用的压力提供了一个重要机会。伴随着毁林开荒，这些压力已经成为对森林和树木资源、湿地、流域和山地生态系统的主要威胁。

生物质燃料也能在减缓气候变化中发挥重要作用。利用现代能源转换技术使利用生物燃料替换等能量的化石燃料成为可能。如作为能源的生物质可持续地生长，在特定时期内的增长量等于燃烧量，就没有净积累的CO_2。这是因为燃烧过程中释放的CO_2补偿了能源作物生长中吸收的CO_2。

人们对植被破坏和砍伐森林以及荒漠化和CO_2在气候变化中的作用空前迫切的关注，使得转向可持续和有效地利用生物质能源，以及将其作为传统燃料以及现代中性气体温室中的商业应用变得非常关键。

为什么编写这本书？

尽管生物质能源有非常的重要性，但是当前在很大程度上人们仍未认识到其作用。许多发展中国家正在经历生物质能源的严重缺乏。解决生物质系统问题的方案将需要生物质消费和供应的详尽信息。各国政府和机构需要能源需求的详细知识，以及生物质资源的年产量和蓄积量信息，以便为未来作计划。很明显，与化石燃料的供需的信息类似。需要对各种形式的生物质能源的供应和需求的标准测量数据。

但是，目前普遍缺乏这方面信息，数据也往往不准确。此外，没有测量和估计生物质的标准规程，因此往往不可能比较若干套现有的数据。本手册的目的，是提供一种测量和记录生物质能源消费及供应的实用普遍的方法。策划这本书是为了吸引更广泛的读者，因此我们尽量避免包含太多的技术细节。

正如在第一章中指出的，生物质资源可能是世界上最大和最可持续的能源。理论上，在不影响世界粮食供应的前提下，它至少可以提供超过800 EJ(800×10^{18}焦耳)。相比之下，当前全球的能源使用量仅仅超过400 EJ。因此，生物质几乎在所有的全球主要能源供应的预测情景中占显著地位并不为怪。

本手册是多年个人经验的成果。我们已经从自己的实地考察、教学课程和其他现有材料中收集资料。我们想要证明生物能的重要性，以及展示如何逐步评价这样一种重要资源。本手册特别重视传统生物能的应用，同时也重视其现代应用形式。这是因为当涉及能源的测量时，传统应用形式最为困难。能源测量技术与其他所有事物一样，并不是静止而是不断变化的，注意到这一点很重要。本手册意图帮助那些对生物质资源的基础和测量技术感兴趣的人们。能源转换技术没有在这册书进行详细描述，因为它们会在随后出版的第二册中涉及。

本书的第 1 章概述了生物质资源的潜力、当前和今后的使用（各种情景）、技术选择、传统与现代应用以及获取高质量数据的困难。其目的是使非专业读者熟悉生物能和它作为一种能源的重要性，以及未来它对世界能源组成可能的能源贡献。

第 2 章论述了生物质测量、分类、资源评估和土地利用的一般方法中的问题。也简要研究了遥感技术、生物质流程图、测量生物质的单位（例如，生物质存量、水分含量和热值）、重量与体积比、计算能值，最后探讨了未来可能的发展趋势。

第 3 章讨论了各种类型的生物质（木质和草本植物）的规划问题（土地限制、土地利用、使用权）和气候问题等。仔细研究了准确测量可作为能源的木质生物质供应的最重要方法，特别是森林测定技术，用于测量树木的重量和体积、蓄积量和产量、高度和树皮量，以及测量从专用能源种植园、农工业种植园和加工的木质生物质（木质残留和木炭）中得到的能源。

第 4 章主要介绍了具有能源潜力的传统农作物。也包括目前正在考虑的可能作为能源专用的新作物，如芒草、芦苇草和柳枝稷。本章也考查了那些越来越多地进入国际贸易的致密成型生物质（煤球、颗粒、木片）；详细研究了二次燃料（生物柴油、沼气、乙醇、甲醇和氢气）；简要回顾了三次燃料［城市固体废弃物（MSW）］，因为它们的发展能够对生物质资源产生重要影响。最后，评估了仍然在世界上许多发展中国家发挥重要作用的畜力牵引及其对生物质资源产生的影响。

第 5 章着重阐述了生物质供应和消费模式的评估。它着眼于构思生物质能源消费调查，问卷设计，实施调查和国内部门的生物质能源消费的不同形式，燃料使用。最后，提供了若干小岛屿上的一次能源消费的例子。

第 6 章评估了遥感中使用的主要技术。遥感用于测量生物质，特别是估量作为能源使用的木质生物质生产。它评估在项目或大种植园或景观尺度上的生物质，而不是评估一个国家或全球的森林生物质。本章介绍了生物能效用，以及森林或种植园管理者使用各种遥感技术来估计、监测或核查生物质生产量或生长速率。此外，这些技术也可用于估计碳封存项目中碳储量变化。

以卫星图像为基础的遥感技术替代了传统方法，用于估计或监测或核查森林或种植园区域，以及生物质生产量或生长速率。遥感技术能用经济有效的方式提供即使是偏远地区的明确空间信息并实现重复监测。

第 7 章包括五个案例研究，其中每个案例详细论述生物能的某个特定方面。它们用于说明计算生物质资源的方法步骤和基于实地考察经验的现代应用，或是说明一个特定区域下列潜在重大变化或趋势。这些是：

(1)生物贸易，生物能源国际贸易的发展及其更广泛的意义；

(2)小岛屿社区的沼气利用；

(3)在小岛屿国(如图瓦卢)利用从椰子中得到的生物柴油；

(4)如何建立一个现代生物质市场(如在奥地利)；

(5)最后一个案例研究着眼于生物质能源、碳封存和气候变化的潜在影响。

每章的最后，都有若干附录，以帮助读者寻找更加详细的技术数据。

参考文献

IEA(2002)Energy Outlook 2002—2030,IEA,Pairs,www.iea.org

1　生物能的概述

Frank Rosillo-Calle

介　　绍

生物能不是通常被描述成的一种过渡性的能源，而是作为一种越来越重要的现代能源的载体。本章概述了生物能及其作为世界上最大的可再生能源的潜力。研究了生物质能源的作用和它的潜力(传统和现代应用以及二者之间的联系)，详述了收集信息和分类生物质能源的困难，讨论了使用生物能源的障碍，最后考查了生物能源今后可能发挥的作用。由于在本章中进行详细分析是不可能的，读者在需要时，可查阅本章最后的参考文献部分。

生物能源的历史作用

整个人类历史上，所有形式的生物质已经成为我们所有基本需求的最重要来源，这些基本需求经常被总结为六个 f：食物、饲料、燃料、原料、纤维和肥料。生物质产品也经常作为第七个 f——资金的一个来源。直到 19 世纪初，生物质仍是工业化国家主要能源，至今仍然继续为许多发展中国家提供主要部分的能源。

以往的文明见证了生物能源的作用。森林曾对世界文明有决定性的影响，只要森林和粮食生产区支持城镇和城市，文明就会繁荣昌盛。木材是维持过去社会的基础。缺乏这种资源，文明就会衰退。历史上森林对于文明的至关重要性就如同石油对于现代文明的重要性一样(Rosillo-Calle 和 Hall，2002；Hall 等，1994)。例如，过去罗马人将大量木材用于建筑、供暖和各种工业。罗马人委派的船舶从遥远的法国、北非和西班牙运来木材。用于建筑工程和造船的材料，冶金烹饪、火葬和供暖的燃料等。从而使得克里特岛、塞浦路斯、希腊迈锡尼和罗马的许多地区丧失了大量森林(Perlin 和 Jordan，1983)。当森林被耗尽，这些文明开始衰退。

工业化的第一步也是基于生物质资源。例如，木炭用于铸铁长达数千年之久。考古学家已经提出,以木炭为基础的炼铁使得2500年前的中非维多利亚湖附近的大规模砍伐森林成为可能。在现代,亚的斯亚贝巴是依赖薪材的一个很好的例子。直到20世纪初期,埃塞俄比亚建立现代化桉树种植园后,才有了一个现代化的首都,桉树种植园的建立为政府留在亚的斯亚贝巴提供了一个可持续的基础。而在获得可靠的可持续生物质来源之前,政府曾由于资源被耗尽而被迫从一个地区迁移到另一个地区(Hall和Overend,1987)。

实际上,一些历史学家认为,如果没有丰富的木材供应,美国和欧洲就不会得到发展。因为工业革命最初成为可能是由于有着大量的生物质资源。英国是一个极好的例子,它能够成为世界上最强大的国家之一,很大程度上要归功于其森林。最初,以橡树为主的森林覆盖了英国2/3的领土。森林产生的木材和木炭是工业革命的基础,直到进入19世纪仍在继续推动英国的工业发展(舒伯特,1957)。

在世界范围内,生物质燃料用于家庭、许多机构和家庭手工业的烹饪,以及砖瓦制造、金属加工、面包店、食品加工、纺织、餐馆等。最近正在建立许多新工厂则提供生物能源,或通过直接燃烧或在热电联产(CHP)发电,或通过发酵产生乙醇。与一般观点相反,全世界生物质的利用量保持稳定而且越来越多,三个主要原因是:

- 人口增长;
- 城市化和生活水平的提高;
- 对环境越来越多的关注。

生物能源现在的作用

当前,生物质能源仍然是许多发展中国家的主要能源,尤其是其传统形式,为全世界3/4人口提供平均35%的能源需求。在最贫穷的发展中国家,这个比例达60%~90%。另外,现代生物质能源的应用在工业化和发展中国家的应用迅速增加,因此它们现在占总生物质能源利用的20%~25%。例如,美国从生物质中获得约4%的一次能源,芬兰和瑞典则是20%。

生物质能源不像常被描述的那样是过渡性燃料,而在可预见的未来继续是许多人主要的燃料。例如,IEA(2002)的一个调查得出结论:

在2030年,发展中国家的超过26亿的人口将继续依赖生物质用于烹饪和供暖……比现在的使用人口增加2.4亿以上。同时,在2030年生物质使用仍将占家庭能源消费的一半以上。

由于对生物质的依赖几乎是普遍的、多方面的,因此重要的是理解这么多用途之间的联系,以及决定在未来对其更高效生产和更广泛利用的可能性。任何生物质能源新形式的成功将最有可能取决于使用合理先进的技术。实际上,如果生物能源要有一个长期的未来,它必须能够提供人们所需要的能源形式:负担得起、清洁、高效,如电和液态、气态燃料。这也使其与其他能源进行直接竞争。

生物质的资源潜力

生物质在几乎所有关于全球主要能源的供应情景中占显著地位,因为生物质资源是世界上最大和最可持续的能源。生物质资源具有无限的可再生潜力,年一次能源生产力包含 220 吨(干重 odt),或约 4 500 埃焦(10^{18} J);每年的生物能潜力则约为 2 900 EJ(其中大约 1 700 EJ 来自森林,850 EJ 来自草地和 350 EJ 来自农业区)(Hall 和 Rao,1999)。至少在理论上,在不影响世界粮食供应的基础上,仅当前农业土地上的能源农业就能够提供超过 800 EJ 的生物能源(Faaij 等,2002)。

量化生物能潜力的多种尝试之间存在很大差异。这是由于生物质生产和使用的复杂性,这些因素包括估计资源可用性的困难,长期可持续生产力和生产使用的经济因素,大量转换技术,以及生态、社会、文化和环境的考虑。生物质的能源利用的估计也存在问题,这是由于生物质能源最终用途和供应链的范围广以及生物质资源的竞争性利用。目前对于专用能源林地/作物的潜在作用的估计也有相当大的不确定性,因为它们可以取代生物质的传统来源,如能值较低且不同的农业、林业和其他来源的残留物。此外,能源(包括生物质)的可利用性,随着社会经济发展的水平而变化很大。所有这些因素使人们很难推算生物能的潜力,特别是全球规模的潜力。

所有的主要能源情景都包括未来将生物能作为主要能源,如表 1.1 中所阐明。基于上述原因,这些估计有很大的差异,因此这些数字应仅视为粗略估计。表 1.1 中的数字是基于未来全球能源需求的估计和相关的一次能源的组成(包括生物质能源份额),也是基于资源、成本和环境限制(即"自上而下"的方法)。为了生物质能源利用及其他在满足未来能源需求和环境制约中作用的情景能尽可能较为实际,重要的是协调"自上而下"和"自下而上"的模型方法。

Faaij 等(2002)也为 2050 年全球生物能潜力制订了一个情景,总结在表 1.2 中。这种潜力变化范围是(400～1 100)$\times 10^{18}$ J;最悲观的情况下,没有土地可用于能源农业,因此生物能将只来自残留;在最乐观的情况下是(200～700)$\times 10^{18}$ J,其方案是在高质量土地上发展集约农业,而低质量的土地则将用于能源林业/作物。

表 1.1 关于对全球一次能源的潜在生物质贡献的情景 EJ

方案	生物质一次能源供应		
	2005	2050	2100
Lashof 和 Tirpack(1991)[a]	130	215	
绿色和平组织(1993)[a]	114	181	
Johansson 等(1993)[a]	145	206	
世界能源理事会(1994)[a]	59	94～157	132～215
壳牌石油公司(1996)	85	200～220	
政府间气候变化专门委员会(1996)第二次评估报告	72	280	320
国际能源署(1998)	60		
国际应用系统分析研究所/美国威斯汀豪斯电气公司(1998)	59～82	97～153	245～316
政府间气候变化专门委员会(2001)第三次评估报告	2～90	52～193	67～376

注:目前生物质能源利用是每年约 55 EJ。

[a] 详情见 Hall 等,2000 年。

"TAR"——政府间气候变化专门委员会第三次评估报告,2001。

"SAR"——政府间气候变化专门委员会第二次评估报告,1996。

表 1.2 全球生物质长期的生物能供应潜力以及相应的主要前提条件和假设

生物质种类	主要的假设和评论	2050 年潜在生物能供应
种类Ⅰ:当前农业土地上的能源农业	潜在的土地剩余:0.4 全球公顷(ghm^2)(平均:1～2 ghm^2)。剩余土地量多需要增加高能量投入(HEI)农业生产系统。如果不可行,生物能潜力也可以减少零。如土壤质量好,更高的平均产量是可能的:8～12 干吨/(hm^2·年)(*)	0 ～ 870 EJ(更平均的发展:140～430 EJ)
种类Ⅱ:边际土地上的生物质生产	在全球规模可以包含最大的陆地表面为 1.7 全球公顷。低生产力为 2～5 干吨/(hm^2·年)。(*热值:19×10^9 J/吨干物质)由于经济效益低或与粮食生产的竞争的原因,供应可能很低或为零	(0)60 ～ 150 EJ
种类Ⅲ:生物材料	满足全球土地额外的对生物材料的需求:0.2～0.8 全球公顷[平均生产力:5 干吨/(hm^2·年)]。如果世界森林无法满足额外需求,这种需求应该来自种类Ⅰ和Ⅱ。如果是这样,可以不要求使用农业土地	略少的(0)40～150 EJ
种类Ⅳ:农业残留	各种研究的估计。潜力依赖产量/产品比率和总农业土地面积以及生产系统的类型:低能量输入(LEI)系统需要重复利用残留物以维持土壤肥力。高能量输入系统允许残留物的高利用率	大约 15 EJ

续表 1.2

生物质种类	主要的假设和评论	2050 年潜在生物能供应
种类Ⅴ:森林残留物	世界森林的(可持续)能源潜力尚不清楚。部分原因是自然森林储备量不明。潜力的范围是基于文献资料计出。低价值:可持续森林管理的数字;高价值:技术潜力	(0)14～110 EJ
种类Ⅵ:粪便	利用干粪便。低估计是基于全球当前使用状况。高估计是基于技术潜力。较长期的利用(收集)量不确定	(0)5～55 EJ
种类Ⅶ:有机废弃物	文献基础上的估计。强烈依赖经济发展、消费和生物材料的使用。数字包括城市固体废弃物和废木材的有机部分。通过更集约地使用生物材料可能获得更高的价值	5～50(+)EJ (**)
总计	最悲观的情况:没有土地可用于能源农业和只能利用残留物。最乐观的情形:集约化农作只集中在高质量土地上,从而可腾出更多农地种植能源作物(括号内数字指:大规模利用生物能的世界目标下更平均的潜力)	40～1 100 EL(200～700 EJ)

注:

(*)热值:19 GG/吨干物质。

(**)最终作为废弃物的生物材料的能源供应可在 20～25 EJ 间(或每年(1 100～2 900)×10^6 t 干物质)。这个范围不考虑剧变的可能,也没有考虑到物质生产和作为(有机)废物"释放"之间的时间差。

来源:Faaij 等(2002)。

附录 1.1 显示出 2000 年主要地区生物能的作用。必须指出,生物质能源的数据是保守估计,因为大多数官方机构倾向于降低生物能数据。附录 1.2 也显示出基于欧洲可再生能源理事会(EREC)估计的 2001—2040 年当前和全球能源消费,特别强调了此期间增加的 10 倍可再生能源(RE)。但是,这种增加在世界各地分布非常不均匀,一些国家很少,而其他国家(如欧盟的一些国家)基于当前有利政策,正在经历可再生能源使用量的大幅度增加。这种不平衡在地区差异突出的国家内部也很普遍。例如,位于西班牙北部的纳瓦拉,2005 年年底约 95%的电力由可再生能源产生;与此相比,而这个国家其他地区的比例少于 10%。EREC 的方案没有考虑到其他能源部门(如石油和天然气)的技术发展,而这可能会对未来可再生能源特别是生物能的发展产生重要影响①。

能源需求(特别是一次商品能源消费)以每年平均 2%的比率迅速增加。这一增长在一些发展中国家特别明显,例如中国和印度,在 1993—2002 年期间,能源需求分别增长了约 32%和 46%,与此相比,同一时期世界平均增长为 14.2%。许多其他发展中国家在同一时期也已经显示出能源需求的迅速增加 (例如,发展中国家亚太国家为 37.3%;非洲为 28.5%;中美洲和南美

①案例,见《世界可再生能源》,7(4):238.

洲为21.6%)(Bhatacharya,2004)。满足这种不断增长能源需求正在造成严重的能源供应问题。

在许多工业化国家特别是欧盟和美国,大面积耕地正变得可用于回应减少农作物过剩的压力。这些国家迫切需要为土地和相关农村人口寻找替代经济机会,而生物质资源系统可以为一些国家(尽管不是所有的)提供这种机会。发展生物质能源产业的一个重要战略要素,是需要解决引进合适的农作物、解决后勤服务和转换技术问题。随着时间的推移,还包含向更高效的作物和能源转换技术的转折问题。

残留物与能种植园

所有来源的残留物目前处于生物能的核心。残留物是一个巨大的和未开发的潜在能源,几乎总是被低估,但同时代表许多很好利用的机会。许多人试图计算这一潜力,但是由于上面讨论的原因使其变得很困难。

表1.3显示全球作物、林业和动物残留物可以提供的能源潜力大约是70 EJ。但是,此估计值有相当大的变异范围,每年农业残留物为35~45亿t,林业残留为8~9亿t,因此,该估算值应该仅被看做是粗略的指示值。表1.3中给出的估计是基于潜在可收集残留物的能量含量,以及适用于FAOSTAT的主要作物和动物生产数据的残留物生产系数。林业残留物是由FAOSTAT的"圆木"及"薪材和木炭"生产数据计算,再利用标准残留物生产系数所得(更多详情见Woods和Hall,1994)。

在林业部门,特别是商业性林业部门,大部分残留物用于它们自己的能源消耗。这种利用森林残留物为工业提供电力的实践在世界各地越来越多。另外,一些国家如中国,目前正在经历燃料类型的迅速转变,一些农业残留物如稻草留在田地里腐烂或是简单地被烧掉,而在其他国家如英国,农业残留物在现代燃烧设备中被利用。在全球范围内,约50%的潜在可利用残留物与林业和木材加工业相联系;大约40%是农业残留物(如稻草、甘蔗渣、稻壳和棉种);10%是动物粪肥。

表1.3　残留物的能源潜力 EJ

地区	农作物	森林	粪便	总和
世界	24	36	10	70
经合组织	7	14	2	24
北美	4	9	0.7	14
欧洲	3	5	1	9
亚洲-太平洋/大洋洲	0.8	0.8	0.4	2

注:舍入误差可能意味着栏目不加和,详见表15;

来源:Bauen等(2004)。

发展以残留物为基础的生物能产业的一个重要原因，是原料成本低，甚至在征收“小费”的地方是负值。当考虑利用残留物来做能源时，需要考虑一些重要因素。首先，残留物是否可能还有其他重要的用途，如动物饲料、土壤的侵蚀控制、动物垫料和肥料（粪便）等。第二，目前尚不清楚残留物的可利用量，因为没有公认的方法来确定什么是或不是“可回收残留物”。因此，残留物量的估计经常有五倍的差异。

能源林业作物

能源林业作物的生产在其土地利用上是集约化的。有两种主要方式可以生产能源林业作物：

(1)作为专用种植园，尤其是在用于能源生产目的的情况下；

(2)与非能源林业作物间作。

能源种植园的未来作用目前还很难预测，因为这将取决于许多相关的因素，包括土地可用性、成本和其他替代方式的存在。土地需求估计从约1亿 hm^2 变化到超过10亿 hm^2，同时，全世界地区之间差异巨大。表1.4显示了对2020年生物能种植园的可能贡献的估计。

表1.4　到2020年能源种植园的生物质能源的贡献潜力

地区	基于5%的作物、森林和林地以及平均1 500亿 J/hm^2 单产量的潜力/EJ	1998年		2020年	
		一级能源的份额/%	电力消费的份额/%	一级能源的份额/%	电力消费的份额/%
世界	42.5	12	29	6	17
经合组织	11.6	5	12	3	9
北美	7.8	7	16	5	13
欧洲	2.2	4	7	2	6
亚洲-太平洋/大洋洲	1.5	4	10	5	7

来源：Bauen等(2004)。

在大多数国家，大面积曾经的耕地和未开发种植园、森林和林地很可能用于提供重要的生物质能源。但是如下所述，关于这种替代的实际潜力尚有相当大的不确定性。包括短、中和长轮伐期专用能源林木作物的能源供应的技术潜力确实很大。例如，在全球每公顷生物质平均10吨（干物质）产量的基础上，使用目前全球一半的耕地面积，就足以满足当前的一次能源需求。但是，仍然有许多不确定因素。

总体而言，尽管土地存在潜在可利用性，但是对超大规模能源种植园的

预测不太可能实现[①],原因如下:

- 比起高质量土地,退化土地没有吸引力,成本较高,生道力较低;虽然人们认识到使退化土地变成有生产力土地的重要性。
- 资本和财政限制,特别是在发展中国家。
- 文化习俗,管理不善,可察觉到的和潜在的与粮食生产的冲突,人口增长等。
- 虽然生产力的大量增加有可能,但这种需求远远超过现实的可能。
- 日益增加的荒漠化问题和目前农业中的难以预测的气候变化的影响。
- 其他替代能源的出现(如清洁煤技术、风能、太阳能等)。
- 水的限制(Rosillo-Calle and Moreira,2006)。

因此,根本问题不是生物质资源的可供性,而是现代能源服务的可持续管理以及有竞争力和负担得起的生物能源服务。这意味着生物能包括生产和使用的所有方面必须现代化,更重要的是保持在可持续和长期的基础上。

生物质燃料也在全球环境的福利事业中发挥越来越重要的作用。利用现代能源转换技术,生物燃料可以等量替代化石燃料。当生物质作为能源持续增长,没有净积累的 CO_2。这是因为燃烧过程中释放的 CO_2 补偿了能源作物生长中吸收的 CO_2。因此,生物质的可持续生产是环境保护和长期性的问题(例如,植树造林、退化土地的植被恢复和减缓全球变暖)的一个重要的实用途径。生物能可以在作为现代能源和减少污染方面发挥重要作用。

实际上,在全球环境意识日益增强背景下,环境考虑、社会因素、寻找新的替代能源的需要、政治需求和技术的迅速发展的综合,正为满足来自生物能的能源需求开辟新机会。反映为当前世界范围内,对可再生能源特别是生物能日益增大的兴趣。对气候变化和环境的关注在促进生物能发展方面发挥重要作用,虽然对其最终的影响目前仍有相当大的不确定性。

生物能数据/分类中持续存在的困难

生物能生产和利用的信息受到缺少可靠长期数据引发困难的困扰。即使可以得到数据,也往往不准确和位点太专一。生物质能源尤其是其传统形式很难定量化,这是由于没有公认的标准来测量和估计它们,因此地区之间的数据很难比较。此外,由于传统生物质是非正规经济的必不可少的一部分,大多数情况下它从来不进入官方统计资料。由于生物质资源的性质,

---

①如果进行大规模的碳交易(CT),这可能会改变。

发展和维持一个大型生物能数据库的成本是非常高的。生物质往往被看做一种低位燃料——“穷人的燃料”。生物能的传统应用方式，例如薪材、木炭、动物粪便和作物残留物，也常常与日益匮乏的手工收集薪柴相联系，同时也已经被不公平地与砍伐森林和沙漠化联系在一起。

尽管在许多发展中国家，生物质能源有压倒一切的重要性，但是生物质的规划、管理、生产、分配和使用，几乎没有得到决策者和能源规划者的足够重视。即便制定了相关的政策，人们也很少将其付诸实践。这是由各种因素综合导致的，如预算约束、缺乏人力资源、生物质优先序低下、缺少数据等。即使到今天，在一些国家仍未提供关于生物能的充分和可靠的数据；更糟的是，有的甚至没有提出任何有意义的数据。

目前仍然需要关于生物质生产和使用的所有方面的长期可靠的数据。例如，除了美国、津巴布韦和肯尼亚（Ross 和 Cobb，1985；Hemsotock 和 Hall，1993；Senelwa 和霍尔，1993）外，其他国家没有制作国家级能量物流图。而生物质能源的物流非常重要，它们是表现数据的十分有用的方法，并且在基础数据可用于汇编时提供反映国家、区域和地区的良好概貌。

近年来，在一些国际机构（即 FAO、IEA 和各国政府）的努力下，数据状况已经得到明显改善，尤其是在工业化国家。然而在较贫穷的国家缺少良好的生物质数据仍是一个严重问题。经济数据尤其如此，这些数据很难得到或很难以比较的方式被引用。无法完全认识本土生物质资源能力及其他对能源和发展的可能贡献，仍然是充分发挥这种能源潜力的一个严重制约。

另一个制约是术语混乱。多年来 FAO 一直在试图解决这个问题，经过多次磋商，目前有了一个可以利用的文件（www. fao. org/doccrep/007），将在一定程度上解决上述问题（见 FAO/WE，2003）。

总体而言，尽管生物质能源有相当的重要性，但是人们目前还没有充分认识到它的作用。令人惊讶的是，许多国家很少有关于生物质消费和供应的可靠、详细信息。更糟糕的是，非标准的测量系统和核算程序仍然很普遍。信息的严重缺乏正在妨碍决策者和规划者制定出令人满意的可持续能源政策。解决生物质系统中这些障碍，需要生物质消费和供应的详细信息（如生物质资源的年产量和蓄积量），以便规划未来。显然，需要标准化的测量，使生物质能源能够放在与化石燃料相比较的基础上。本书希望能够为解决这些问题做出一些贡献。

FAO 将生物能划分为三个主要类群：

(1)薪炭；

(2)农用燃料；

(3)基于城市废弃物的燃料（图 1.1）。

生产方面，供应	同类群	用户方面，需求的例子
直接木质燃料 间接木质燃料 回收的木质燃料 木材衍生燃料	木质燃料	**固体：**薪炭（粗糙的木材、木片、锯末、颗粒），木炭 **液体：**造纸黑液、甲醇、热裂解油 **气体：**上述燃料气化和高温分解所得的产品
燃料作物 农业副产品 动物产品 农工业副产品	农业燃料	**固体：**来自上述生物燃料的稻草、秸秆、壳、甘蔗渣、炭 **液体：**乙醇、毛植物油、植物油酯、甲醇、热裂解油 **气体：**沼气，发生炉煤气，热裂解气体
城市副产品	城市副产品	**固体：**城市固体废弃物（MSW） **液体：**活性污泥，来自城市固体废弃物的热裂解油 **气体：**垃圾填埋气体，污泥气体

注：详情请访问 www.fao.org/doccrep/007/（统一的生物能术语）。

图 1.1　生物燃料分类图解

生物质也可以被归类为：

- 传统生物能源（木柴、木炭、残留）；
- 现代生物质（与木材业残留物、能源作物种植园，甘蔗渣利用等相联系）。另见附录Ⅰ术语表。

生物能的传统与现代应用

未加工的生物质的传统应用方式往往效率低，浪费大量的可用能源，同时也与环境的消极影响相联系。生物质能的现代应用正在迅速取代传统应用，特别是在工业化国家。但是在许多发展中国家，情况也正在发生变化。例如，生物能的传统方式应用在中国正迅速下降，而在印度却正在增加。按绝对值计算，传统生物能的使用总量仍在持续增长，这是由于许多发展中国家人口迅速增长，能源需求不断增加，以及缺少可得到或负担得起的替代能源，尤其是占很大比例的城市贫民和居住在农村地区的人口是如此①。

生物质能的现代应用需要资本、技能、技术、市场结构和一定的发展水平基础，发展中国家大多数农村地区缺少这些所有要素。

传统生物质利用

全球生物质传统的利用形式数量估计为 7 亿～12 亿吨标准油，取决于不同的信息来源。如前所述它们都是粗略估计。传统应用处于非正规经济的核心，也从未进入官方的统计资料。在最贫穷的发展中国家，传统生物能形式仍然占据生物质能源应用的主要部分。例如，布隆迪、埃塞俄比亚、莫桑比克、尼泊尔、卢旺达、苏丹、坦桑尼亚和乌干达，它们的 80%～90%的能源来自生物质。

发展中国家传统生物能的利用效率变化很大，为 2%～20%。与此相比，使用现代技术可达到 65%～85%(甚至 90%)，特别是在工业化国家，如奥地利、芬兰和瑞典(Rosillo-Calle，2006)。

表 1.5 显示的是若干工业化国家和发展中国家 1980—1997 年的传统形式的生物能消费。总体趋势是工业国的消费增加而发展中国家的消费减少。首先，工业化国家消费的增加主要是支持可再生能源的深思熟虑政策的结果，也反映了能源需求的低增长。而在发展中国家，这些增长反映了由于经济快速发展和能源消费基数低引起的能源需求迅速；以及停止使用传统生物能的愿望。表 1.6 表明了提高能源效率有相当大的潜力，可以通过更好的管理措施和较小的技术改进来实现。

表 1.5 若干国家的传统生物能消费 %

国家	1980 年传统生物质能的占比[a]	1997 年传统生物质能占比[a]
发达国家		
丹麦	0.4	5.9
日本	0.1	1.6
德国	0.3	1.3
荷兰	0.0	1.1
瑞典	7.7	18.0
瑞士	0.9	6.0
美国	1.3	3.8

①尽管事实上穷困人口(妇女和儿童)花费大量时间收集薪材、粪便等，生物能仍继续增长的另一个原因，是因为在大多数情况下生物质能源仍然是免费的。“免费”意味着穷人不用为资源支付现金；收集木材等花费的时间没有考虑或给予经济价值。

续表 1.5

国家	1980 年传统生物质能的占比[a]	1997 年传统生物质能占比[a]
发展中国家		
巴西	35.5	28.7
中国	8.4	5.7
印度	31.5	30.7
马来西亚	15.7	5.5
尼加拉瓜	49.2	42.2
秘鲁	15.2	24.6
菲律宾	37.0	26.9
斯里兰卡	53.5	46.5
苏丹	86.9	75.1
坦桑尼亚	92.0	91.4
泰国	40.3	26.6

注：

[a] 生物质能源消费占总的能源利用百分比。

来源：Bhattacharya(2004)(表 2 和表 3)。

表 1.6 若干亚洲发展中国家通过提高效率节约生物能的潜力

(百万吨/年，基于规定的年限)

国家	年限	薪炭	农业残留物	动物粪便	木炭
中国	1993	51.6	77.2	2.9	—
印度	1991	69.5	20.8	32.3	0.5
尼泊尔	1993	3.1	1.2	0.8	—
巴基斯坦	1991	17.5	7.3	8.3	—
菲律宾	1995	7.6	2.3	—	0.3
斯里兰卡	1993	2.6	0.5	—	—
越南	1991	15.8	3.9		0.1
总计		167.7	113.2	44.3	0.9

来源：Bhattacharya 等(1999)；Bhattacharya(2004)。

Bhattacharya 等(1999)的一项研究表明，仅通过小的改进提高能源效率有巨大的潜力。作者确定仅仅八个亚洲国家就有 3.28 亿 t 生物质燃料的节省潜力。另外，在这些国家如果用改良炉灶代替所有的传统炉灶，每年将进一步节省 2.96 亿 t。国内部门节省的木材估计约为 1.52 亿 t 或是 43%家庭中使用的薪炭(Bhattacharya，2004)。这些数据显示出传统生物能应用效率之低和对先进技术的迫切需求。

现代应用

正如在154个国家的代表参加的波恩会议中清楚反映的一样①，对可再生能源一致的支持正在导致世界各地迅速、虽有差别但是一致的对生物能现代化应用的扩展。生物质的现代化应用包含一系列技术，包括燃烧、气化和热裂解，用于以下几个方面：

- 家庭应用，如改良的厨灶、沼气的利用、乙醇等。
- 小家庭手工业应用，如制砖、面包房、制陶、制烟等。
- 大型工业应用，如热电联产、发电等（Rosillo-Calle，2006）。

目前世界上基于生物质基础的电力生产超过 4×10^4 MW，但是仍在迅速增长。例如，相较于不足200 MW的今天，到2015年中国预计达到3 500～4 100 MW，印度将有1 400～1 700 MW，（Bhattacharya，2004）（见下面的"技术选择"部分）。运输是一种最迅速增加的应用，例如乙醇和生物柴油，无论是混合的还是纯的，短期至中期内都是对汽油和柴油的最好替代。乙醇是特别有前途的，据估计，2004年世界产量约为410亿L（表1.7）。鉴于全世界的日益关注，以及30多个国家正处于实施或计划使用乙醇燃料的过程中，这个数字在2010年可以很容易达到600亿L。其他的估计表明到2020年乙醇可以提供3%～6%的汽油，约1 290亿L（相当于800亿L汽油），甚至多达10%。

表1.7 2000—2004年世界乙醇生产[a] 1×10^6 L

地区	2004	2003	2002	2001	2000
欧洲	4.01	4.27	4.08	4.03	3.56
欧盟15国	2.58	2.37	2.22	2.11	2.07
美洲	29.32	26.23	23.26	20.68	19.26
巴西	15.10	14.5	12.62	11.50	10.61
美国	13.38	11.18[b]	9.60	8.11	7.60
亚洲	6.64	6.65	6.23	6.05	5.90
大洋洲	0.29	0.16	0.16	0.18	0.15
非洲	0.59	0.59	0.58	0.55	0.54
南非	0.41	0.40	0.40	0.40	0.40
世界总和	40.73	38.30	34.71	31.89	29.81

注：

[a] 数字四舍五入。

[b] 包含装机容量。

来源：F. O. Lichts（2004）p134。

①2004年6月，来自154个国家的代表在德国波恩集会，同时公认可再生能源来源的重要性和促进它们的需要。这是第一次可再生能源得到全世界公认。

双燃料（“灵活燃料”，指可按任何比例掺混乙醇的车用燃料，译者注）甚至三燃料发动机的发展是运输部门新燃料趋势的一部分。这种技术并不代表任何革命性或根本性的改变，但它是具有潜在重大影响的系列性改善。短期内随着不断改善，这一技术已经被彻底改革。特别重要的是，这些创新已经以较低的成本实施。毫无疑问，在不久的将来这一技术将显著改善，目前的发动机和燃料困难将会得到令人满意的解决。弹性燃料的灵活性是显而易见的，其先进的系统允许同时利用任何比例混合的不同燃料，代表着对工业、消费者和社会整体的新机会和挑战（Rosillo-Calle 和 Walter 2006）。

传统和现代应用之间的联系

目前难以预计由传统向现代转变的时间以及生物能应用的效率，或将使用的确切技术，由于涉及许多可变和复杂的因素，其中许多因素又与能源没有直接关系。很明显，还有很长的路要走。由于各国发展程度和对环境可持续性的关注程度的不同，这种转变将是不平衡的（地理的、技术的、社会的等）。在发展中国家尤其如此，社会经济和技术发展水平相差如此大，更不用提自然资源禀赋的不同。此外，生物能的多种形式（固体、液体、气体），部门差异和不同的应用将注定向现代生物能技术的转变是不平衡和复杂的。

在世界各地，许多家庭和家庭手工业既使用生物质又使用化石燃料，这取决于可获得性和价格。可靠性、社会状况和便利性也在能源选择中发挥重要作用。但是，重要的是生物能越来越多地与现代化和环境可持续性相联系。

一个令人鼓舞的趋势是国际贸易中生物能的增长。生物贸易能够带来许多益处，因为它会增加竞争，并给拥有大量天然资源和足够接近良好的交通网络的农村社区带来新的机会。要提供这方面可靠的数字是很难，但是来自 FAOSTAT 的初步数据显示，2001—2002 年的国际贸易有约 135 万 t 木炭，2 674 万 m^3 的木片和木屑，630 万 m^3 的木材加工残余物[①]（见第 7 章生物贸易的案例研究）。

障　　碍

生物能的大规模应用仍然面临许多障碍，包括从社会经济、文化和体制到技术方面。这些障碍已经在许多文献［例如 Bhattacharya，2004；G8 可再

①数据由瑞典乌普沙拉的瑞典农业科学大学生物能部门的 B. Hillring 提供。

生能源工作队(Anon,2001),等]中得到广泛的调查。Sims(2002)在《生物能的光辉》一书中确定了一些需要克服的障碍和公众关注：

- 越来越多的生物能商业应用引起的对森林可能的破坏；
- 已被意识到的二噁英问题；
- 大规模专用能源种植园对水源可能的有害影响；
- 由不断地取走残留而引起的对土壤可能的影响；
- 由大规模能源种植园造成的潜在的单一种植问题(例如,对生物多样性的影响)；
- 运输大量生物质可能产生的影响(增加交通量)；
- 对食物和燃料作物之间土地竞争的观点；
- 长期维持可持续的高生产力的问题。

当评估可能的影响时应该考虑这些障碍。

技术选择

许多研究已经证明,小的技术改进可以显著地增加生物质能源的生产和使用效率,在可持续的基础上维护生物质种植园的高生产力,以及减轻与生物质生产和使用相联系的环境、健康问题。主要的技术选择总结在表 1.8 中,并在下面和第 4 章的"二次燃料(液态和气态)"部分得到简要描述。

燃烧

燃烧技术从生物质中生产约 90%的能源,将生物质燃料转化成几种形式的可利用能源,如热气、热水、蒸汽和电力。商业和工业燃烧设备可以燃烧从木质生物质到城市固体废弃物的各种类型的生物质。最简单的燃烧技术是锅炉,即在一个燃烧室中燃烧生物质。从蒸汽驱动涡轮发电机中发电的生物质燃烧设施的转换效率为 17%和 25%。热电联产可以将这个效率提高至几乎 85%。大规模燃烧系统大多使用低质量燃料,而高质量的燃料更经常使用于小型应用系统。

任何生物质燃烧系统的选择和设计主要由燃料特点、环境约束、设备费用和工厂的规模决定。减少排放和提高效率是主要目标(见 www.ieabioenergy-task32.com/handbook.html)。

人们对用于供暖和烹饪的木材燃烧装置越来越感兴趣。家用的木材燃烧器具包括壁炉、热储存炉灶、炉子和颗粒燃料燃烧器、中央供暖炉和锅炉等。

目前可使用的工业燃烧系统各种各样,从广义上讲可以定义为固定床燃烧(FxBC)、流化床燃烧(FBC)和微粒燃烧(DC)。

表 1.8　现代生物质能技术的主要特点

转换技术	生物质类型	使用燃料的例子	主要产品	最终用途	技术现状	评论
1. 燃烧	干生物质	原木，木片和颗粒，其他固体生物质，鸡舍填草	热	热和电(汽轮机)	商业应用	效率介于 15%～40%(电力)或>80%(热)
2. 混燃	干生物质(木材和草本)	农林残留物(稻草，废弃物)	热/电	电和热(汽轮机)	商业(直接燃烧)。示范阶段(先进的气化和高温分解)	使用不同类型的生物质的巨大潜力；减少污染，低投资成本。一些技术、供应和质量问题。
3. 气化	干生物质	木片，颗粒和固体废弃物	合成气	热(锅炉)，电力(发动机，燃气轮机，燃料电池，联合循环)，运输燃料(甲醇，氢气)	早期商业示范阶段	先进的气化技术为满足最终用途的而利用各种不同生物质来源提供了非常好的机会
4. 热裂解	干生物质	木片，颗粒和固体废弃物	裂解油和副产品	热(锅炉)，电力(发动机)	早期商业示范阶段	问题仍然是热裂解油的质量和适当的最终用途
5. 热电联产	干生物质，沼气	稻草，林业残留物，废弃物，沼气	热和电	热和电力的结合使用(燃烧和气化过程)	商业示范(中至大规模) 商业示范(小规模)	在英国政治上优先，高效率(90%)；燃料电池应用(小工厂)的潜力
6. 醚化/压榨	油质作物	油菜	生物柴油	热(锅炉)，电力(发动机)，运输燃料	商业应用	高成本
7. 发酵/水解	糖和淀粉、纤维素材料	甘蔗，玉米，木质生物质	乙醇	液体燃料(例如，运输)和化学原料	商业应用。开发纤维素生物质	纤维素乙醇可望在 5～10 年内商业化
8. 厌氧消化	湿生物质	粪肥，污水污泥，蔬菜废弃物	沼气和副产品	热(锅炉)，电力(发动机，燃气轮机，燃料电池)	商业应用(燃料电池除外)	局部使用

来源：Rosillo-Calle(2003)。

混燃

如果可以克服某些技术、社会和供应问题，生物质与煤共燃可能是利用生物质的一种主要方式。生物质共燃技术已经得到很多关注，特别是在丹麦、荷兰和美国。例如，在美国，已经有 40 多个商业工厂进行试验，结果证明了生物质和煤共燃具有技术和经济潜力，到 2010 年将取代至少 8 GW (8×10^4 MW)煤基的发电能力，到 2020 年可达到 26 GW，这样可以减少 16～24 Mt(1 600～2 400 万 t)碳排放。由于大规模动力锅炉范围是从 100 MW 到 1.3 GW，单个锅炉的生物质潜力是 15～150 MW(ORNL，1997)。

共燃时，生物质可以与煤以不同的比例混合，掺入比例为 2%～25%或更多。广泛的测试表明，通过改装喂料系统和燃烧器，生物质能源可以提供平均 15%的总能量输入。

共燃的主要优点包括：

- 已经存在一个特别对应热电联产的市场；
- 与单独使用生物质的发电厂相比，投资较少(例如，只需对现有燃煤锅炉的轻微修改)；
- 具有将主要组成部分纳入现有燃煤发电厂的高度灵活性(例如，利用现有工厂的容量和基础设施)；
- 与只用煤炭的电厂相比，环境影响有利；
- 当地原料的潜在低成本(例如，如果目前利用农林残留物和能源作物，生产率可以大幅度增加)；
- 如果解决好物流，可以利用大量潜在供应的原料(生物质/废弃物)；
- 与 100%木质料锅炉相比，能以更高效率将生物质转化为电(例如，当与煤炭共燃时，生物质转化为电力的燃烧效率接近 33%～37%)；
- 在大多数情况下不需要重新规划的许可。

气化

气化是生物质发电最重要的研究、开发和示范(RD&D)领域之一，因为它是直燃的主要替代方式。气化是将固体燃料转化为可燃气体的吸热转换技术。这项技术的重要性在于，它能够利用先进的汽轮机设计和热回收蒸汽发电机来实现能源高效率。

气化技术并不是新事物；人们使用这个技术已经将近两个世纪。例如在 19 世纪 50 年代，伦敦的大部分地区已经使用煤气化产生的“城镇煤气”照明。目前世界各地有超过 90 个气化厂和 60 家气化设备制造商。气化的主要的吸引力在于：

- 较高的发电效率(例如,相对于直燃的 26%～30%能转换率,可以达到 40%或更高),虽然成本可能非常接近;
- 已经能预见到的重要利用新技术,例如先进的燃气涡轮机和燃料电池;
- 能替代用于工业锅炉和炼钢炉的天然气或柴油燃料;
- 电力需求低的地方可采用分布式发电;
- 在内燃机(IC)中替代汽油或柴油。

关于气化有许多出色评论,例如 Kaltschmitt 和 Brigwater,1997;Kaltschmittt 等,1998;Walter 等,2000。

热裂解

对热裂解激增的衍生的大量化学品(如黏合剂,有机化学制品和调味品)兴趣,源于从这个技术可以得到多种产品:如容易储存和运输的液体燃料,以及能增加收入。

过去 10 余年中,许多国家(见 Kaltschmitt 和 Brigwater,1997)对热裂解进行了大量研究。发现可以使用任何形式的生物质作热裂解原料,尽管纤维素占原料的比重最高可达 85%～90%(干重)。热裂解产生的液态油已经在气体汽轮机和发电机上进行了短期测试,并得到初步的成功,但是尚缺乏长期实验的数据。

热电联产(CHP)

热电联产是有一项有一个多世纪历史的公认的好技术。在 19 世纪后期,许多制造工厂经营热电联产系统,尽管多数工厂在公用事业垄断开始出现时放弃了这项技术。本质上,热电联产多通过增加热交换器来实施,热交换器从发电机中吸收余热(否则余热会被浪费)。获得的能量然后用于驱动发电机。

当前热电联产之所以正变得流行,主要是由于以下原因:

- 能效率——热电联产效率约为 85%,与此相比大多数传统电的效率是 35%～55%。
- 越来越多的环境问题——据估计,热电联产每兆瓦可以减排碳约 100 t/年。
- 能源供应的分布性——最近的世界市场推测表明,10 MW 以下的发电机在总计 200 GW 的新增容量的发电机市场(预计 2005 年全球增加量)中占据很大的比例。

关于大量关于热电联产的文献,如可以浏览 USDOE 的 www.eeere.energy.gov。

生物质的未来

能源市场的全球变化，特别是权力下放和私有化，已经为可再生能源特别是生物能创造着新的机会和挑战。以市场为基础的实验正在改变人们对能源生产和利用方式的看法。

长期的能源需求公认是很难预测的。但虽然这个需求会继续增长。因此，问题就是怎样满足这个需求以及什么将是最重要的资源。更具体地说，生物能源的地位如何；可再生能源，更具体地说，生物质能源最后能否达到成熟。

在全球范围内，人们越来越相信，可再生能源在世界上的许多地区而不只是在某些特定的市场迅速成熟。总体上，生物质资源的发展将在很大程度上依赖可再生能源产业整体的发展，认识到这一点很重要，因为它们的驱动力——能源、环境、政治、社会和技术是相似的。

19 世纪 70 年代是可再生能源依靠丰富的创新思想开创事业的先锋时代，到 80 年代，当电脑革命发挥关键的促进作用时进一步推进了这一新产业。到 20 世纪 90 年代，可再生能源的技术改进满足了新兴市场，如气化、热电联产等。这种机会与日益增加的对气候变化和环境的关注联系密切。在 21 世纪初期，减轻气候变化的全球性政策可能占主导地位。至关重要的是，生物质能源与现有的能源相结合，能够满足与其他可再生能源和化石燃料一体化的挑战。

为了使生物能有一个长远的未来，人们必须可持续地生产和使用它，以展示其与化石燃料相比的环境和社会效益。现代生物质能源仍然处于相对早期，大多数的研究与开发重点，在于开发燃料供应和减小环境影响的能源转换途径。虽然技术正在十分迅速地发展，生物能的研究与开发与化石燃料的相比仍然很不足。此外，生物质能源的发展应该更密切地联系其他可再生能源，以及当地的能力建设和融资等。

现代化的生物能将带来许多益处。Lugar 和 Woolsey(1999)这样写道：

例如，让我们设想纤维素乙醇实现了商业化。试想一下，如果当前流入少数国家国库的数千亿美元可以流到数百万的农民手里，那么大多数国家将收到很大的经济和环境效益并加强国家的安全。数十亿美元投入到纤维素乙醇燃料的生产中，它就不可能只创造一个新垄断企业（“卡特尔”）。而虽然通过新的钻探石油技术，人们能够更好地利用现有资源和加快生产，但是石油储备却不能够扩大。

运输系统更加复杂。内燃机和石油衍生燃料已经控制运输系统几十年，由于它如此成功，以至直到最近人们才认真对待从根本上替代它的前景，因此很少研究开发与示范寻找新的替代品中。

只是最近几年来，技术、环境和社会经济变化的联合作用，正在迫使人们寻求可以挑战内燃机主导地位的新替代物。但是，目前仍然不清楚的是哪种替代物将会占优势，更没有完全的优胜者出现。在短期内主要的挑战，将是寻找可以用于内燃机的化石燃料的合理替代品，如目前已商品生产的乙醇和生物柴油，同时，其他的替代物如氢也正在开发中。长期的挑战将是找到大规模替代的化石燃料，可以用于现有的内燃机和新的驱动系统。

尽管人们已经做出了相当大的努力，目前仍然缺乏生物质生产和使用的数据。例如，消费数据往往只涉及家庭部分，许多小企业。生物质能源使用的现代化特别需要很好的信息基础。但迄今只有少数几个国家有关于生物质供应的优质数据库，尽管它们的大部分只是基于商业林地而不是生物能的数据。

虽然已得到越来越多的人承认，但是生物质能源尚没有得到政策制定者应有的重视，甚至来自教育工作者的重视也很少。下面的引文是一个很好的例证：

自远古以来木材能源就已经到处都是，但是如同最古老的职业——卖淫一样，许多国家和国际水平的决策者忽视它或视其为一种尴尬。然而，对于世界上大约一半的人口来说却是一种现实，并且在未来的几十年仍将保持如此。(Openshaw,2000)

参考文献

Anon(2001)‘G8 renewable energy task force’,Final Report,IEA,Pairs

Anon(2003)‘World ethanol production powering ahead’,F. O. Lichts,vol 1,no 19,p139,www. agra. -net. com

Anon(2004)‘World ethanol and biofuels report’,F. O. Lichts,vol 7,no 3,pp129-135

Azar,C. ,Lindgren,K. and Anderson,B. A. (2003)‘Global energy scenarios meeting stringent CO_2 constraints:Cost-effect fuel choices in the transportation sector’,Energy Policy,vol 31,pp961-976

Bauen,A. ,Woods,J. and Hailes,R. (2004)‘Bioelectricity vision:Achieving 15% of electricity from biomass in OECD countries by 2020’,WWF, Brussels, Belgium, www, panda. org/downloads/Europe/biomassreportfinal. pdf

Bhattacharya,S. C. (2004)‘Fuel for thought:The status of biomass energy in developing countries' Renewable Energy World, vol 7, no 6, pp122-1162

Bhattacharya, S. C., Attalage, R. A., Augusto, L. M., Amur, G. Q., Salam, P. A. and Thanawat, C. (1999) 'Potential of biomass fuel conservation in selected Asian countries', Energy Conversion and Management, vol 40, pp1141-1162.

Faaij, A. P. C., Schlamadinger, B., Solantausta Y. and Wagener M. (2002) 'Large Scale International Bio-Energy Trade', Proceed. 12th European Conf. and Technology Exhibition on biomass for energy, Industry and Climate Change Protection, Amsterdam, 17-21 June

FAO/WE(2003) Bioenergy Terminology, FAO Forestry Department, FAO, Rome

Hall, D. O. and Rao, K. K. (1999) Photosynthesis, 6th edn, Studies in Biology, Cambridge University Press

Hall, D. O. and Overend, R. P. (1987) 'Biomass forever' in Biomass: Renewable Energy, Hall, D. O. and Overend, R. P. (eds), John Wiley & Sons, pp469-473

Hall, D. O., House, J. I. and Scrase, I. (2002) 'Overview of biomass energy', in Industrial Uses of Bioenergy-The Example of Brazil, Rosillo-Calle, F., Bajay, S. and Rothman, H. (eds), Taylor & Francis, London, pp1-26

Hall, D., Rosillo-Calle, F. and Woods, J. (1994) 'Biomass utilization in household and industry: Energy use and development', Chemosphere, vol 29, no 5, pp1099-1119

Hemsotck, S. and Hall, D. O. (1993) 'Biomass energy flows in Zimbabwe' (submitted for publication)

Hoogwijk, M., den Broek, R., Bendes, G. and Faaij, A. (2001) 'A review of assessments on the future of global contribution of biomass energy', in 1st World Conf. on Biomass Energy and Industry, Sevilla, James & James, London, Vol pp296-299

IEA(2002) Energy Outlook 2002-2030, IEA, pairs(www.iea.org)

IEA(2002) Handbook of Biomass Combustion and Co-firing, Internet, International Energy Agency (IEA), Task 32 (www.ieabioenergy-task32.com)

IPCC-TAR(2001) Climate Change 2001: Mitigation, Davidson, O. and Metz, B. (eds), Third Assessment of the Ipcc, Cambridge University Press

Kaltschmitt, M., Rosch, C. and Dinkelbach, L. (eds)(1997) Biomass Gasification and Pyrolysics: State of the Art and Future Prospects, CPI Press,Newbury,550pp

Kaltschmitt,M. ,Rosch,C. and Dinkelbach,L. (eds) (1998)Biomass Gasification in Europe, EC Science Research & Development, EUR 18224 EN,Brussels

Kartha,S. , Leach, G. and Rjan, S. C. (2005) Advancing Bioenergy for Sustainable Development:Guidelines for Policymarkers and Investors, Energy Sector Management Assistance Programme (ESMAP) Report 300/05,The World Bank,Washington,DC

Licht,F. o. (2004). World Ethanol and Biofuels Report,vol 3,no 17,pp130-135

Lugar, R. G. and Woolsey, J. (1999) 'The New Petroleum', Foreign Affairs, vol 78,no 1,pp88-102

Night,B. and Westwood, A. (2005) 'Global growth: The world biomass market',Renewable Energy News,vol 8,no 1,pp118-127

Openshaw, K. (2000) 'Wood energy education: An eclectic viewpoint', Wood Energy News,vol 16,no 1,pp18-20

ORNL(1997)'Potential impacts of energy-efficient and low-carbon technologies by 2010 and beyond',Report No. LBNL-40533 or ORNL/CON-444,Oak Ridge National Laboratory,OAK Ridge,TN,USA

Perlin,J. and Jordan,P. (1983)'Running out:4200 years of wood shortages', The Convolution Quarterly(Spring),Sausalito,CA94966

Rosillo-Calle,F. (2003)'Public dimension of renewable energy promotion: Sitting controversy in biomass-to-energy development in the UK', EPSRC Internal Report,Kings College,London

Rosillo-Calle,F. (2006)'Biomass energy',in Landolf-Bornstein Handbook, vol 3,Renewable Energy, Chapter 5(forthcoming)

Rosillo-Calle,F. and Hall,D. O. (2002)'Biomass energy,forestry and global warming',Energy Policy,vol 20,pp124-136

Rosillo-Calle,F. and Moreira,J. R. (2006) Domestic Energy Resources in Brazil:A Country Profile on Sustainable Energy Development,International Atomic Energy(IAEA/UN),Vienna(in press)

Rosillo-Calle,F. and Walter,A. S. (2006) 'Global market for bioethanol: Historical trends and future prospects, Energy for Sustainable Development',vol 10,no 1,pp20-32(March special issue)

Ross,M. H. and Cobb,T. B. (1985) 'Biomass Flows in the United States Economy', Argonne National Laboratory, Argonne, IL60439; Report ANL/CNSV-TM-172

Schubert,H. R. (1957) History of the British Iron and Steel Industry,Routledge & Kegan Paul,London

Senelwa,K. A. and Hall,D. O. (1993) 'A biomass energy flow chart for Kenya',Biomass and Bioenergy,vol 4,pp35-48

Sims,R. E. H. (2002) The Brilliance of Bioenergy:In Business and in Practice,James and James,London

Walter,A. S. et al (2000) 'New technologies for modern biomass energy carriers', in Industrial Uses of Biomass Energy:The Example of Brazil,Rosillo-Calle,F. ,Bajay,S. and Rothman,H(ends),Taylor & Francis,London,pp200-253

Woods,J. and Hall,D. O. (1994). Bioenergy for Development:Technical and Environmental Dimensions,FAO Environment and Energy Paper 13. FAO,Rome

Zervos,A. ,Lins,C. and Schafer,O. (2004) 'Tomorrow' world:50% renewables scenarios for 2040',Renewable Energy World,vol 7,no 4,pp238-245,www. erec-renewables. org

附录 1.1 2000 年主要地区生物质能源的作用

表 1.9 2000 年主要地区生物质能源的作用 EJ/年

项目	世界	经合组织	非经合组织	非洲	拉丁美洲	亚洲
一次能源[a]	423.3	222.6	200.7	20.7	18.7	93.7
其中的生物质/%	10.8	3.4	19.1	49.5	17.6	25.1
最终能源[a]	289.1	151.2	137.9	15.4	14.6	66.7
其中的生物质/%	13.8	2.5	26.3	59.6	20.3	34.6
估计的现代生物能[b]	9.8	5.2	4.6	1.0	1.9	1.5
作为初级能源/%	2.3	2.3	2.3	4.7	10.0	1.6
现代生物质的投入:电力、热电联产	4.12	3.72	0.39	0	0.14	0.07
作为总部门投入的/%	2.7	4.1	0.6	0	3.4	0.2

续表 1.9

项目	世界	经合组织	非经合组织	非洲	拉丁美洲	亚洲
工业(大约)	5.31	1.34	3.97	0.98	1.45	1.44
作为总部门投入的/%	5.8	3.0	8.6	30.3	26.0	6.3
运输	0.35	0.10	0.26	0	0.29	0.03
作为总部门投入的/%	0.5	0.2	1.1	0	6.3	0.4

注：

[a] 一次能源(见更详细的来源)。

[b] 估计的现代生物能是对表中所示的三个部门的生物能投入的总和：电力、热电联产和分布式供暖装置；工业(其中可能包括一些传统生物能)；以及运输燃料。

来源：Kartha 等(2005)。

附录 1.2　2001—2040 年能源情景

表 1.10　能源情景——目前的和估计的能源消费(2001—2040 年)

百万吨油当量

项　目	2001	2010	2020	2030	2040
世界能源消费	10 038	11 752	13 553	15 547	17 690
生物质能	1 080	1 291	1 653	2 221	2 843
水力发电(大)	223	255	281	296	308
水力发电(小)	9.5	16	34	62	91
风能	4.7	35	167	395	584
光伏发电	0.2	1	15	110	445
太阳能(热)	4.1	11	41	127	274
太阳能(热电站)	0.1	0.4	2	9	29
地热	43	73	131	194	261
海洋(潮汐、波浪和大海)能	0.05	0.1	0.4	2	9
可再生能源总计	1 364	1 683	2 324	3 416	4 844
可再生能源/%	13.6	14.3	17.1	22.0	27.4

注：欧洲可再生能源委员会的估计表明，强有力的政策使可再生能源到 2040 年可以提供 50%的能源，但如果只提供重要的支持，则仅能提供 25%。这个方案的一个弱点，是欧洲可再生能源委员会只考虑到可再生能源的技术发展而忽视常规能源部门的类似发展。众所周知，传统能源部门对研究、开发与示范投资的数量远远高于可再生能源部门，主要的突破/改进极有可能，例如，几乎无污染的燃料例如高品质的汽油和柴油，使用重质油(和在加拿大一样)等。

来源：泽尔沃斯，林斯和沙菲尔(2004)。

2 生物质评估方法论基础的概述

Frank Rosillo-Calle, *Peter de Groot and Sarab L. Hemstock*

介　绍

本章论述了测量生物质消费和供应的一些主要问题，概述了本书中使用的生物质分类的系统，描述了生物质评估的一般方法。它也简要研究了遥感、生物质流程图、测量生物质的单位（如存量、水分含量和热值）、重量与体积比、计算能值，最后考虑了未来可能的趋势。

尽管生物能很重要，但令人惊奇的是，目前很少有关于生物质消费和供应的可靠和详细的信息，同时也缺乏标准的测量系统和核算程序。信息的严重缺乏正在妨碍决策者和规划者制订出令人满意的可持续能源政策。

本手册给出的方法包括获得国家或地区的生物能总体估计的方法，以及详细的和分解地方信息。本书的重点在于传统生物能的应用，尽管也考虑了生物质能源的现代化应用。这些方法都不是完美的，因为每一种都与时间、人力和金钱上的利弊交叉相联系，同时每种方法将为不同类型的信息提供不同程度的准确性。但是，只要使用适当，这些方法也将会准确指出生物质生产和供应中的关键问题。由于生物能的区域性强，人们就需要利用自己的判断，根据情况选用最适当的方式进行评估。

生物质测量中的问题

测量生物质时涉及许多问题，但它们一般可以分为三类：

(1)物理法测量生物质的困难；

(2)在测量中使用的许多不同单位；

(3)生物质利用的多次性及系列性。

生物质的多种用途

对生物质消费和供应的评估与对商业燃料（如煤油）的评估极不相同。煤油在发展中国家作为燃料用于供暖和照明的同时，生物质则满足着一系列必要和相关的需求。不仅是能源，还包括食物、饲料、建筑材料、围栏、药物等。生物质很少为了作燃料而专门种植，燃料用的木质物往往是木材加工过程的剩余物。因此，我们应该考虑生物质提供的综合效益来研究生物质能源，而不能仅仅参考单个部门的意见。

生物质产品可以改性，如甘蔗渣可用作燃料，也可水解后作为动物饲料，还可用于建筑行业和造纸。生物质能之间可以很灵活地变换，如从木材变为木炭、粪便变为沼气和肥料、糖变为乙醇。因此，作为实际的或潜在的能源，测量经加工的生物质应该是很重要的。

了解木质生物质原料的数量是必要的，目的是估计用于生产木炭、颗粒等的数量。举例来说，如果稻壳可以作为锅炉、窑炉的燃料，那么就需要获得其在特定地点的年生产率，以评估其加工成型（如压块）的经济用途和原料的可获得性。

测量生物质

问题主要出现在三个方面：区分潜在的和实际的供应、测量变化，使用的多种测量单位。

潜在和实际供应的区别

人们通常在广阔的地域范围内和一系列植被类型中收集生物质。记录理论上可用于能源的生物质供应本身就是一个问题，尤其是需要详细数据时。对潜在供应量准确估计的情况下，实际供应量将取决于获得生物质的途径。地形将决定收集生物质的难度，同时，当地法律、传统或习俗可能也会限制进入某些地区收集生物质。

下一部分列出进行生物质评估前需要考虑的几个基本方面。

生物质评估的十诫

下面我们所说的“十诫”，可能在生物质评估时会帮助你避免陷入困境。

（1）不要混淆消费和需求。当生物质供应短缺或价格昂贵时，需求可能超过消费。消费在很大程度上取决于人们对生物质资源的认同成本。成本能够反映生物质的供应和可获得性。要尽可能地估计出“基本能源需求”，即基本的活动，例如烹饪、供暖和照明的最低能源需求。增加生物质的开发可使小规模家庭手工业用能源或为可能活动。

（2）不要将消费与供应分离。在本手册中我们为了方便，分开讨论了消费和供应。然而，生物质可用性和使用的数据通常是同时进行收集的，即使这两组数据的收集可能由不同的人负责。

(3)明确自己的假设。最有经验的方法将对项目性质或目标的作出隐含或明确的假设,甚至是决定。应该清楚地声明任何此类基本的动机,以实现一致的估算和在长期内比较结果的可能性。

(4)需要的数据必须由你的问题决定。消费的估计总是为行动提供依据。数据收集本身不是目的。全面收集、分散的数据会受限于资源条件。所以必须慎重地决定收集数据的详细程度,以及什么时候才能收集到充分的信息。

(5)必须意识到将太多资源投入数据收集而太少用于分析的危险。数据分析需要时间,必须经过周密计划。问问自己是否有进行深思熟虑分析的必要资源。如果没有,则应做出相应的计划,并解释原因。

(6)当你无法测量时,不可忽视它量化生物质的需求并非随时都可能。因此,将实证信息广泛的基础整合到常规项目观念中是可取的,如与当地居民交谈。

(7)不要被平均数所蒙骗。需求数字往往是以平均数的形式给出的,显然应该将其理解为分散数据中的某种集中趋势。因为如果样本量小,平均数字将毫无价值。但平均数和统计信息又是数据报告有价值的部分,所以人们应谨慎对待平均数字。

能源消费模式中往往有相当大的差异，不仅在国家之间是如此,甚至表现在仅相隔数公里的区域间,以及生态区之间或内部,并随着时间的推移而变化。在按照行政区划来收集数据的情况下,这个问题会进一步复杂化。因为能源消费模式很少与生态区匹配。当试图对根据行政区和生态区收集的数据进行比较时,经常会出现混乱。

(8)没有单一、简单的解决方案,因此不要相信简单、单一化的答案。能源只是生物质的众多用途之一,并且往往不是主要用途。因此,估计生物能供应和消费不是一件简单的事情,也不存在制定计量系统的单一方法。

(9)用户能最好地评判什么对他们有好处。毕竟，评估生物质的主要目的是帮助消费者。因此,对社会经济、文化习俗和社区需求的良好了解是很必要的。

(10)按上述原则实施时出现敏感问题则可以灵活地加以修改。保持灵活性将证明是最重要的一条规则。

评估生物质时的总体考虑

评估生物质资源采用的方法会有所不同,取决于:

- 数据的预期目的;
- 必要的细节;

- 特定国家、地区或当地可用的信息。

建立评估结构

以下是有助于评估的一系列步骤：

确定目的和目标

明确评估的目的和目标。为什么需要评估？试图取得的结果是什么？

确定评估结果的受众

受众是谁？例如，政策制定者、规划者和项目管理人。不同的对象需要以不同形式表达的信息。

确定评估的详细程度

根据需要决定数据所需达到的详细度。例如，政策制定者需要综合信息，而项目人员则往往需要非常详细、分类的数据。对执行评估项目出现需要有详尽信息的地方，须进行深入的调查，以便于为各类的生物质提出清晰、明确的报告，以及提供关于可用性、可供性、可改变性、目前的使用模式和未来趋势的详细分析。

生物质分类

选定生物质分类系统。本手册把生物质分成八个大类，每一类都可以采用相似的评估和测量方法（见下面的“生物质分类”部分）。

确定供应和需求

确定生物质供应与需求的临界值。这对于政策制定者和规划者作出正确的决策必不可少。

量化现有的资料

现有数据的数量是多少？一个彻底的文献检索，包括对现有来源（国家、区域和地区数据库）信息的协调、汇总和解释，政府和非政府组织的统计资料，可以节省大量时间以及避免不必要的重复工作。例如，可以从地图和报告中得到大量数据。

使用现有来源数据时需要小心谨慎。联合国粮农组织（FAO）是生物质特别是木质生物质供应数据的主要来源，如在《世界森林资源》上发表的。FAO 和其他机构的信息通常来自国家报告，其中很多报告已经很长时间没有更新了，加上各种原因，往往不能反映真实情况（例如，缺乏资源和对生物能特别是传统应用方式的偏见）。此外，大部分统计资料只与商业应用（例如，关于森林的材积）有关，其主要是来自木材工业部分的评估报告。在许多发展中国家，生物质的蓄积量和产量资料往往是不完整的，通常被认为是不准确的。

公开发表的关于木质生物质的大多数数据，并没有考虑森林或林地外部的树木，因此忽视了收集薪炭物大多发生在森林外部的事实。同时也忽略了森林中的小直径树木、灌木丛和矮树丛以及枝条材，而它们都是薪炭最重要的来源之一。因此，实际上大片地区被忽视了。薪炭的使用通常是非正规经济的组成部分，从未进入官方的统计资料。

缺乏记录生物质供应和消费的标准方法或单位，使很难与以前调查的数据进行比较或合并。为此应尽可能将现有的数据转换为标准单位，以便于在任何时候进行地区之间的简单对比。

确定测量方法

妥善决定测量生物质以及使用的单位。农村妇女清楚地知道烹饪所需要的不同形式薪炭的数量。然而，评估所需要获得的不只是基于精确科学原则的经验知识。不幸的是，对作为燃料的生物质没有标准方法测量。在未来，随着使用生物质的新工业化应用对测量生物质的标准方法的需求将会增加，生物能源工厂将需要关于原料类型和数量详细和相对应的信息。

测量生物质的方法和技术不同，通过体积、重量，甚至是长度（见下面“未来趋势”部分）来测量均可。对于某些种类，特别是那些用于商业的生物质，评估其可得性和供应潜力的技术很容易获得。商业林业部门传统地通过体积测量生物量。然而，生物燃料通常是不规则形状的物体（例如小树枝、嫩枝、劈柴、茎秆等），测量体积是很困难的。因此，对于生物质能源最合适的测量方法不是体积而是重量。

对于非商业化利用的生物质，以及有众多不同树种、灌木的地区，可能不存在现成的评估方法。也许能够借用一些在其他地方，甚至是商业林业部门使用的评估方法。然而，你需要记住，由于它们的供应和最终用途与其他地方有很大区别，商业部门使用的方法和技术可能是不适合的。

供应和需求分析

考虑对需求和供应进行分析。在那些最初很难得到生物质供应数据的地方，使用需求分析数据可能有助于填补信息的空白。

潜在的和实际的供应

区分生物质潜在的和实际的供应。由于取决于许多因素，如地形、当地的法律、传统等，获得潜在供应的准确估计往往本身就是一个问题。

时间序列数据

要着眼收集时间序列化数据。因为只有多年（如 5 年）的数据，才能反映出使用的趋势，并且包含了气候的变异（年度与季节性）。

监测结果

监测评估项目的任何结果。从而提供重要的反馈，以确认评估项目能满足能源需求，并且是可持续的。

热值

如果想要获得生物质的可靠能值，需要适当测量其燃料热值（见下面“未来趋势”部分）。生物质的能量含量因水分与灰分含量而不同，必须加以考虑。

准确地收集数据

为了作出正确的决策，健全、准确的数据是必要的。如前所述，大多数公开发表的生物质能源数据，通常只考虑从森林获得的薪炭，而忽略在森林外部大面积收集的不同类型的实物燃料，如小枝条、灌木等。生物质能的传统应用通常是非正规经济的组成部分，很少进入官方统计资料。

生物质种类的变异和高效利用可获得生物质的技术的多种性，使得估计有效终端用途更加复杂。然而，这方面的信息只是模糊量化，并且很少被记录。因此，有关生物质消费的数字很少是准确的。

数据采集的长期目标是为国家或某一地区制作一个完整的生物质物流图（见后面“估计生物质流量”部分）。

实地调查

实地调查经常用于获得急需的数据，但是这种方法并非没有缺陷。它复杂、费时和昂贵。因此，应该只有在其他方法不够时，才考虑进行实地调查。此外，还应该考虑如何补充结构式的实地调查，如与当地居民的非正式交谈等，因为这往往是收集数据和获得当地居民信任最好的办法，并可在一定程度上理解当地的文化、社会和经济状况。

最重要的是小心设计调查问卷，以询问正确的问题和雇用有能力的人实施。在最初阶段，要关注自己认为绝对必要的问题。在大多数情况下，调查应该由一个较小的多学科小组完成，调查人员要具有合适的技能还要有良好的结构式调查问卷，确保所有相关的信息都包含在问卷中。对于小样本问卷调查，这是没有必要的。实地调查在下面的“有关调查的决定” 部分得到更详细论述。

加工类生物质

测量加工类生物质的供应如锯木厂废料、木炭等是很重要的，因为在许多地区它们是重要的能源。对于测量生物质的供应潜力，如蓄积量、木质和非木质生物质的年产量、作物年产量、动物残留物等来说，是一种补充。加工类生物质的估测应该不会有多大问题，因为还可以从其他地区类似的商业活动中获得信息。例如,巴西的专门能源作物的种植园,基本上使用相同的也适用于其他地区商业种植园的生物质测量技术(见下面的“生物质的能值”部分)。

非木质生物质

非木质生物质,特别是农业残留物、动物粪便和草本作物,是一类主要的能源。然而,非木质生物质的使用是有相当局限性的。例如,粪便的大规模使用主要限于少数国家,如印度。估计非木质生物质的方法取决于原料类型和可用或可推论的统计数据的多少。无论是国家、区域或地方各级的准确数据都需要。例如,对于农业残留物,只需关注收集用作燃料的残留物的数据,而不是特定地区内的非木质生物质的总量。这个原则同样也适用于动物废弃物。除非粪便在某地已成为一种重要的能源,否则测量粪便供应和消费将没有任何价值。但是,不应该鼓励直接利用动物粪便的直接能源利用,原因是:第一,作为肥料,它可能有更大的价值;第二,能值低,而且还可能造成严重的健康问题和环境问题。此外,由于人们多鄙视粪便,如果出现替代物,即使其价格再昂贵,出于这个原因,人们会转而使用其他燃料。

二次燃料

从未加工的生物质中获得的二次燃料(发生炉煤气、乙醇、甲醇、生物燃料压块等)正越来越多地用于现代工业。目前正在开发新方法来解决工业用途生物能的测量问题(见第4章)。

燃料消费模式

燃料消费模式的变化往往是燃料消费量改变的一个重要指标,它也反映了社会经济和文化的变化。因此,为了准确估计生物质消费,捕捉燃料消费模式的变化信息是很重要的。提问正确对获得精确的数据至关重要。

模型

模型可以定义为“一个系统、形势或过程的简化或理想化代表,多作为数学术语工具以帮助计算和预测”。

模型可作为分析系统中组分间发生相互作用的学习工具。模型不能提供准确的预测,特别对广泛和多样化的农村能源是如此。一个模型的预测依赖于设计和实施模型人员的兴趣、经验和工作态度。模型可以并且已经用于描述现实,模拟政策性争辩,和使政治体制合理化,并支持作出独立的决策。

因此,重要的是意识到有许多类型的模型,同时根据你的评估需要,生物质能源评估中的模型应用需要不同的方法。模型技术的选择取决于现有的数据和研究所属的政策范围。

因此，农村能源中模型的有限应用造成的结果是，模型不能发挥出10年或20年前当模型手段刚出现时预想的突出作用。这是因为在很多情况下，证明模型法是不实用的，由于生物质能源需求的复杂性，特别是当涉及农村地区生物质的传统应用时。为了实用化，模型应该是简单、便宜、易于使用同时也是方便的，可预测的。然而，由于通常设计的模型包含太多的变量，使其不实用，因此本手册没有对模型进行详细描述。关于模型的这一简要结论目的在于说明其局限性。

在农村能源的评估中使用模型受到限制，是因为：

- 问题的分散性和多样性；
- 获得充足和可靠数据的困难；
- 在分析能源使用模式时选择适应一般模型框架的困难；
- 农村地区非货币资源的发展缺少经济刺激；
- 缺乏克服这些障碍的政治意愿。

但是，如果你决定使用一个模型要确保定义是明确的，目的是为观察和测量选择足够数量的关键变量，避免收集不必要的数据。对于木质生物质（例如林分生长模型或产量表），用数学术语界定模型更合适，因为这会使其为收集数据确定取样要求更容易，同时确保预测足够精确。

模型技术的选择取决于现成的数据和研究对象所关系的政策。模型有不同的类型，根据若干指标可进行分类：

- 应用（如政策规划或项目水平）；
- 规模（如村庄、区域、国家级别）；
- 目标（如需求预测、资源评价、最低成本供应规划、投资评估、经济发展、环境评估、综合规划）；
- 类型（如专用或通用、灵活性、集成度、具体性质、使用情景）；
- 技术[如哪些变量和相互作用是内源的、最优化方法、动态或静态、需求或供应水平、金融工具、环境影响评估（Smith，1991）]。

数据库

生物质能源的生产、转换和使用包含许多组分，其中每一个组分还可进一步细分成很多次组分。一个好的数据库，有助于提供多方面的生物质信息。这样一个数据库的目的，应该是用一种易于理解和有意义的方式整合尽可能多的信息，以有助于决策者和能源规划人员作出正确的决策。幸运的是，近年来，优良的新数据库已经建立起来，这代表一项重大改进，尽管还有很长的一段路要走。因特网和越来越多的与生物能相关网络也使得数据编制任务更容易。

遥感

遥感技术已经被用来从飞机或卫星上测量地球表面，使用仪器记录电磁波谱的不同部分。遥感技术也已成功地用于测量生物质总生产力。

遥感包括在航空摄影或高分辨率卫星图像（特别是 SPOT 和专题测图仪）基础上，详细分析土地利用模式。卫星摄影可用于确定密集木质生物质的面积，但它不能提供蓄积量或年生长量的信息。而对于相当密集的林地，航空摄影更为实用，因为它能够比卫星图像提供更高的清晰度。航空摄影也可测量散生树木的高度、树冠、甚至胸径。如果林地是相对未被扰动的，能够代表所有或大部分林龄和径级，那么我们可以通过冠层得到大致体积和重量。当然，这些数据必须在实地调查中进行核实。对于农场树木，实地调查是不可取代的，因为人们对这些树木进行集约化管理。航空照片可以用来估计覆盖率和树木的基本测量，但只是作为地面调查的补充。需要强调的是，遥感可以成为全面土地利用分析的基础。但是，遥感数据必须通过可能是昂贵的实地调查加以详细核实。关于遥感技术还有很多内容，在第 6 章进行详细描述。

土地利用评估

土地利用评估是很重要的，因为它是决定实际生物质可供性的一个关键因素——任何生物质研究中最艰难和最重要的任务之一（Nachtegaele, 2006）。

土地利用评估或土地评价的主要目的，是为了人民的利益而帮助改善土地资源的可持续管理。土地评估可以被定义为：

当用于特定目的时，土地性能评估的过程包括调查的执行和解译，以及对土地所有方面的研究；目的是判明和比较适用于评价目标的有希望的土地使用。

土地评价主要是分析有关土地的数据（土壤、气候、植被等），关注土地本身其特性、功能和潜力。它可以用于多种目的，从土地利用规划到探索具体土地用途的潜力，或改善土地管理，或控制土地退化。

当前，大多数农村发展项目针对于缓解经济和社会问题，特别是饥饿和贫穷。土地评价是一个有用的工具。因为其重点关注人民、农民、农村社区和其他的利益相关者。

当前，对土地评价的需求日益增加，特别在那些因农民的土地问题使问题复杂化的地方，例如土壤肥力下降、侵蚀，和由气候变化引起的干旱频率增加。对不同用途的土地资源的适宜性的客观和系统评估，正在变得更加必要，因为日益增加的人口压力，如城市化、交通、娱乐和自然保护区造成了对非农业土地用途的相互冲突的需求。

土地适宜性评价，是在土地评价框架内制定的方法，后来扩展到农业生态区方法(AEZ)。主要应用于可持续的生物生产，作物、牧场和森林。然而，由于土地和土地资源定义的拓展，人们越来越需要解决与土地能力有关多种经济、社会和环境功能的问题。

土地具备许多关键的而且通常是相互依存的环境、经济、社会和文化功能，是人类生活中必不可少的。只要可持续利用和管理，土地可以不断提供这些服务。此外，在土地用于某一种目的的时候，它执行其他功能的能力可能会减少或改变，从而导致不同功能之间的竞争。土地还提供有益于人类和其他物种的服务(例如水供应、碳封存)。

需要纠正大众仍然持有的观点，即生物质能源会与粮食生产发生直接竞争。实际上在大多数情况下，粮食和燃料是互补的；但如果现出确实与粮食生产发生冲突的情况，应该加以判别(图 2.1)。

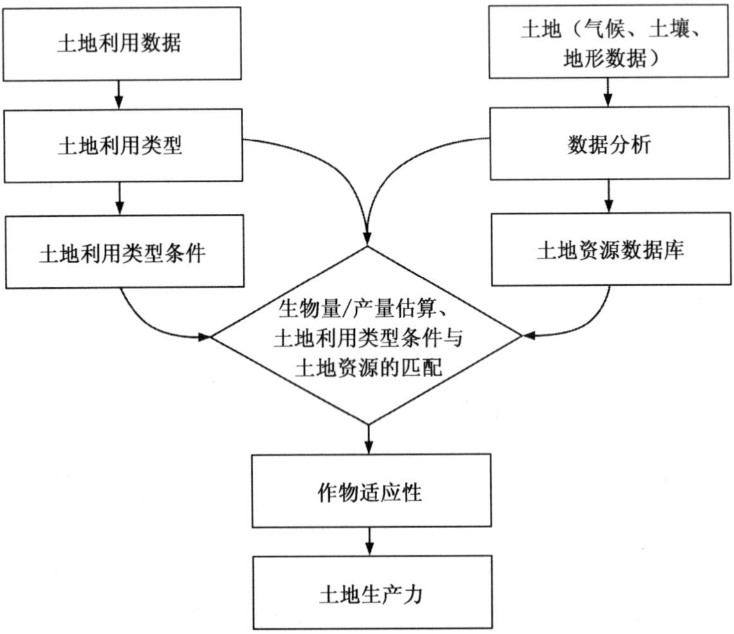

图 2.1　农业-气候适应性和农学可达单产

(*Nachtergaele*,2006)

土地利用评估包含的步骤

土地适宜性评估是约束条件与作物需求的匹配，模拟在无限制条件下生物质生产潜力和产量两部分的组合。通常分两个主要阶段，其中第一是评估农业气候的适宜性，第二是根据土壤条件或土层条件的限制对农业土

壤的适宜性等级作调整。每个阶段包括许多步骤,如下所列:

- 第 1 阶段:农业气候适宜性和农学可获得单产。

(1)将气候格局的属性与作物群体反映的作物对光合作用和物候条件的需求进行匹配,确定哪些作物值得进一步评估。

(2)基于占优势地位的温度和辐射条件,计算上述农作物种类的理论单产潜力。

(3)估计由于水分胁迫和病虫害等农业气候的限制而造成减产量,计算农学可获得的单产。此外,计算每种作物对生长期每一段的适应性。

- 第 2 阶段:评估基于土壤条件限制的农业土壤适宜性。

(4)比较在不同水平的投入下,作物对土壤的要求,以及土壤调查中描述的土壤单元的土壤状况。

(5)针对斜坡、土壤质地和土相状况造成的限制对模拟结果作出修正。

除了第 2 步涉及生物质生产和作物产量的机械模型外,以上所有步骤包括基于基本假设的规则的应用,即土地适宜性级别相互有关,也与不同投入水平下的潜在单产的估计有关。许多这些规则来自当 FAO 农业生态区(AEZ. 见 *www. iiasa. ac. at/Research/LUC/SAEZ/ index. html*)首次研究时提供的专业知识;它们应被视为灵活的,而不是硬性的。适宜性级别的数目,管理和投入水平的定义,以及它们之间的关系,都可根据日益提高的信息可用性以及每次特定 AEZ 调查的范围和目标进行修改。全球范围内超过了 150 个农作物品种的(理论单产预测水平的)结果,在 2000 年和 2002 年由 FAO/IIASA 出版。结果可在线获得(*www. iiasa. ac. at/Research/LUC/SAEZ/index. html*)。

改变土地用途

研究土地用途随着时间推移的变化是非常有价值的。这可以通过两个相辅相成的方式完成:

(1)如果有条件,分析历史遥感数据;

(2)在实地与当地居民详细讨论。

土地利用模式的变化与正在研究的问题相关联,可帮助了解当地生物质资源的演变化。

在计划层次上评估土地利用的方法完全取决于“大环境”。国家政策层面的分析应该构成评估的基础,但是几乎肯定需要进一步充实和分类。一个完全分散的土地利用评估通常不合适,但是适当分析农业气候区将是必要的。如果此信息难以获取,某些形式的遥感是最可行的选择。选择的具体技术选择取决于当地情况。在这个阶段采用航空摄影、全面分析 SPOT 或专题测图仪图像,通常在时间和费用方面均过于昂贵。

评估的结论

概括地说，除非有关地区的详细研究已经存在，在选定样本点开展一些详细的当地实地工作是可取的。这些调查的工作量设计应该尽量最小化，以使其不致花费太多的资金和时间。但是，它们应当足够详细以提供真实情况。

请记住，决定评估质量的一个主要因素是可用的财政和人力资源。几乎不可避免的情况是，必须在理想的评估方法和能支配资源条件下可能的评估的方法之间作出妥协。

在这种情况下，重要的是尽可能有效地使用资源。例如，评估一种特定生物质资源所投入的时间，应取决于其对消费者的相对重要性。非生产性林地不能保证得到与能够收集大量薪材的林地获得同等程度的关注。要记住消费者的偏好和其他可用的替代物。

有关调查的决定

开展调查之前，有必要考虑 6 个基本问题，详情如下。

问题是什么？

进行生物质评估是为了满足执行某种行动的需要，行动需要的性质将决定评估的性质。因此，确定评估的目标和要服务的对象是必不可少的。问题的性质依时间和生物质的性质发生变化。例如，生物质能的传统应用如缺乏烹饪用的薪炭造成的问题，与生物质能现代应用如热电联产中出现的问题性质完全不同。

受众是谁？

考虑到不同类型的对象很容易，如决策者、规划者和项目实施者，每个人对生物质有不同的目标和观念。能源规划对能源供应和需求十分了解，尽管因为他们来自传统能源部门，可能会有偏好。因此，了解你的对象是非常重要的，以便帮助他们规划和实施对生物质能源的干预措施。

应该产生信息的详细程度要多高？

只有明确了调查的动因及调查结果的受众，才能决定需要信息的详尽程度。信息的类型以及提出的方式因人而异，包括为决策者提供全面但是简洁的目前情况，以及为项目人员提供科学数据的详尽程度。评估可以是两种极端之间任何具体的精确度，也要顾及不同的受众对象。无论情况如何，收集和提出数据所采用的方法，首先取决于受众的信息需求。数据必须能反映你正在面对的问题；并反映展示信息方式的变化，以便于理解。当然，诚实是至关重要的，不要只是因为对象可能不喜欢你的数据而隐瞒实际情况。

哪些资源对调查可用？

可用的财务和人力资源是重要的因素，将决定评估的质量。几乎肯定的是，必须在理想的评估方法和假定可自主支配调查资源情况下可能的评估方法之间折中地取舍。如果你没有好方法，则不要试图做太多，并要解释情况以便使受众了解你评估时的限制因素。

尽可能有效地利用资源。评估某种特定的生物质资源所投入的时间长短应反映其对消费者的相对重要性。显然，非生产性林地不宜得到与可以从中收集大量比如薪材的林地同等程度的关注。

实地调查是必要的吗？

实地调查可以产生准确和详细的数据。然而，它们往往复杂、耗时、昂贵和需要有专业技术人员，尤其是在边远地区和恶劣地形条件下是如此。为此，可探索替代方法，如分析现有数据和与国家调查协作。如果没有替代方法，或者如果涉及的地域范围不是太大，就只有考虑开展实地调查。总之，只有当认为其他办法不够达到要求时，才考虑实地调查。

现有数据的范围和质量如何？

大量数据如地图和报告往往是已经存在的。在开始调查之前，要尽可能搜查现有的文献资料。近年来，许多国际和政府机构已经收集了大量数据。另一个很好的信息来源是互联网。不过，使用现成数据时需要小心谨慎。木质生物质可用性的信息往往是不完整的，尤其是那些没有对资源进行大规模的详细调查的发展中国家。目前特别迫切需要改善薪炭的统计资料，从传统应用方面，薪炭材构成了在许多发展中国家使用的大部分木材。大多数公布的木质生物质的数据，往往只考虑从森林资源中获得官方记录的薪炭材（尽管它本身往往没有明确指出这一点）。不要忘记，生物质的传统应用是非正规经济的一部分，因此官方的消费数字往往不能反映真实情况。官方数字也经常忽略在广大区域内的实际燃料供应，包括：

- 无记录的森林破坏；
- 路边、社区和农田的树木；
- 小胸径的树木；
- 森林中的灌木和矮树丛；
- 枝条。

需要哪些设备？

当决定了资源调查的性质和细节之后，下一步是准确评估一个国家、区域或地区的自然资源。包括：

- 土地类型；
- 植被类型；
- 土壤成分；
- 可用水量；
- 气候模式。

生物质分类

目前生物质的分类方法很多，但生物质一般可分为木质生物质和非木质生物质，后者包括草本作物。本书采用的系统把生物质类型分为八类，这种分类法的吸引力在于，由于每一类型的生物质可以采用相似的评估和测量方法。有人可能倾向于使用一个更精确的分类系统，但无论选择哪种方法，请确保它是明确定义的。

(1)天然林/林地。这些包括高的、封闭的自然森林和林地内所有生物质。有80%或更高的林冠郁闭的被定义为森林，而林地郁闭度为10%～80%。这一类还包括森林残留物。

(2)林木种植园。这些种植园包括商业种植园(纸浆、纸张和家具)和能源林种植园(专用于生产能源，如木炭和其他)。在未来，生物能的总贡献将与“能源林/能源作物种植园”的潜力密切相关，因为农作物的残留物潜力比较有限。在20世纪70年代和90年代，能源种植园曾被预想为未来的生物质能源的主要来源。但是近年来，其潜力已被认为是比较有限的(见第1章)。

(3)农产品加工业种植园。这是一类专用于生产工业原料和收集木质料作为副产品的林木种植园。例如茶、咖啡、橡胶树、棕榈树和椰子，竹子和高草类。

(4)森林和林地外部的树木。包括森林或林地外部的树木，包括灌木、城市树木、行道树和农场里的树木。作为水果、薪炭等的来源，森林外部的树木的重要性不可低估。

(5)农作物。种植这些作物是专门为获取粮食、饲料、纤维或能源生产。应该区别集约化的较大规模农业(生产数字可能会出现在国家统计资料)与农村家庭农场，区别种植牧草地和天然牧场。

(6)作物残留物。指作物和植物残留物，包括谷类秸秆、树叶和植物茎。

燃料转换可能导致人们使用生物质能源的方式发生重大变化。例如在中国，由农业残留物到化石燃料的快速转换正在造成严重的环境问题，这是因为目前市场衰退，残留物被燃烧了。要意识到这些缺陷。

(7)加工残留物。包括由农产品加工业转换或作物(包括种植的树)加工产生的残留物，如锯屑、锯木厂下脚料、蔗渣、坚果壳、谷皮。它们是非常重要的生物质燃料来源，应该有适宜的评估。

(8)动物废弃物。包括集约化畜牧业和散养畜禽的废弃物。当考虑此类生物质的供应时，最重要的同样是确定实际可用于燃料的数量，而不是总生产量。需要了解，由于缺少广泛认同方法，评估结果可能会有大的变异，也是牲畜类型、地点、饲养条件等不同造成的结果。作为肥料，动物废弃物可能有更好的价值。此外，动物废弃物更常用于生产沼气，这往往更是为了保护环境而不是能源目的。调查结果应反映动物废弃物利用上的迅速变化，及其原因。

土地利用评估

收集数据最好是从最普遍、综合的分解程度开始。如有必要，则再收集更详细的信息。项目实施时会需要有关当地土地利用模式的数据。最新的数据分析通常是必不可少的。任何信息，不论现有的还是基于新的实地调查和遥感的，都应该在实地经过认真核实。

长时期土地利用模式的变化有助于理解本地生物资源的变化，并预测未来可能的资源可用性。因此，研究近年来的土地利用变化是非常有价值的。这可以通过各种互补的方式实现：

- 分析历史遥感数据(如果可能，使用航空摄影)；
- 使用官方的农业数据；
- 在实地与当地人们详细讨论。

农业气候区的重要性

如果进行透彻的生物质资源评估，将需要农业气候区的适当分析。在缺少此类信息的情况下，相关的遥感是最可行的选择(见第6章)。具体的技术选择将取决于当地的情况。在这个阶段，航空摄影和全面分析SPOT或专题测图仪图像，由于在时间和费用方面过于昂贵，通常只有在大型项目才加以使用。

农业气候区和时间的变化

要记住，生物质产量将随生物质类型和品种、农业气候区、降雨、生物质生产中使用的管理技术（如粗放林业或农业的集约化、灌溉和机械化程度等）而变化。如果在缺少详细的土地利用数据的情况下进行总体估计，需要仔细考虑这些因素。

不同的季节和年份，生物质的生产力几乎肯定是不同的。因此重要的是尽可能收集时间序列数据。如果生物质组成不均质（种类变化），则需要特别注意。在缺乏详细的土地利用数据的情况下估计植被覆盖时，重要的是认清气候、海拔和地质对植物生长的影响。不要忘记水是生产力的关键因素，因此需要知道长时期的降雨模式。

木质和非木质生物质

将生物质分为木质和非木质生物质往往只是为了方便，实际上它们之间并没有一个清晰的界线。划分这些生物质类型的方法对决定收集哪些数据不应起绝对化的作用。例如，木薯和棉秆是木质的，但是因为它们是严格意义上的农作物，所以更容易被划为非木质植物。香蕉和大蕉常被说成是在“香蕉树”上生长，然而它们被认为是农作物。咖啡果的外壳被视为残留物，而咖啡碎屑及茎则归类为木材。

在发展中国家的一些地区，高牧草也用于提供能源（例如烹饪和供暖）。最近，作为现代商业应用中可能的能源，正在研究各种草（例如芒草，象草——见第 4 章）。在这种情况下，商业测量技术将可适用。一般来说，非木质生物质包括：

- 农作物；
- 作物残留物；
- 加工残留物；
- 动物废弃物。

木质生物质可能是最难测量的生物质之一。然而，特别是在许多发展中国家的传统应用方面。它却是有文字论述的最重要的生物质能源形式。因此，要花费大量的资源来收集木质生物质数据。应尽一切努力，确定蓄积量，特别是已成林的年生长量（见第 3 章）。

为了制定政策，非木质生物质的评估可依靠农业统计资料和与农产加工业残留物的任何相关信息。这些数据将快速反映这种非木质生物质资源（比如作物、作物残留和加工残留物）的可能供应情况。如果无法得到此类所需的数据，年生物质产量的估计可从农业土地利用图连同单位面积作物产量的报告数据中得到。实地调查和试验的工作量应保持在最低限度。

在项目的实施需要极微细节的情况下，深入的调查是必要的，以便为每种类型的生物质提供一个清晰、明确的报告，并提供关于可用性、可获性、可变性、目前的使用模式和未来趋势的详细分析。

对于农作物，必须准确地确定关于产量和储存量、量化的可获性、可以收集的材料、热值、贮存和/或转换效率的可靠信息。研究项目区域居民的社会和文化行为，将有助于确定利用模式和未来趋势。

对作物和加工的残留物，还必须确定残留指数。同样重要的是，要认真分析这些残留物的各种用途(见附录 2.1 残留计算)。

估计非木质生物质采用的方法，取决于材料的类型和可用或可推论的统计数据的质量，及通常的最终用途(见第 4 章)。

确定生物质的不同用途和大体的可供量，也需要考虑可用于燃料的木质生物质的数量。专门种植专用做燃料的树木的情况尚不普遍，因为薪炭比用作其他用途而出售的木材更便宜(有时便宜很多)。木材的其他用途通常也优先于作为燃料的用途。但能源林种植园正在增加(例如，巴西有大约 300 万 hm^2 桉树种植园，瑞典有 1.4 万 hm^2 柳树)，但是与残留物(所有来源)的规模相比，只占一小部分。到目前为止，还没有大规模能源作物(林)种植园。

当树木转换为林产品时会产生大量废弃物。在森林或农场，买方(或卖方)只是砍伐规定尺寸的原木。当砍倒树木时，可能留下的树枝和弯曲木干，这些相当于 15%～40%或更多的地上材积。锯材可能只占原木的 1/3～1/2；也就是说，废弃物是 50%～67%的原木。所有的废料都是潜在燃料，尤其是当它们接近需求地时。而且即使木材转换成木杆或锯材，它的使用期限结束后仍然可以用作燃料。所有这些事实都必须加以考虑(见附录 2.1)。

靠近需求中心或市场也是非常重要的。越接近消费者，就越有可能使用全部或大多数生物质。反之，如果木材离需求地很远，不容易获得的生物质比如薪炭或木炭就有可能出现剩余。因此，一旦绘制了生物质供应图，重要的是与人口密度相配，以得到对可以使用的这种生物质数量的估测。

大量生物质仍然普遍未投入使用，这是因为它们远离主要消费区域，无法以经济上可行的方式运送。这就是为什么最重要的是要考虑供应的具体区域，而不是基于国家的尺度作推测。燃料变换也是十分重要的。需要评估其他燃料的可用性。世界上的城市化发展迅速，如果有其他或更好的替代燃料，即使价格更昂贵，由于经济、社会和文化上的原因，人们会转向更方便的燃料。

无论是直接或间接的，木质生物质的估计方法都是由许多特征决定的，如发现它的区域、其可变性体积以及开采性质。

过去的调查集中于天然林、种植园或林地，因为许多人习惯性地认为，这就是薪炭和木材的来源地。但是，许多需求调查显示，森林或林地外部的树木是燃料、木杆、甚至初步砍伐材或手动锯材的一个非常重要的来源。由于这些非传统木材来源被忽略，加上这些地区的树木管理更加多样化，因此人们应该投入比“森林”树木更多的努力，来测量这些树木。

可及性评估

生物质的潜在供应量与实际可获得量很少一致。确定可及可获得的可用做燃料的量占总生物质的比例，是任何生物质供应的研究中最困难和最重要的任务。涉及获取生物质的变异性和复杂性因素使定量分析变得困难。

获取潜在生物质资源受到三个主要的物理的和社会约束因子的限制：

- 地点限制；
- 土地租用权限制（社会、政治、文化）；
- 土地资源管理系统的限制。

地点限制

地点限制反映了生物质收获、收集和从生产点到被燃烧点之间运输的物流性困难。生物的收集与运输会受到地形与距离的影响，同时也受到确定区域的生物质可获性的影响。河流、陡坡、沼泽地等都是障碍。地点限制极大地影响生物质能源的财务成本。

可以利用图示法评估地点限制，即测量资源与消费者之间的距离并注意地形特征。如果需要，可以从详细的制图数据（现有地图和/或遥感分析）以及实地调查中获得更详细的信息。实地调查将提供关于收集燃料的必要时间、运输距离，以及关于何时、多远运距使可及性限制开始起作用的更多信息。地点限制是很重要的、需要认真分析的因素，因为它决定了运输系统的效率。

土地使用权与管理限制

土地（租借）使用权与管理限制源于土地的所有权/土地权。各个国家的土地使用权模式有很大的特异性，与各自的政治和文化息息相关。大致可以将土地所有权分为三大类：

（1）当地社区居民拥有或租用的小农场，资源受私有财产权支配。

（2）当地居民或团体/当地社区拥有的公共用地。

（3）个体土地所有者与机构拥有和控制的土地，不论是商业农场和种植园还是国有土地,如森林保护区与狩猎保护区等。

使用权问题很少影响小农场和公共用地,除非发生重大的政治与社会变化。因此,使用权限制的评估应该集中于国家、商业农业与种植业持有土地。在种植园、国家保护区及类似区域经常性向当地社区关闭的情况下,关于生物质可及性的信息可以从管理这些区域的机构获得。这些机构决定当地社区收集薪材的政策。但是,如果土地是被小农场主所占有或使用,任务将会更加复杂,因为获取可及性信息之前可能必须和许多人接触。

在必须进行详细分析的地方,需要作一定程度的实地考察,如非法收集生物质的程度。至于小农场的私有财产权是否限制可及性,通常是很难解决的问题。出现确定某种资源是否有限可能很难的情况,要么因为其供应难以了解,要么是因为社区的某些部分不允许人们进入。这时就需要社交才能。

估计生物质流

数据收集的长期目标是为国家、区域或地方制定一个完整的生物质流程图。流程图描绘了生物质从生产到最终用途的过程。它应该包括生物质生产的所有形式(农业、林业、草地等),考虑到转换过程中的损失,并且提供其所有用途(食品、饲料、木料、薪材、动物)的详情。这样做可能会比较费时和昂贵。

构建一个流程图需要系统地收集数据,由汇总数据开始,努力获得高水平的详细信息。由于流程图是按比例绘制,单位必须保持一致。因此准确的流程图需要认真分析生物质的供应与消费。总之,流量图一旦建立,它会是产生数据的有效方法,可以理想地给出国家、区域和地方概况,提供一种监测生物质生产与使用变化的简便方法。

生物质流程图的例子(一般假设)

图 2.2 所示的生物质能源流程图是由集中于生物质生产的三个主要领域的数据产生的,即农业、林业和畜牧业。流量图估计了理论上可用的总生物质能源、生产、当前利用水平,以及农业、林业和畜牧业生物质残留物的潜在可获性。所有形式的生物质流量从生产源头,到收获,直到其最终使用,并分类为产品或"最终用途"组(例如食物、燃料、残留物等)。图 2.2 展示了基于瓦努阿图岛的生物质流程图。

以下是适用于图 2.2 流程图的一般假设。

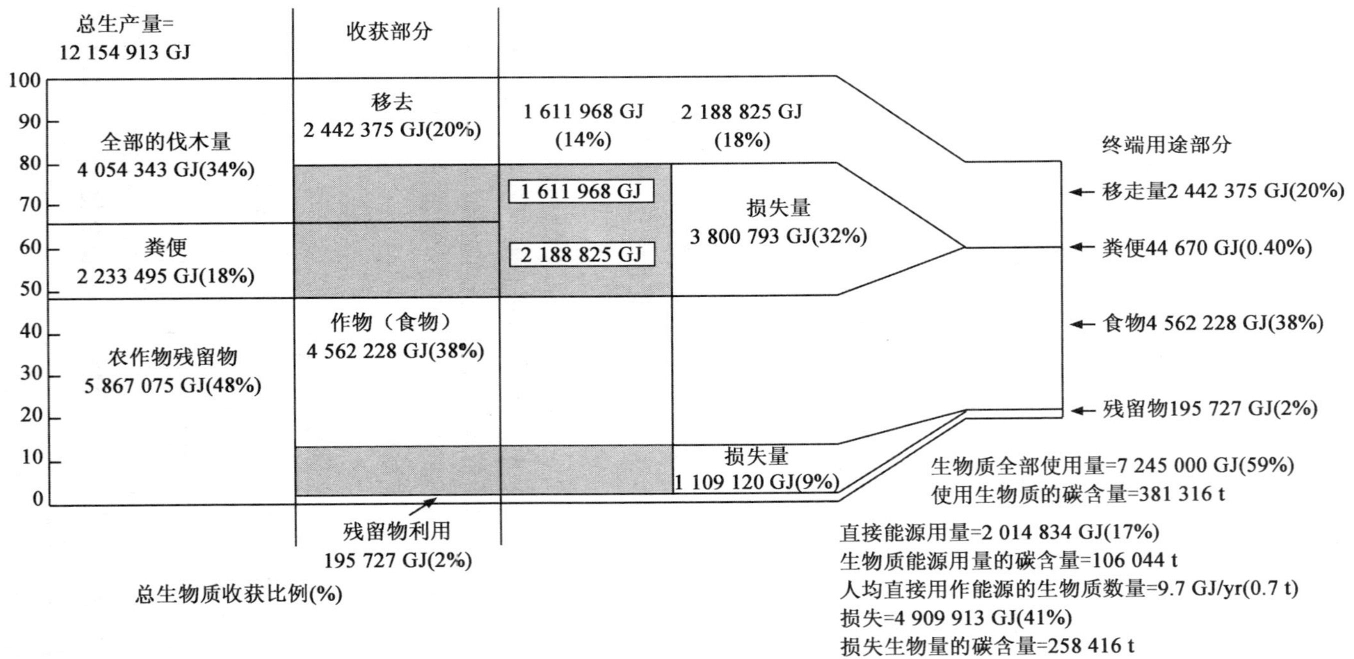

注：括弧内指总产量的百分比。

Source：Based on annual averages(2000-2003)FAOSTAT(www.fao.org).

图 2.2　瓦努阿图国的生物质流图

● 所有产品指的是地上生物质；水面不作为一种生物质能源的生产地的。

● 以下的能值(每吨风干物的 GJ 值，20%的水分含量)是在假定完全燃烧条件下使用：

—1 t 薪材＝15 GJ；

—1 t 干木＝15 GJ；

—1 t 森林或树木采伐残留物(不适于销售的部分)＝15 GJ；

—1 t 木炭＝31 GJ；薪材转换为木炭的效率，按重量为 15%。

● 假定所有的圆木体积是固体形态的，其等价转换率是 1 m^3 固体圆木＝1.3 t。

● 最终用途分析中使用的术语“消费”，指的是用于某一特定用途类别(例如食物、薪炭)的生物质材料的总量，而“有效能源”指的是材料处于最终形态时的能量含量。因此，“有效能源”是“消费”量减去转换过程中的“损失”。

如果能这些假设转变为特定地方/国家/区域的实际生物质产量，则将会增加流程图的整体准确性。

流量图强调什么？

使用 FAOSTAT 的数据分析 2000—2003 年瓦努阿图的陆地地上生物质生产与利用(见附件 2.2)(因为生物量是季节性的，受到变化的环境因素如降水量的影响，所以必须使用至少三年的平均数据)。2000—2003 年生物质能源的总产量估计为平均每年 12 PJ(12×10^{15} J)(48%来源于农业作物生产，34%来自于林业，18%来自于畜牧业)。农业与林业运作产生 10 PJ，其中1.8 PJ 的生物质被收获和燃烧(106 044 t 碳当量)，4.5 PJ 作为食物而收获，3 PJ 是不能利用的作物与林业残留，0.2 PJ 是收获的直接用做燃料作物残留物。家畜生产了 2 PJ，其中只有 0.04 PJ 被收获和用作燃料。因此，总计产生的 12 PJ 生物质中，实际被利用的只有 7 PJ。共有 3 PJ 未被利用的残留物和粪便(来自农业生产与畜牧业)，另有 2 PJ 是未使用的林业残留物。直接用于提供能量的生物质总量(薪炭、残留物、粪便)估计为 2 PJ(每人每年 9.7 GJ 或是0.7 t 薪炭当量)。

图 2.2 显示了生物质的利用与潜在利用生物质能源的区域——很明显，作为潜在的生物质能源的农业、林业、畜牧业损失需要进一步调查。但是，它不影响收集效率等重要问题。

存量与产量

所有生物质资源(木质、非木质和动物)的评估都需要估计储存量与产量。如果生物质是可再生资源,那么年产量或年生长量就是关键因素。当收获量多于生长量时,储存量就会枯竭。

存量被定义为干物质状态的生物质的总重量。

产量是指特定地区在给定时间内生物质的增长。须包括从该地区获得的所有生物质,用两种形式表示:

(1)当前年生长量(CAI)——一年内产生的总生物质。对于一年生植物,它是一年的总产量。对于多年生生物,比如树木或其他木本生物,CAI会随据季节与生长环境发生变化,对于多年生植物,应该计算每年同一季节测量的平均数。

(2)年平均生长量(MAI)——即某地区生产的总生物质量,除以生长年数。MAI 为产量的平均值。

动物性存量指的是每种动物的数量。

确定了潜在可用的生物质的数量后,其能值将取决于水分和灰分含量。

水分含量

生物质燃烧时,部分释放的能量用于将其包含的水分变为蒸汽。因而,生物质越干燥,可以获得的用于加热的能量就越多。

所以,含水率是决定生物质能值的首要因子。在特定水分含量下,木材比其他两种形式的生物质能值高,但如果农业残留物和粪便的水分含量很低,其能值有可能高于木材的能值。

单位重量生物质的能值与其水分含量成反比。为了获得生物质真正的重量,必须计算水分含量(mc)。这可以通过两种方式进行测量:在湿基(wb)或干基(db)上。计算如下:

- 干基

$$\frac{湿重-干重}{干重}$$

- 湿基

$$\frac{湿重-干重}{湿重}$$

风干木材(干基水分含量 15%)的能值约为 16 MJ/kg,而刚伐下的木材(干基水分含量 100%)的能值为 8.2 MJ/kg。烘干木质生物质的能值则可认为是 18.7 MJ/kg±5%。树脂用木材的能值稍高,而温带硬木的能值稍低。

灰分含量

灰分含量越高，能值越低。在“无灰”的基础上，也就是说不包括非可燃物时，所有非木质植物生物质的能值差不多相同。

不同的残留物灰分含量不同。例如，稻壳的灰分含量是15%、玉米芯1%，因此它们的能值不同。含水量为15%的烘干稻壳的纤维含量为85%，但其中15%的纤维是不可燃的，稻壳中含有70%的可燃物。另一方面，干基水分含量为15%的玉米壳，可燃物占84%，比稻壳多17%。

应该在相同的含水量下比较不同生物质样品的灰分含量。

生物质的能值

生物质中可用能源有两种表现形式：

(1)总热值(GHV)，也可用高位热值(HHV)表示；

(2)净热值(NHV)，也称低位热值(LHV)。

例如，对于石油而言，虽然两者的差别很少超过10%，而对于水分含量变化很大的生物质燃料，这种差别却可能非常大，因此了解这些参数是非常重要的。

GHV指燃烧释放的能量除以燃料的重量。它被广泛应用于许多国家。NHV指的是考虑到自由或结合水蒸发引起的损失后，通过燃烧得到的实际可用的能源。它用于所有主要国际性能源统计。净热值总是小于总热值，主要是因为它不包括燃烧过程中释放的以下两种形式的热能：

- 燃料中水分蒸发需要的能量；
- 烃分子中的氢形成水并蒸发所需要的能量。

计算能值

例如，水分含量为零的木材能值为20.2 MJ/kg，作物残留物18.8 MJ/kg，粪便22.6 MJ/kg。水分含量为零时，高热值和低热值相差1.3 MJ/kg。高热值减去此数可得到低热值，因此，木材的低热值为18.9 MJ/kg，作物残留17.6 MJ/kg，粪便21.3 MJ/kg。这些数值然后用于计算不同水分与灰分含量下的低热值。干基水分含量为80%的木材含水44%，含纤维56%。如果所有纤维都可燃烧，则能量含量为$0.56\times18.9=10.6$。但是，由于有1%是非可燃的，所以能量含量为$0.56\times18.9\times0.99=10.5$ MJ/kg。某些能量需要除去水分。去除0.44 kg的水分会带走$2.4\times0.44=1.1$ MJ(2.4 MJ为除去1 kg水所需的热量)。因此，可用于供热的净能量为$10.5-1.1$ MJ/

kg。在特定水分与灰分含量且高热值或低热值已知的情况下，可以使用这个公式(见附录2.3)。

此外，NHV 与 GHV 之间的区别很大程度上取决于燃料的水分(和氢)含量。石油燃料与天然气的水分含量很低(3%～6%或更少)，但是生物质燃料在燃烧点时可能含有高达 50%～60%的水分。生物质燃料的热值经常作为不同阶段(青绿、风干或烘干材料)单位原料重量或体积的能量含量(见附录Ⅰ术语表)。

许多调查详细描述燃料的能值，并记录到小数后几位。由于数据通常最多只能精确到 20%，因此这种精细度没有必要。生物质中热能形式的可用能源净量取决于两个因素：

(1)水分含量；

(2)生物质燃烧后以灰分形式留下的非可燃物的数量(灰分含量)。

形成灰分的物质通常没有能值。木质生物质的灰分含量大多稳定在1%左右。因此，是水分含量而不是木材种类更决定能源的可获性。

但对于非木质生物质，灰分含量则可能更重要。

粪便

动物粪便的无灰分能值高于木材。烘干粪便的能值较低，大约为 21.2 MJ/kg。干基水分含量是 15%时减为 18.1 MJ/kg。当平均灰分含量是 23%～27%，干基水分含量为 15%时，其实际能值约为 13.6 MJ/kg。

作物残留物

在无灰分的基础上，作物残留物的能值略小于木材的能值，这主要是因为它们碳含量较低(约 45%)，而氧含量较高。

不同残留物的灰分含量不同。例如，稻壳的灰分含量为 15%、玉米芯1%，因此它们的能值不同。无灰分、烘干的一年生作物残留物的平均能值约为 17.6 MJ/kg。干基水分含量为 15%时，无灰分残留的能值则约是 15.0 MJ/kg。灰分含量为 2%时能值约为 14.7 MJ/kg，10%时则约为 13.5 MJ/kg。

应该经常比较相同水分含量的不同生物质样品的灰分含量。含水量为 15%的烘干稻壳的纤维含量为 85%，但其中 15%的纤维是不可燃的，可燃物含量为 70%。另一方面，干基水分含量为 15%的玉米苞叶，可燃物占 84%，比稻壳多 17%。

木炭

和其他形式的生物质一样，木炭的能值不仅取决于水分和灰分含量，也取决于碳化的程度。在 300℃以上缺氧条件下热碳化(高温分解)木材，木材的易挥发成分被除去，由此获得木炭。在这个过程中，木炭中的碳含量由

50%积累到70%，部分原因是木材中碳原子和氧原子的减少。木炭的平均水分含量是5%(干基)。除非故意被弄湿，它只是逐渐吸收水分，因此其水分含量可以视为常数。

木炭的灰分含量取决于母体材料。木材木炭的灰分含量可能高达4%，而咖啡壳木炭20%～30%。因此，在相同的水分含量下，假设完全碳化，单位重量木材木炭比咖啡壳木炭多33%的能量。要进行测试，以确定木炭的水分含量和灰分含量(必要时还要加上土壤和其他异物含量)。

重量与体积

森林工业用体积测量木材，但是生物质燃料应该用重量测量。这是因为涉及热值或可以提供的热量时，必须基于重量。估计重量可以通过直接测量树木的尺寸或间接测量木材的体积。直接测量重量是评估生物质能源供应的更好方法。

交易的生物质(木料和农产品)可利用适合某一特定商品的标准单位测量。例如，林务员通过体积来测量木料，因为他们关注的是粗壮的、大体一致的茎和树干。然而，生物质燃料形状往往不规则(树枝、小分枝、树叶、茎秆等)，测量体积很困难。但因确定生物质的热值需要重量。因此应该始终通过重量法测量生物质能源。

未来趋势

必须认识到一系列的变化趋势，包括测量技术、燃料形式的变换、社会和政策的变化、潜在的替代能源以及利用环境可持续的方式改善现有资源等。过去人们经常忽视能源利用对环境的影响，必须予以充分重视。

例如，至关重要的一点，是要认识到现有和新的作物品种或者克隆增加产量的潜力。这方面的知识要基于国家和国际的研究和经验。还必须意识到土地利用趋势和社会经济变化的相冲突的压力，这将影响维持(或增加)生物质供应的可能性。需要在规划和政策水平上不断获得此类信息，否则在此基础上作出的决策可能会很难实施。

总之，目的是实现生物质的最佳和可持续生产，通过符合环境和社会经济标准的方式，促使决策者作出正确的决定。

参考文献

Bialy, J. (1996) A New Approach to Domestic Fuelwood Conservation: Guidelines for Research, FAO, Rome

Hall, D. O. and Overend, R. O. (eds) (1987). Biomass: regenerable energy,

John Wiley & Sons, Chichester, UK

Hall, D., Rosillo-Calle, F. and Woods, J. (1994) 'Biomass utilization in households and industry: Energy use and development', Chemosphere, vol 29, no 5, pp1099-1119

Hemstock, S. L. and Hall, D. O. (1994) 'A methodology for drafting biomass energy flow charts', Energy for Sustainable Development, 1, pp38-42

Hemstock, S. L. and Hall, D. O. (1995) 'Biomass energy flows in Zimbabwe', Biomass and Bioenergy, 8, pp151-173

Hemstock, S., Rosillo-Calle, F. and Barth, N. M. (1996) 'BEFAT-Biomass Energy Flow Analysis Toll: A multi-dimensional model for analyzing the benefits of biomass energy', in Biomass for Energy and the Environment, Proc. 9th European Energy Conference, Chartier et al (eds), pergamon Press, PP1949-1954

Hemstoc, S. L. (2005) Biomass Energy Potential in Tuvalu (Alofa Tuvalu), Government of Tuvalu Report

Kartha, S., Leach, G. and Rjan, S. C. (2005) Advancing Bioenergy for Sustainable Development; Guidelines for Policymakers and Investors, Energy Sector Management Assistance Programme (ESMAP) Report 300/05, The World Bank, Washington, D. C.

Leach, G. and Gowen, M. (1987) Household Energy Handbook: An Interim Guide and Reference Manual, World Bank Technical Paper No. 67, World Bank, Washigton, D. C., pp6-20

Nachtergaele, F. (2006). FAO Land and Water Development Divison, Rome (information supplied by Freddy Nachtergaele)

Ogden, J., Williams, R. H. and Fulmer, M. E. (1991). 'Cogeneration applications of biomass gasifier/gas turbine technologies in cane sugar and alcohol industries'. In Energy and the Environment in the 21st Century, edited by J. W. Tester, D. O. Wood and N. A. Ferrari, MIT Press, Cambridge, Massachusetts, pp311-346

Rosilllo-Calle, F., Furtado, P., Rezende, M. E. A. and Hall, D. O. (1996) The Charcoal Dilemma: Finding Sustainable Solutions for Brazilian Industry, Intermediate Technology Publications, London

Rosilllo-Calle, F. (2001) Biomass Energy (Other than Wood) Commentary 2001, Chapter 5: Biomass, World Energy Council, London

www.fao.org/waicent/portal/statistics_en.asp

Smith, C. (1991) 'Rural Energy Planning: Development of a Decision Support System and Application in Ghana', Ph. D Thesis, Imperial College of Science, Technology and Medicine, University of London

World Resources Institute(1990) World Resources 1990-1991: A Guide to the Global Environment. Oxford University Press, Oxford, UK

附录 2.1 残留计算

J. Woods

林业

(1)数据来自 FAO 森林产品年鉴,1989,仅从 1988"圆木生产"数字中计算得出。

(2)据推测"圆木"(是早期年鉴中定义的"移除部分 removals"的同义词)占实际砍伐的木材总体积的 60%(即总砍伐量等于圆木产量的 1.67 倍)。

(3)60%这一数字是基于树木总地上生物质的商业用途主干木材[见 Hall Overend(eds)(1987)《生物质:可再生能源》];因此在砍伐地点只移除树干和大分枝。

(4)全球大约一半从砍伐地点移除的木材("圆木")用于工业,剩下的一半用于"薪材+木炭"(数据来自年鉴)。在"工业圆木"加工过程中历来至少"损失"(主要是锯屑)50%的,其中大部分可被认为是潜在可收集的残留物。作为残留剩下的木材的数量差别很大,主要取决于加工效率和经济性。最近,特别是在经合组织国家,残留物至少部分用于其他用途,主要是制造刨花板和 MDF(中密度纤维板)。目前正在对加强利用工厂中木材残留部分的实效进行量化。

(5)"潜在可收集残留物"包括现场所有的森林砍伐残留物("r1",即 40%的总采伐木材)以及所有木材厂加工"工业圆木"产生的残留物("r2",即 50%的"工业圆木",计算出每个国家的比例),见图 2.3。实际上,我们认为只有 25% 的"潜在可收集残留"是"可回收的"。

至于应该留在原地用于改良土地和养分循环等的残留物数量的确定,在因地点变化很大。但是,在某一国家或地区的生物质能源供应的最终计算中,只有 25%的"潜在可收集残留物"用于计算"可回收残留物"。这应该给可持续的残留物收集提供充足的余地,但是这永远只能为每个地点提供

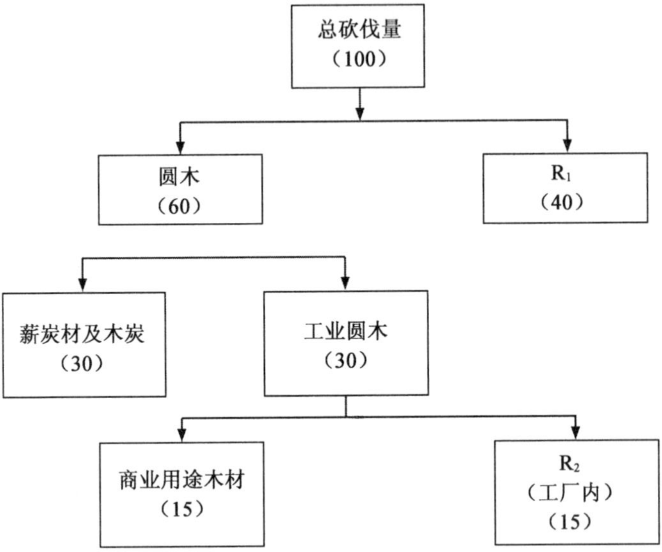

注:总砍伐量=1.67×圆木

工业圆木=圆木-(薪炭材+木炭)

R_1=砍伐地留下的残留物(相当于总砍伐量的40%)

R_2=工业圆木加工过程的损失(50%)

可以收集的残留物潜在量$=r_1+r_2=55$

林业残留物的分析分别减去 r_1 和 r_2

区域总量等于各国量之和

图2.3　林业残留物来源的分解图(基于全球平均的假设)

决策信息,再需通过充分考虑所有位点专一因素以及最好有持续的监测而得出结论。

作物残留

(1)数据来自FAO生产年鉴,1989年,谷物,蔬菜和瓜类和甘蔗。根、块茎和甜菜的数据来自FAO的农业统计(Agrostat)数据库。

(2)因为全面的全球数据仅可用于作物生产,以及使用残留物生产系数估计"潜在可收集残留"资源。可粗略估计每吨产品的可利用残留物数量;因此它实际上是一个副产品/产品的比例。对于谷物,我们使用图1.3作为所有类型的平均值,也就是说,伴随每吨收获的小麦、玉米、大麦等粮食中,有可能收集1 300 kg(风干)残留物(潜在可收集的)。

甘蔗残留物也是由提供收获的甘蔗茎数量的FAO生产数字计算得出。

使用亚力山大的假设(引自 Carpentieric,工作文件第 119,PU/CEES,普林斯顿,1991),残留系数 0.55 是用于计算残留生产数字(表 2.1)。这个数字来自:

—收获的每吨茎可以生产 0.3 t(50%水分)蔗渣;

—使用“生长植株顶部的生物质和废弃物”(barbojo),每吨可收获的茎秆可得 0.25 t(50%水分)。

该 barbojo 数字低于 Ogden 等(1990 年)使用的 0.66 t/t 甘蔗秆顶系数。我们假设“离体叶片”将作为土壤调理剂留在地里,而不是收集的 barbojo 的组成部分。

表 2.1 作物残留生产比率

作物	生产系数		能量含量	
	t/t	水分	GJ/t(HHV)	水分
谷物	1.3	风干	12	风干
蔬菜和瓜类	1.0	风干	6	风干
根和块茎	0.4	风干	6	风干
甜菜	0.3	风干	6	风干
甘蔗	0.55	风干	16	风干

(3)对于蔬菜和瓜类,我们利用的该系数为 1.0,虽然这看似很高,但是可以利用一个极端例子研究进行证明。研究表明,只有 6%~23%收获的生菜最后被吃掉,这取决于季节。在处理各种因素,如变化的灰分含量、作为能源利用的实际收集性能水平和作为动物饲料的数量时,还有其他问题。然而,直到获得更好的数据之前,我们将继续使用这个谨慎确定的简单化系数。还应该指出,蔬菜+瓜类,根+块茎,以及甜菜,“潜在可收集残留物”总共只占 3%,而谷物提供 32%,甘蔗 6%。

(4)正如林业残留物,可以从实地获得的残留物数量是由特定地点的多种因素决定的。但是,我们只利用 1/4 的已计算的“潜在可收集残留物”,并称其为“可回收残留物”。因此,考虑到了最差的情况,即需要大部分残留物留在地里以防止侵蚀,促进养分循环和水分保持。

(5)“潜在可收集”作物残留物(发达国家 15.59 EJ,发展中国家 21.51 EJ 和世界总量 37.10 EJ)的总能量并不包括豆类、水果和浆果、油料作物、树生坚果、咖啡、可可和茶叶、烟草或纤维作物的残留物的估计。虽然由于可回收残留物潜力的区域估计太小而未在这些表中,它们可能仍然是当地重要的能源,但是在国家规模上则往往不是显著的数字。

粪便

(1)粪便产量是由 FAO 和联合国人口司(世界资源研究所)的数据计算得到的。这个数据只显示出动物的数量,并分解成不同商业生产品种,因此必须利用表 2.2 中所示的粪便生产系数,来估计动物粪便生产的总能源潜力。

(2)由于粪便的分散性,据估计实际生产的粪便只有 50%是“潜在可收集的”;我们认为,只有 25%“潜在可收集”的粪便是“可回收的”,即只有动物实际生产的 1/8 的总粪便是作为“可回收粪便”计算。应当指出的是,在一些发展中国家,粪便对国内能源使用发挥重要作用(例如,印度和中国)。

表 2.2 粪便生产系数

类别	每天每只动物生产粪便(烘干)/kg	能量含量(烘干)/(GJ/t)
牛	3.0	15.0
绵羊和山羊	0.5	17.8
猪	0.6	17.0
马	1.5	14.9
水牛和骆驼	4.0	14.9
鸡	0.1	13.5

注:该系数主要以发展中国家粪便生产比率为基础,可能会显著低估经济合作及发展组织(OECD)国家的生产比率。

来源:来自:Taylor,T. B. 等“关于可再生能源大规模利用潜力的全球数据”报告 no pu/cees 132,能源和环境研究中心,普林斯顿大学,NJ 和 Senelwa,K. 和 Hall,D. O. 1991“肯尼亚的生物质能源流程图”(未出版)。

附录 2.2 用于构建瓦努阿图的生物质物流图的数据

表 2.3 瓦努阿图的生物质能源生产和利用总结
(林业、农业和畜牧业)

项目		单位	年平均(2000—2003)
森林木材总采伐量	产量(60%干木)	m	207 915
森林木材总采伐量	产量(1.3 t/m)	t	270 290
森林木材总采伐量	能量含量(15 GJ/t)	GJ	4 054 343
占总生物质能源产量的百分数/%			33
林木移除量(利用)	产量	m	125 250

续表 2.3

项目		单位	年平均（2000—2003）
林木移除量(利用)	产量(1.3 t/m)	t	162 825
林木移除量(利用)	能量含量(15 GJ/t)	GJ	2 442 375
占总生物质能源产量的百分数/%			20
砍伐加工损失量	产量	m	82 665
砍伐加工损失量	产量(1.3 t/m)	t	107 465
砍伐加工损失量	能量含量(15 GJ/t)	GJ	1 611 968
损失量占总生物质能源产量的百分数/%			13
畜牧业	储存量	Head	751 850
畜牧业	每天粪便产量	kg	388 990
畜牧业	年粪便产量(365 天)	t	141 981
畜牧业	产生的粪便的能量含量	GJ	2 233 495
动物粪便产量占总生物质能源产量的百分数/%			18
畜牧业	粪便利用	t	2 840
畜牧业	使用的粪便的能量含量	GJ	44 670
动物粪便使用量占总生物质能源产量的百分数/%			0.4
畜牧业损失量	未使用的粪便	t	139 142
畜牧业损失量	未使用的粪便的能量含量	GJ	2 188 825
损失量占总生物质能源产量的百分数/%			18
	收获面积(估计值)	hm^2	83 835
农作物	作物产量(食物用)	t	273 715
农作物	残留物量	t	116 015
农作物	作物能量含量(食用)	GJ	4 562 228
食物能占总生物质能源产量的百分数/%			38
农作物	残留物能量含量	GJ	1 304 848
残留物能占总生物质能源产量的百分数/%			11
农作物	总质量(残留物+产量)	t	389 728
农作物	总能量含量(残留物+产量)	GJ	5 867 075

续表 2.3

项目		单位	年平均（2000—2003）
占总生物质能源产量的百分数/%（残留＋产量）			48
农作物	残留物利用	t	17 402
农作物	使用的残留的能量含量	GJ	195 727
残留物能占总生物质能源使用量的百分数/%			2
农作物损失	残留物＋作物（质量）	t	98 613
农作物损失	残留物＋作物（能量含量）	GJ	1 109 120
损失量占总生物质能源产量的百分数/%（损失量）			9
总生物质产量	全部生物质	t	801 998
总生物质产量	能量含量	GJ	12 154 913
占总生物质能源产量的百分数/%			100
生物质产量的 C 含量	全部生物质	t	639 732
总生物质使用量	全部生物质	t	456 779
总生物质使用量	能量含量	GJ	7 245 000
使用量占总生物质能源产量的百分数/%			59
使用的生物质的 C 含量	全部生物质	t	381 316
总损失量	全部生物质	t	345 219
总损失量	能量含量	GJ	4 909 913
损失占总生物质能源产量的百分数/%			40
生物质损失的 C 含量	全部生物质	t	258 416

来源：基于 FAOSTAT 的数据（www.fao.org）。

表 2.4　瓦努阿图的农业生物质能源生产和利用

项目		单位	年平均（2000—2003）
水果	收获面积	hm^2	1 635
	作物产量	t	20 638
	残留物产量（产量∶残留物＝1.2）	t	24 765
	作物能量含量（7 GJ/t）	GJ	144 463
	残留物能量含量（9 GJ/t）	GJ	222 885
	总能量含量（残留物＋产量）	GJ	367 348

续表 2.4

项目		单位	年平均(2000—2003)
玉米	收获面积	hm^2	1 300
	作物产量	t	700
	残留物产量(产量∶残留＝1.4)	t	980
	作物能量含量(14.7 GJ/t)	GJ	10 290
	残留物能量含量(13 GJ/t)	GJ	12 740
	总能量含量(残留＋产量)	GJ	23 030
根与块茎	收获面积	hm^2	4 925
	作物产量	t	39 750
	残留物产量(产量∶残留＝0.4)	t	15 900
	作物能量含量(3.6 GJ/t)	GJ	143 100
	残留物能量含量(5.5 GJ/t)	GJ	87 450
	总能量含量(残留＋产量)	GJ	230 550
椰子	收获面积	hm^2	73 750
	作物产量(坚果)	t	210 250
	残留物产量(产量∶残留＝0.33)	t	69 383
	作物能量含量(20 GJ/t)	GJ	4 205 000
	残留物能量含量(13 GJ/t)	GJ	901 973
	总能量含量(残留＋产量)	GJ	5 106 973
落花生	收获面积	hm^2	2 225
	作物产量	t	2 375
	残留物产量(产量:残留＝2.1)	t	4 988
	作物能量含量(25 GJ/t)	GJ	59 375
	残留物能量含量(16 GJ/t)	GJ	79 800
	总能量含量(残留＋产量)	GJ	139 1750
总	收获面积(估计值)	hm^2	83 835
	作物产量	t	273 713
	残留物产量	t	116 015
	作物能量含量	GJ	4 562 228
	残留物能量含量	GJ	1 304 848
总产量	质量(残留＋产量)	t	389 728
	总能量含量(残留＋产量)	GJ	5 867 075
总残留使用量	残留物使用(总数的 15%)	t	17 402

续表 2.4

项目		单位	年平均(2000—2003)
	使用的残留的能量含量	GJ	195 727
总使用量	残留物+作物	t	291 115
	残留物+作物(能量含量)	GJ	4 757 955
	残留物+作物(质量)	t	98 713
总损失	残留物+作物(能量含量)	GJ	1 109 120

注:

水果:香蕉和其他水果。

根与块茎:马铃薯、红薯、木薯、芋头、山药和其他。

来源:基于 FAOSTAT 的数据(www.fao.org)。

表 2.5　瓦努阿图的畜牧业生物质能源生产和利用

项目		单位	年平均(2000—2003)
牛	存栏量	头	135 250
	每天粪便生产量(1.8 kg)	kg	243 450
	年粪便生产量(356 d)	t	88 859
	产生的粪便的能量含量(18.5 GJ/t)	GJ	1 643 896
猪	存栏量	头	62 000
	每天的粪便生产量(0.8 kg)	kg	49 600
	年粪便生产量(356 d)	t	18 104
	产生的粪便的能量含量(11.0 GJ/t)	GJ	199 144
马	存栏量	头	3 100
	每天粪便生产量(3.0 kg)	kg	9 300
	年粪便生产量(356 d)	t	3 395
	产生的粪便的能量含量(11.0 GJ/t)	GJ	37 340
山羊	存栏量	头	12 000
	每天粪便生产量(0.4 kg)	kg	4 800
	年粪便生产量(356 d)	t	1 752
	产生的粪便的能量含量(14.0 GJ/t)	GJ	24 528
鸡	存栏量	头	340 000
	每天粪便生产量(0.06 kg)	kg	2 040
	年粪便生产量(356 d)	t	745
	产生的粪便的能量含量(11.0 GJ/t)	GJ	8 191
人	人口数	头	199 500
	每天粪便生产量(0.4 kg)	kg	79 800
	年粪便生产量(356 d)	t	29 127

续表 2.5

项目		单位	年平均(2000—2003)
	产生的粪便的能量含量(11.0 GJ/t)	GJ	320 397
总生产量	人、畜总数	头	751 850
	每天粪便生产总量	kg	388 990
	年粪便生产量(356 d)	t	141 981
	产生的粪便的能量含量	GJ	2 233 495
总使用量	粪便使用量	t	2 840
	使用的粪便的能量含量	GJ	44 670
	未使用的粪便	t	139 142
	未使用的粪便的能量含量	GJ	2 188 825

来源:基于 FAOSTAT 的数据(www.fao.org);Hemstock(2005)。

附录 2.3 体积、密度和水分含量

J. Woods and P. de Groot

木质生物质特别是薪炭材的生产和消费通常用体积测量。但是在非正规市场和家庭调查中,生产、出售或消费的薪材数量的唯一记录只有体积的测量,其基于松散堆的外部尺寸或生物质各个部分之间的负载包含空间,如立方米,绳子,货车荷载,头上负荷或捆。

可以采用两种方法以利用这种能源分析测量:

- 将堆积体积转换为重量,例如利用弹簧秤(小负荷)或地秤(货车荷载)称量一些样品的重量;
- 将堆积体积转换为固体体积,例如将载荷(小的)浸入水中,然后测量被置换的水的体积。

体积转换为重量公式:

$$重量(kg)=体积(m^3)\times 密度(kg/m^3)$$

应该指出,密度是“原样”生物质密度,目的是计算能量含量,同时还需要知道水分含量。也可以估算水分含量,例如刚砍伐的木材通常含有约50%的水分(湿基;见后面),风干木材为15%(湿基),水分含量依赖收获后贮存的性质和时间。水分含量也显著影响能量含量(见后面)。以下几节描述了密度、体积、水分含量、总热值(GCV)和净热值(NCV)之间的相互关系。

密度

密度和水分含量是决定生物质原料的净能量含量的关键因素。相对密度通常用来表示一种物质的密度，是一种物质与水相比的单位体积的相对重量。物质的实际密度用 kg/m^3 或 g/L 表示。但是体积随着温度变化，因此应该是在标准室温和压力，或是在上述条件下，引用相对密度数据。

因为密度是确定数，因此重要的是知道生物质，如堆积木材、木片、木质颗粒、松散堆积稻草、成捆稻草等的物理状态。木材密度数据常作为堆积原木或实木体积，其估计是通过测量木材堆的孔隙率。除非直接测量，标准能源密度通常是指固体生物质体积，而不是原样生物质。

如果使用重量确定固体体积，密度便成为一个重要因素。因为重量取决于密度，且种间和种内密度不同。例如，来自老树的木材比同一品种幼树的更密实，心材比边材更密实。

各种技术可用于增加生物质密度，目的是降低运输成本并使其更易于管理。例如，在田地中可以将稻草打成包，以使密度从 50 kg/m^3 增加到 500 kg/m^3（取决于使用的捆包系统的种类）。木材密度可能从150 kg/m^3 以下到超过 600 kg/m^3（堆积原木），如表 2.6 所示。

表 2.6　生物质原料密度的例子

生物质物理状态		密度/(kg/m^3)		
		低	中	高
锯屑		150	—	200
木片		200	—	300
干材	30～50 cm 长	200	—	500
干材	100 cm 长	300	—	500
锯屑或木片颗粒		400	500	600
稻草	碎稻草		50	
稻草	高压包	80	—	100
稻草	大包		100	
稻草	颗粒	300		500

来源：Strehler and Stultze(1987)。

水分

生物质的水分含量通常是指湿基鲜重含水量，即水分含量为 15%（湿基)的 100 t 木材，意味着其质量的 15 t 是水，85 t 是烘干生物质。为了将干基改变为湿基，可使用下列公式：

$$W=D/[(1+D)/100]$$

其中：D 为干基水分含量的百分比，而 W 为湿基水分含量的百分比。

湿基水分含量转变为干基水分含量的相反公式如下：

$$D=W/[(1-W)/100]$$

如果干基水分含量为 100%，则湿基水分含量=50%。

能源含量

生物质样本的能源含量取决于其本身的理化组成，主要是水分和氢含量。在没有任何"自由水"时，它的"总热值"或"高位热值"是生物质的能源含量的一种测量方法。完全干燥的生物质仍含有化学束缚水，以及燃烧过程中的化学反应产生的水。总热值包括这种化学束缚水蒸发释出的潜热，在实践中使用冷凝燃烧系可以回收这种能量。

生物质的净热值或低位热值是指原样生物质的能量含量，同时排除通过冷凝时可以回收的潜在能量。

下面提供了计算生物质样品的总热值和净热值的公式。

生物质的总热值或高位热值

$$GCV=0.134\,91.X_C+1.178\,3.X_H+0.100\,5.X_S-0.013\,1.X_N-0.103\,4X_O-0.021\,1.X_{ash}[MJ/kg,d.b.]$$

其中：

X_C=%wt 碳含量(干基)；

X_H=%wt 氢含量(干基)；

X_S=%wt 硫含量(干基)；

X_N=%wt 氮含量(干基)；

X_O=%wt 氧含量(干基)；

X_{ash}=%wt 灰分含量(干基)。

生物质的净热值或低位热值

$$NCV=GCV\times(1-W/100)-2.447\times W/100-2.447\times H/100\times 9.01\times 1-(W/100)$$

其中：NCV 为净热值(MJ/kg 湿基)；GCV 为总热值(MJ/kg 干基；对木材而言，每公斤烘干重的代表性质是 20 MJ)；W 为燃料的水分含量，用%wt 表示

(湿基);H 为氢浓度,例如木质生物质燃料 c. 6.0% wt(干基);草本生物质燃料 c. 5.5% wt(干基)。

水分含量(湿基)、总热值和净热值的关系见表 2.7。此表显示出总热值为 21 MJ/kg 且水分含量为 70%的生物质原料直接使用的净热值为 4.19 MJ/kg。

表 2.7 利用水分含量和总热值计算的净热值 MJ/kg

项目		总热值				
		21	20	19	18	17
水分	70%	4.19	3.89	3.59	3.29	2.99
(%wt 湿基)	60%	6.40	6.00	5.60	5.20	4.80
	50%	8.62	8.12	7.62	7.12	6.62
	40%	10.83	10.23	9.63	9.03	8.43
	30%	13.04	12.34	11.64	10.94	10.24
	20%	15.25	14.45	13.65	12.85	12.06
	10%	17.46	16.56	15.66	14.76	13.86

参考文献

Leach, G. and Gowan, M. Household Energy Handbook, An Interim Guide and Reference Manual. Washington, DC. 1987

Strehler and Stutzle. Biomass Residues. In: Biomass: regenerable energy, edited by D. O. Hall and R. P. Overend, London: P. 75-102, John Wiley & Sons Ltd., 1997

Van Loo, S. and Koppejan, J. Handbook of Biomass Combustion and Co-firing, Enschede: Twente University Press, 348 pages. ISBN 9036517737. 2002

3 木质生物质供应的评估方法

Frank Rosillo-Calle, Peter de Groot and Sarah L. Hemstock

介 绍

第 2 章叙述了生物质资源评估的一般方法。这一章介绍准确测量可作为能源的木质生物质供应的最重要的方法，特别是以下几种情况下使用的技术：

- 森林测定；
- 确定树木的重量和体积；
- 测量树木的蓄积量和产量；
- 测量树木的高度和树皮。

还有以下几种来源中可用能源的测量：

- 专用能源种植园；
- 农产加工业种植园；
- 加工木质生物质(木质残留物、木炭)。

评估生物质供应的必备条件

评估自然资源

生物质能源的分析需要对一个国家自然资源的准确评估。为此应该包括以下组分：

- 土地类型；
- 植被类型；
- 土壤成分；
- 可用水量；
- 气候模式。

确定评估重点

作任何对生物质供应的评估之前，都要调查消费情况，目的是针对最需要能源的地方并决定最大努力的方向。

明确评估目的

进行生物质评估是为了有助于实施某种行动。行动的性质将决定评估的性质。因此，首先确定你打算进行的评估的目标是必不可少的。

确定你期望的评估结果的受众

期望的受众将决定你采用的收集和展示数据的方法。正如第2章所述，评估调查通常是为三种类型的对象准备的：决策者、规划者和项目执行者。信息的类型及其提出的方式，包括为决策者提供全面但是简洁的目前情况，以及为项目人员提供详细的科学数据。评估可能包含“全面”和“简洁”之间的任何精确度的细节，或者它可能包含针对不同对象的部分。

决定实地调查是否必要

实地调查通常用于产生急需的数据，但过程复杂、费时而且昂贵，还必须有技术人员。边远地区和粗糙多变地形区域的评估问题往往是复杂的。因此需探索其他的替代方法，如分析现有数据和与国家调查协作。只有在有替代方法，或如果涉及的评估对象范围较小的情况下，才考虑开展实地调查。框图3.1说明了当决定一个实地调查的必要性和细节时可能的决策过程。

框 3.1　一个正式的木质燃料调查的决策树

1　问题是否确定？规模和需要的精确度是否确定？
如果没有，停止！
2　检查现有资料。
如果已充分，停止！
3　检查，重新确定和阐明问题。
重复步骤1。
4　（步骤1～3完成以后），现有的知识是否需要更新？
如果不需要，停止！

5　农村快速评估法(RRA)是否更适合?
　如果“是”,实施 RRA 和互补的重点小调查。
6　是否有足够的信息对人口划分层次?
　如果没有,返回步骤 2;如果还没有考虑,停止! 否则准备步骤 1～5。
7　估计样本大小和预算。
　如果预算不足,重复步骤 1～5。
8　是否有训练过的统计员和数据处理员?
　如果没有,有无可能进行培训? 如果不行,重复步骤 1～5。
　如果可以,开始培训/招聘(与步骤 9 和 10 并行)。
9　设计调查问卷草案。
10　实验性测试通过没有
　如果没有,重复步骤 1～5。
11　如果资金到位,人员培训,时间和季节确定,那么展开实地调查和有关监督。
　如果不满意,停止或是返回步骤 1。
12　数据处理:检查、编辑、编码输入和验证。
　如果不满意,纠正并转至步骤 13;如果不加以纠正,停止!
13　进行统计分析和编制结果表。
14　比较最初的假设、以前的结果、当地专家意见和其他国家的研究结果。
15　返回步骤 1。是否仍需要进一步的信息。
　如果不需要,提交报告。
16　进行后续研究,RRA,实地工作人员的汇报,以及根据需要的抽样调查。提交报告。

根据农业气候区和时间测量生物质变化

生物质产量变化因素:

- 生物质的类型和种类;
- 农业气候区;
- 生物质生产中使用的管理技术(集约化或粗放的林业或农业、灌溉和机械化程度等)。

在缺少详细的土地利用数据的情况下进行总体估计时,这些因素是重要的。在不同的季节和年份,生物质的生产力肯定不同。重要的是尽可能收集时间序列数据。生物质材料不均质时，需要特别注意。

确定现有数据的范围和质量

大量数据和信息（如地图和报告）往往是现成的，在开始评估之前，要彻底搜查已有的资料。但使用现有来源的数据时需要小心谨慎。木质生物质可用性的信息往往非常不完整，同时，目前迫切需要改善薪炭材的统计资料，它构成了在许多发展中国家使用的大部分木材。大多数公布的木质生物质的数据只考虑从森林资源中获得的和有记录的（官方）薪炭材（尽管它往往没有明确指出这就是事实）。因此，这些数字也忽略了大面积上实际燃料供应，包括：

- 无记录的树林砍伐；
- 路边、社区和农田的树木；
- 小胸径的树木；
- 森林中的灌木和灌木丛；
- 枝条材。

遥感

遥感（在第 9 章详细论述）。

土地利用评估

评估土地利用的方法取决于所需信息的精确水平。收集数据最好从适合政策层面分析的最一般和综合的精度开始。随后则几乎肯定需要进一步的加强和分类 。

对农业气候区进行适当分析将很必要：如果此信息不可用，则某些形式的遥感是最可行的选择。选择的具体技术将取决于当地的情况。在这个阶段就作航空摄影和全面分析卫星图像，在时间和费用方面通常都过于昂贵。

随着时间的变化，土地利用模式的变化指标可以有助于理解本地生物资源的变化及预测未来可能的资源可用性。因此，研究近年来的土地利用变化是非常有价值的。这可以通过两种互补的方式实现：

- 如果可用，分析历史遥感数据；
- 在实地与当地人详细讨论。

生物质的可及性

生物质的可获得性和实际供应很少能吻合。因此重要的是考虑生物质的实际可及性，虽然它往往很难测量。潜在生物质资源大体受到三个主要的物理和社会约束的限制：

- 选址限制；
- 使用权限制；
- 土地资源管理系统的限制。

这些内容在第2章中的“可及性评估”中详细论述。

关键步骤

一种生物质供应的评估涉及下述关键点：

评估方法

决定哪些生物质评估方法最适合你的需要。无论是直接的还是间接的木质生物质的估计方法，都由许多因素决定，包括生长环境、变异性和实际尺寸。可能需要投入更多的努力，来测量分散的非森林树木，因为这些非传统来源的木材经常被忽略，树木管理上也存在相当大的差异。

生物质的多种用途

考虑生物质的多种用途，以及可能来自不同工业过程的大量生物质，比如锯木厂废料、木炭等。

不同类型的生物质

考虑生物质资源的不同类型，如木质生物质（薪材）和非木质生物质（农业残留物）。

经济价值

意识到生物质的商业价值。要记住，作为一种能源，生物质资源有不同的价值，这取决于当地、地区或国家的传统和文化。例如，动物残留物在某些国家如印度发挥重要作用，而其他国家则很少使用。

燃料转换

了解能源形态的变换。随着生活水平的提高或人们向农村中心迁移，对燃料种类偏好会发生变化。

二次燃料

认识到二次燃料（如沼气、乙醇、甲醇等）日益增加的重要性。这些燃料从未加工过的生物质中获得，而且无论在发达国家还是发展中国家的现代应用中，使用量越来越多。

木质生物质评价方法

木质生物质的估计方法，无论是直接的还是间接的都由许多因素决定，包括：

- 类型；
- 生长区域；
- 空间格局；
- 变异性；
- 实际尺寸。

木质生物质的测量可能是最困难但通常是最重要的测量之一。应该尽最大努力确定蓄积量和年生长量。框 3.2 概述测量步骤：

> **框 3.2　木质生物质评估的多级方法**
>
> 1. 复查区域的现有数据/地图；
> 2. 低分辨率图像。

以下是在制定木质生物质的评估策略中会有用的初始问题(基于 ETC 基金会，1990，box 12 p33)

目前该地区的木本植被的类型？

- 森林：种植的或天然的；主要种类；
- 灌木丛；
- 开阔林地；
- 农业地区内部和周围的树木：造林地、防风林带、耕地中的散生树木、混合植被中的树等；
- 公共场所的树木：市场、路旁、沿运河。

这些植被类型的状况？

- 良好保护或被忽略；
- 因为过度砍伐而形成的林隙；
- 天然再生；
- 剪枝，修剪；
- 收集枯木；
- 新树桩；
- 矮林；
- 枯枝落叶；
- 腐烂。

你注意到森林或木产品的任何运输或贸易吗?

- 路边的木材堆;
- 人们对木材、木炭、水果、树叶等的运输;
- 人们在市场或其他地方出售的木材、木炭、水果、树皮、树根、药材等。

你看到过与木产品的加工和利用有关的活动吗?

- 锯断或劈开;
- 燃烧木炭;
- 筑围栏;
- 建筑;
- 水果加工;
- 制作篮子;
- 用树叶喂牛等。

你看到过与树木再生和管理有关的活动吗?

- 树木苗圃;
- 运输;
- 出售幼苗;
- 幼树或新种植的插条;
- 剪枝、削剪、疏伐、矮林伐采。

专门种植用做燃料的树木目前尚很少,因为大多数情况下,木质燃料的获得可以成零成本或接近零。燃料以外用途的木材有更高的市场价值,通常优先于作为燃料的用途。因此,重要的是要考虑到木材的非燃料用途。

然而,树木转变为木制品时会产生相当多废弃物。在森林或农场,卖方或买方只是取走原木;枝材和弯曲干木——可能相当于15%~30%或更多的地上部分体积——在砍伐树木时会被留下来。锯材可能只占原木的1/3~1/2,剩下1/2~2/3是废弃物。即使锯材制木杆或木料也会产生废弃物。所有的这些废弃材料都是潜在可燃烧的,尤其是如果它们接近能源需求地,因此必须包括在评估中。

附件3.1详尽地介绍了预测供应和需求的各种方法。可能须投入更多的努力来测量分散的非森林树木,因为这些重要的木材来源经常被忽略,同时在树木管理上差异也相当大。

已经有通过体积和重量测量树木生物质的技术。基于在第2章已经陈述的原因,重量是调查薪炭材的最适合测量方法。然而,因为森林工业通过体积来测量木料,而确定树干和大分枝体积的技术还远远不发达。本节概述了评估重量和体积的技术。为了能够比较,所有的测量应使用和转换为公制重量单位。

如果现存的表能够给出被评估树种的树干和分枝体积之间的关系，则容易得到树木包括树冠的总重量。由于存在计算树干和树冠体积的标准技术，因此在能找到表时，首先计算体积更容易，然后再利用体积估计重量。

卫星图像和/或航空摄影是估计木质生物质的有用工具。在均一的种植园中，生长树的分枝体积和重量的比介于10%到30%，变异很大，因此，利用实地测量来强化图像数据很有必要。文献检索也可以提供有用的信息。综合这些来源的信息，应该能为单个地点提供体积和重量的准确估计。在收集树枝、树叶作为燃料的地方，需要对少量树木进行全株砍伐取样，以测量叶、分枝、树干和根的重量。然后就可以估计单位区域可利用的总生物质。附录3.2提供了如何测量薪炭材资源和供应的进一步的详情。

森林测定

测定——长度、质量和生长期的测定——指土地调查员、林务员和制图师对原则和实践完善的结合。森林测定是提供森林、单树、砍伐木等方面数据的工具。有几本书给出了测量树木的原则(见 Husch 等，2003)。但测定灌木和树篱只有一种令人满意的方法，即伐倒后称重量，然后得到整个灌木(包括空间)的体积和重量之间的关系。

商业化林业利用许多技术来测量森林、单株参数、分枝、树皮、体积、重量等，你可以借助这些技术估计全部或部分生物质的可用性。

单树可以通过各种测量或参数进行定量描述，其中最常见的是：

- 树龄；
- 树干直径(带树皮或不带树皮)；
- 横截面积(通过树干直径计算)；
- 长度或高度；
- 形式或形状，树并不都是圆柱形；
- 锥度或长度随着直径的变化率；
- 带皮或不带皮的体积；计算体积时要考虑顶端直径的不同；
- 树冠直径，指在实地和/或通过航空摄影测得的一个参数；
- 木材密度。

种植树、林地、种植园和森林的测定，需要进一步测算以下各项：

- 面积(通过地图或航空摄影调查或估计)；
- 种植树的结构，物种、树龄和直径等方面；
- 每公顷的总断面积；
- 总生物质，每公顷干重；
- 每公顷产总的能源。

对于生长均一的同龄单树种种植园，也经常使用以下方法：

- 每棵树的平均体积；
- 每棵树的平均树干断面积；
- 每棵树的平均断面积直径；
- 每棵树的平均高度(King et al,1990)。

传统上，林务员通过材积或重量(包含水分含量)测量树木。通过测定高度和直径可以估计树木的材积，通过测定平均高度和断面积可以估计出每公顷的体积。若已知木材的密度，则可以计算这些树的单位重量。

对(各国)地上生物质数据的实地调查还没有完成的部分原因是，缺少对生物质的兴趣；部分是因为尚未制出将单树或灌木生物质与容易测量的树木或灌木尺寸相关起来的适当标准曲线。广泛的测定数据可用于数量非常有限、通常栽培在种植园里的树种。对只有少数几个品种的种植园作木质生物质估算时，可以使用土地利用数据及能够提供一个特定品种的生物质体积或重量的生物质表。这些表在植被相当均一的地方特别有用。表格一旦制定，将促使随后的调查快速进行。

然而，亚热带环境的天然森林是由大量不同的树木组成的，目前没有相关的任何资料。天然热带森林树木现存生物质的测算，在具体分析的基础上已能进行(见 Allen,2004)。通过多个案例的逐一分析和结合具体分析，建立对树干的直径、周长、断面积、树冠尺寸的回归方程，可形成多个回归或适合各种研究人员的目标(Tietema,1993)。

例如，Tietema(1993)在博茨瓦纳进行的研究，旨在提供一组将树木外部尺寸与总地上生物质联系起来的回归方程。通过测量样本树木的高度和树冠直径，以及“脚踝高度”(地平面上部约 10 cm)处树干直径完成。随后伐倒树木，以测定生物质的总鲜重。对于多干树，确定树干断面积和各个支干的重量。结果表明，对树干断面积对体重的回归而言，博茨瓦纳的一些树种和肯尼亚的三种不同树种在回归线中有很大的相似性。

因此一般而言，一组回归线为对树木现存生物质的广泛的地上调查提供现实的和灵活的可能性。Tietema 认为，这种灵活性对确定采伐木材的影响，确定树木储存量和平均年生长量(MAI)，以及辅助解析遥感数据很重要。但是，砍伐取样作为调查的一部分并不总是可行的，例如，农业区域内的树木就是如此。

测量木质生物质的主要技术/方法

本手册只详细考察适于评估作为能源的木质生物质的主要技术。

确定树木的重量

通过测量树干的直径(胸高 1.3 m,或 0.4 m)、周长、断面积(0.1 m)、树冠尺寸以及树木和树冠尺寸的组合,可以确定自然环境中具体树种的重量。由于获得的线性回归的性质不同,很难进行物种间的比较。图 3.1 来自英国本地林地品种的破坏性砍伐测定。

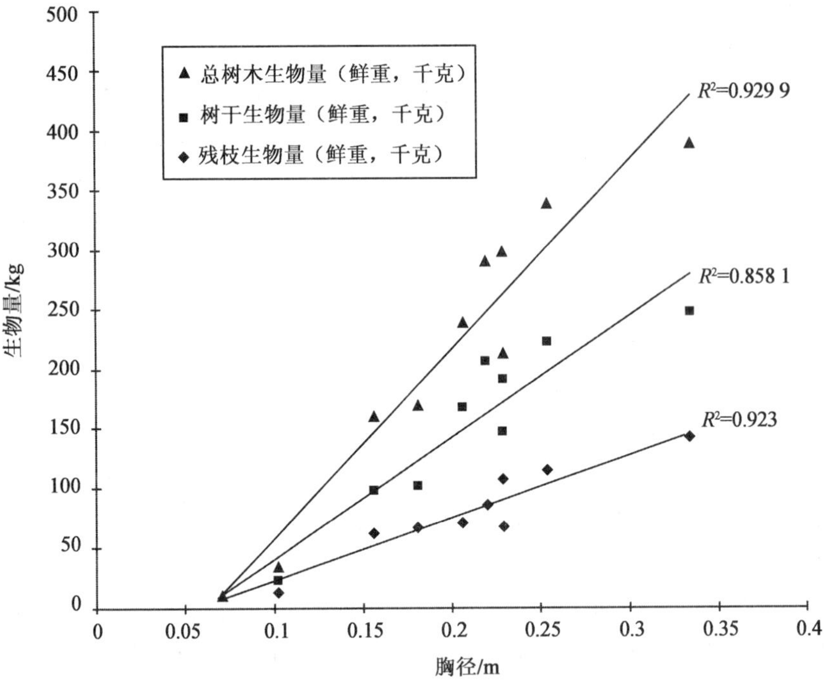

图 3.1 砍伐测定的例子(英国树种)

如上所述,林务员最感兴趣的是材积,而这样的结果往往是大大低估了可用做燃料的木材。例如,燃料的重要来源是枝杈和树根,要占树木生物量的 50%以上。木材稀少的地方,还会收集树枝和树叶用于燃烧。当评估作为能源的生物质时,应该计算树叶、树枝、分枝、树干和树根。请注意,树根相当于 30%～40%的总木质生物质生产,以及高达约 55%的地上木质生物质产量。然而,除非改变土地用途或严重缺乏燃料的情况发生,树根一般不用做燃料,虽然这种说法并不适用于灌木丛和灌木的根。

对少数树木进行砍伐取样可以提供树叶、分枝、树干和树根的体积或重量的样本测量,用以估计单位面积的可利用生物质。

一旦确定了某个物种或木质生物质物种群的回归,最有用的和最容易衡量的回归是树干断面积和树木重量之间的回归。这种技术只需要测量两次每个树干(单干或多树干树木)的直径。

这项技术很直接,只需要简单的设备来建立回归,例如,测径器、天平和烘干器。此后,快速测量必要样本树木时只需要测径器。在较小或较大的区域建立最佳的取样技术,可能与实际测量本身同样重要。

为了估计重量,需要伐倒样本树木,以确定鲜重、风干及烘干密度(重量/单位体积)。干燥木材时重量会减少,直到降低到水分含量为 10%时不再缩减。这样,已知了体积和平均密度,就可以非常准确地确定重量(风干或烘干)。

在过去十年中,人们试图使用遥感技术估计可用的木质生物质的数量,但是这些研究的结果通常不准确,因此不能用于规划目标。部分原因是对各种卫星测量的地上生物质和光谱反射之间的关系缺乏明确的理解。但近年来这项技术已经取得了重要进展,因而可以用较低的成本使测量更准确(见第 6 章)。

测量树木体积的技术

传统上测量树木的体积,林务员使用以下几种方法:

- 测胸径(DBH);
- 测量总高度和树冠(直径和厚度)以估计单株体积;
- 测量平均高度、胸高断面积和平均树冠。

下面,是商业林业工业通过特定的计算机程序测量体积的几个例子(见 www.woodlander.co.uk/woodland/,从该网址中选取)。

树木和圆木的体积测量

测量树木和圆木的体积通常是为了管理和出售。"圆木"是指树横切成一定长度的产品。这些产品可能是原木锯材、纸浆材、围栏材或其他材料。体积单位是立方米。可以使用多种方法测量体积,视测量对象而定。这是因为某一特定测量方法的实用性和成本可能取决于产品。测量体积通常需要测量直径和长度。

直径 直径的测量单位是厘米。直径测量的结果小数点下舍至最接近的厘米。例如,测量的直径是 14.9 cm 或 14.4 cm,均下舍至 14 cm。

长度 长度的测量单位是米,也需要下舍。长度低于 10 m 的下舍至最接近的 0.1 m,而超过 10 m 下舍入至最接近的米。因此,长度 16.75 m 和 18.3 m 将分别下舍至 16 m 和 18 m。而长度 6.39 m 和 3.95 m 则下舍至 6.3 m 和 3.9 m。

当测量伐倒树的长度时,通常测量至顶部直径 7 cm 以上处。体积测量有不同方法，详情如下。

● “长度和中央直径”方法——适用于测量伐倒木，以及容易到达测量中央直径的位置的地方。

● 测量原木锯材的顶端直径和长度方法——应用特定常规方法，应用于出售一卡车以上直径较均一的原木。其体积可以通过估计顶端直径和长度得到。

● 用于测量小圆木顶端直径和长度方法：体积也可通过估计顶部逐渐变尖的程度测量顶端直径得到。

中央直径和长度体积测量法 体积取决于树木或圆木片的长度，以及圆木中段处的直径，当然可采用上述方法测量长度和直径。使用“中央直径”和长度方法测量体积的例子如下：

● 长度小于 20 m 的圆木：

—测量的长度：4.45 m，小数点下舍为 4.4 m；

—测量的中央直径（在 2.2 m 处）：14.6 cm，下舍为 14 cm；

—查表（见网址 www.woodlander.co.uk/woodland/voldfrm.htm#conventions），长度为 4.4 m，直径为 14 cm 的树材，体积为 0.068 m^3。

● 用这种方法测量一棵伐倒木的体积：

—如果顶端直径为 7 cm，长度为 20 m 或以下，可根据上述步骤测量树木体积；

—如果顶端直径为 7 cm，长度大于 20 m，则用两个长度测量体积。将树木长度分为两个部分即可得到两个长度。第一个是下半部（粗端）的下舍长度。第二个长度是余下部分的长度。例如：

树长＝37 m

树长/2＝18.5 m

粗端长度＝18 m（取 9 m 处的平均直径）

余长＝19 m（取沿着树木长度 9.5 m 处的平均直径）

每段长度对应的体积，可以从中央直径/长度表中得到，两者之和就是树木的体积（见 www.woodlander.co.uk/woodland/）。

如果当地的树材体积表可用于正在评估的树种，也可以单独使用胸径来确定一个种类林分的树干体积和总树木材积。胸径作为一个独立变量，广泛用于估计树木的总重量。但这仅适用于严格定义的品种，且主要是林木种植园和商业化林业。由于即使是同一品种其胸径相同的树木体积也有明显差别。因此，使用一般体积表时，应该考虑到高度。附表 3.3 提供了测量树木体积的更详细信息。

林务员一般会制定通过体积计算重量的公式。因此通过树干和分支的体积关系表，获得树木（包括树冠）的总重量是一件容易的事情。然而，这些技术对测量薪材的作用有多大并不很清楚。此外，也有计算树干和树冠的体积的标准技术。因此，可先计算体积，然后利用体积计算重量。这样会更简单。

如果已知一个特定树种的平均高度和树锥度，那么就可以估算树干的体积和树木地上部分的总体积。

计算树木体积最简单的方法是利用公式：

$$V=\pi r^2 h\times f$$

其中：V是树木体积，r是胸径半径，h是总高度，f是树锥的折减系数。折减系数(f)的变化范围是0.3～0.7。f的值需要通过砍伐若干树和测量单个原木而计算得出。

同样的，可以通过树干体积估算树冠材积。砍伐一些树木以获得树干木材与树冠木材的比率。然后这种计算结果可用于只根据树干体积估计剩余树木的树冠体积的场合。

在郁闭林分情况下，每公顷树干体积由以下公式给出：

$$V=G\times H\times F$$

其中：G是每公顷平均树干总断面积；H是平均高度；F是平均折减系数。

使用角规测量(或速测镜技术)可以很容易确定断面积(G)。测高仪可用于获得若干树木的高度，以确定平均高度(H)。一些书中给出了测量树木的原则(Philip，1983；Husch等，2003)。

测量灌木和树篱只有一个令人满意的方式，即剪下来，称重，然后获得整个灌木体积(包括空间)与重量的关系。

测量用做燃料的树木的蓄积量

以上提供了测量蓄积量的方法，但还需要测量生长量或年产量。在可以使用上述技术计算总蓄积量的情况下，该方法也能估计年生长量。请注意，评估年生长量不能简单地利用蓄积量除以轮伐期，因为在整个生命周期中树木每年生长的数量并不相同。

一些薪炭材作物的轮伐期很短，为一年或两年。然而在自然森林中，树的轮伐期可能超过100年。自然森林的蓄积量非常大，但是年产量则相对较低，每公顷为2～7 m^3。表3.1总结了基于英国林地数据的树龄、高度和蓄积量之间的关系，图3.2也是如此。更好的管理能减少轮伐次数并增加年产量，以更快地周转存量。对不同地点和不同降雨情况下整棵树测量和生物质生长，应该进行彻底的文献检索工作(Hemstock，1999)。

表 3.1 来自英国数据的阔叶林地蓄积量总结

种类/林地描述	平均树龄/年	平均高度/m	每公顷树木蓄积量	参考文献
农场林地(未管理)				Hemstock,1999
银桦	26	11	463	
橡木	28	11	396	
赤杨	23	10	261	
山毛榉	14	9	39	
白蜡树	15	0	10	
总计	25	11	1 168	
白蜡树用材林(管理的)	26	14	578	森林委员会(1998)
	44	16	437	
	69	22	248	
梧桐用材林(管理的)	27	15	604	森林委员会(1998)
	40	19	302	
	70	26	278	
赤杨用材林(管理的)	15	15	1 247	森林委员会(1998)
	27	18	261	
	40	19	226	
山毛榉用材林(管理的)	23	12	1 161	森林委员会(1998)
	37	14	1 156	
	46	17	889	
	66	18	631	
	97	21	307	
橡树用材林(管理的)	37	15	707	森林委员会(1998)
	46	17	498	
	77	21	236	
	97	25	146	
阔叶树用材林				Blyth 等(1987)
造林	0～10	0～5	1 000～3 000＋	
丛林	5～20	2～10	1 000～2 000	
早期疏伐林	15～50	8～18	500～1 000	
晚期疏伐林	30～100＋	15～30＋	150～600	
成熟林	40～150＋	18～30＋	70～300	

来源:Hemstock(1999)。

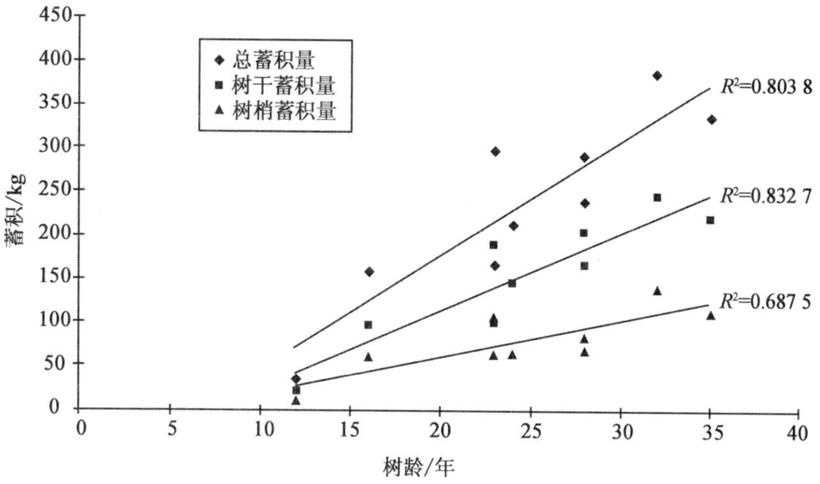

图 3.2 英国林地树木的蓄积量与树龄之间关系

同形异质化或曰维分析是测定树木总生物质的另一个选择。同形异质化测定是估计商业品种的材积和重量的一种古老但应用广泛的技术。然而，不同形状和密度的树木，以及经过剪枝、打枝等全面管理后的树木（例如农场里的树），都会在量级放大时出现变异。此外，针叶树不同于硬木，热带林地（热带草原）树木不同于热带森林树木等。所以，没有适用于所有树木的通用测量方法。应根据具体情况和环境选择方法。对于森林物种，特别是热带森林的物种，测量选定的树木通常沿着直线排列样区，按照特定的时间间隔测量胸径、高度和树冠。测量非森林的树也采用类似的方式。然而，这些测量不会显示关于不同木质类型的覆盖面积的任何信息。对于致密地层，面积数据可从卫星照片获得，并适用于大多数国家（Allen，2004）。

估计密度最准确的方法是利用卫星或航空照片。一旦知道了这些数据，可以估计特定地点的生物质体积和重量。

卫星摄影的潜力很大，因为它提供了覆盖较大区域的高清晰度影像可能性。但是该技术还有待完善。如果树木分散且卫星分辨率足够高，评估高度和树冠尺寸的方法可以用于估计树木的胸径。如果林地相对未受干扰，并且包含大多数年龄和树干直径的横断面，可以通过冠层估计近似体积和/或重量。当然，一些野外调查工作对获得这种体积关系是有必要的。冠层也可以通过地面测量和空中观察进行估计（见第 6 章）。

测量树木的年产量

生物质产量取决于生长地点的质量、降雨量、树种、种植密度、轮伐期和管理技术。间距大树木生长高大。每公顷种植的树木太多时，一旦林冠郁闭，产量不会增加。对于同一地点或相同林龄的树，即使种植密度范围相当宽，单位面积生物质产量也几乎是恒定的。

需要获得每棵树的年体积增加量(CAI)和每棵树规定年限内的体积平均增加量CAI，即MAI。虽然卫星摄影在确定致密木质生物质的面积时很有价值，但它不能提供蓄积量或年生长量的准确数据。目前地面测量无法替代。一旦计算出总蓄积量，则可以估计年生长量。估计CAI是通过蓄积量乘以1/2的轮伐期得到的，即：

$$I=GS\times R/2$$

其中：I为年生长量；GS为蓄积量；R为轮伐期。

除了在轮伐期很短的地方(如作物的轮伐期为一年，GS＝1，而不是2GS)，这个公式是有效的。要注意的是评估年生长量不能简单地通过蓄积量除以1/2轮伐期，因为在树的整个生命期内每年增加的生物质并不相等。

单位面积木材产量

下一步是确定单位面积木材的重量或体积。为了计算木材和残留物的持续产量，需要知道：

- 生长速率(林务员通过定期测量树干直径、高度等，获得体积增加量)；
- 繁殖率；
- 损失率(来自树木自然死亡和采伐)；
- 商业性木材采伐量；
- 收集的非商业性薪炭材的数量和空间分布；
- 产生的残留物的数量，以及为了树木持续生长需要的还田量。

计算年生长量时，最好定期测量树木，确保考虑到所评估树林的所有砍代移走量。方法是在农田或森林建立长期或临时的样区。另外，也应该认真关注管理技术，因为这极大地影响生产的木材的数量和质量。

(临时样区)一旦建立，应该扩大样区的范围和数目，以便至少得到地上所有木质材料的更准确测量。作为另一种选择，可以测量和使用不同发展阶段的树木，以绘制时间-生长图。在森林外部设置树木和灌木样区是有必要的，目的从这一重要供应来源获得更好的关于砍伐移走量的统计资料。对于这种技术，重要的是确保拥有执行这项任务的必要基础设施。表3.2显示出英国阔叶林的现存量(砍伐树干和整棵树)、规定年限内的体积平均增长量和林龄。

另外，可以利用产量表预测单一树种林分的生长量和年产量。轮伐期或生命周期的定义是最大年均生长量(CAI)点。产量表和体积表通常只可用于单一种类种植园的材积测算，但也适合通过确定伐材和总木材的关系而获得总体积。

表 3.2 来自英国数据的阔叶林地产量估计的总结

林地描述	生长量/hm²(树干)[b]	生长量/hm²(树木)[b]	MAI/hm²(干木)	MAI/hm²(树木)	林地的平均树龄/年	参考文献
山毛榉为主(疏伐)	58		3.4		17	森林委员会(1998)
	263		4.8		55	
	260		3.3		80	
橡树(疏伐)	82		2.2		37	
	245		3.2		76	
	329		3.0		110	
白蜡树(疏伐)	85		2.4		35	
	157		2.4		66	
	329		3.0		110	
美国梧桐(疏伐)	167		3.7		45	
	217		3.8		57	
桤木(疏伐)	98		4.4		22	
	119		3.4		35	
	229		4.1		56	
角树(疏伐)	124		3.8		33	
	155		3.2		48	
	225		3.4		66	
混合阔叶林	150～200		3～4		50	Poole(1998)
橡树	80		1.6		50	
白蜡树/美国梧桐/马栗	108		3.6		30	
白蜡树/美国梧桐/橡树	110		4.0		28	
白蜡树/美国梧桐(农场式林地)	152		3.0～3.4		48	
混合阔叶林(直径 7 cm 及以上)	170～180		5		35	Prior(1998)
山毛榉为主		230		5	46	Hemstock(1999)
银桦/橡树/桤木/山毛榉(农场内)	173	260	6	9	30～40	
白杨[c](4.6 m 间距,未疏伐)	137		11.4		12	森林委员会(1988)
	420		19.2		22	
	687		21.4		32	
	857		20.4		42	
	957		18.8		52	

续表 3.2

林地描述	生长量/hm^2(树干)[b]	生长量/hm^2(树木)[b]	MAI/hm^2(干木)	MAI/hm^2(树木)	林地的平均树龄/年	参考文献
白杨[c](7.3 m间距,未疏伐)	78		6.5		12	
	260		11.7		22	
	441		13.8		32	
	569		13.5		42	
	648		12.4		52	
甜栗矮林		25		2.5	10	森林委员会(1998)
		160		8	20	
		405		13.5	30	
乔木林[d]-混合阔叶林	25		5.0		5	森林委员会(1984)
	148		4.9		30	
甜栗矮林[e]		11		2.2	5	Ford 和 Newbould(1970)
		38		3.5	11	
		85		4.7	18	

注：

[a]假定为鲜重，除非另有说明。

[b]树干＝来自收获地点的砍伐木(通常最小直径 7 cm,包括从树基到树冠上不能看见树干处的木材,也包括树皮)。

[c]转换系数(m^3 ∶ t)＝1.0 ∶ 0.99(森林委员会,1998)。

[d]乔木是主要目的是增加可利用木材的林地。

[e]干重产量。

来源：见 Hemstock(1999)。

测量树高

树高值非常重要,因为它往往是估计树木体积时使用的少数变量之一。因此在森林调查中它是经常测量的。由于“树高”有多个含义,可能会导致出现实际问题(见附录Ⅰ术语表“树高测量”的定义)。

为了测量树高,站点须可以看见大部分树干,还必须能够看到树冠。采用的方法一般取决于需要测量的树木的尺寸。直接方法(很少使用)包括攀登或使用高度测量棒,间接方法(常用)是使用经纬仪或测斜仪并借助几何和三角函数原则(图 3.3)。利用经纬仪或测斜仪可以获得 θ(树顶部的角)和 δ(冠基地的角)的读数,而 cos 和 tan 值可以从适当的数学表中查得。

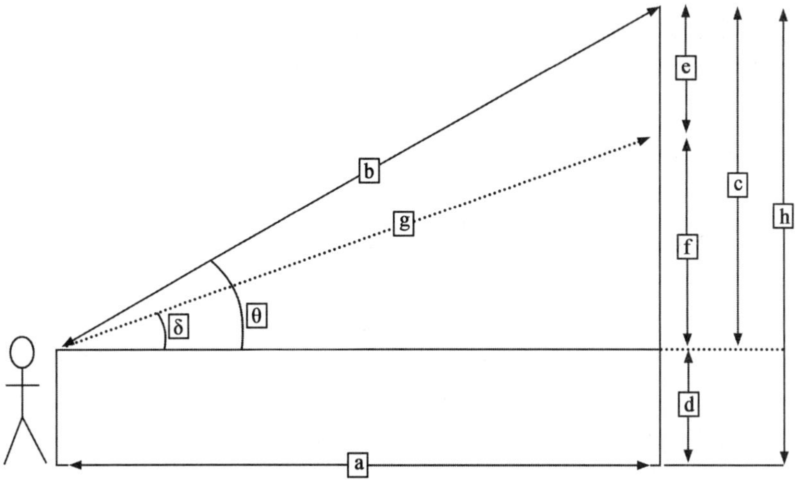

图 3.3 树高测量与树冠直径

a＝树干与经纬仪之间的距离

b＝a/cosθ

c＝a tanθ

d＝经纬仪高度

e＝树冠高度＝c－f

f＝a tanδ

g＝a/cosδ

h＝树高＝c＋d

θ＝经纬仪到树顶的夹角

δ＝经纬仪到树冠基 P 的夹角

测量树皮

树皮是树的外鞘。一些树种的树皮会自然剥落，而另一些树种的树皮坚固，在砍伐时才被去除。不要过于关注测量直立树木的树皮的各种技术，而是应该认识到它的重要性。因为伐倒木的树皮广泛被用作燃料。了解森林或种植园可以产生的树皮量是有用的。

在商业采伐中，了解树皮量特别重要，树皮是一种有价值的产品。可单独出售，或是留在地面腐烂或收集起来作为薪炭。伐倒木的树皮厚度通过直接测量切口获得。如果需要计算作为能源的原木砍伐的树皮量，应该知道估计总树皮量的各种技术（见 http://stes.anu.edu.au/associated/mensuration/bark.htm）。

为了测量树皮厚度：

- 将树皮厚度计沿树垂直方向向树心推压，直到计臂穿透整个树皮；
- 读出树皮厚度；
- 在与第一个测量点完全相反的点进行另一个测量；
- 求算术平均数。

评估森林/作物种植园的能源潜力的方法

尽管能源专用森林或作物种植园预期的作用正在增加(见第1章)，但是目前对于这样的种植园很少有商业化的经营经验。拥有大规模种植园的国家只有巴西、瑞典和美国。前者种植了2.5 Mhm^2 的桉树，用于钢铁、冶金、水泥等工业需用焦炭的工业生产。瑞典有大约14 000 hm^2 柳树，用于发电(目前尚用于其他非能源用途)。美国约有5万 hm^2 种植能源园，其他国家都没有形成大规模，而且大部分用于非能源用途，尽管生产能源是初衷。

以下是评估专用能源种植园潜力的方法的简要总结。更多细节参考Kartha等(2005)pp04-118。

评估专用能源种植园的潜在资源应该比处理残留和森林(自然的，农场，非能源用途的商业化种植园)简单得多，这是由于下列原因：

- 需要考虑的参数较少(即能源是主要目的而不是多用途，副产品只是能源)；主要关注收获面积、每公顷产量、能源含量等，使用传统林业或农业标准；
- 专用能源种植园与生物能现代应用所需的具体参数一样，如被广泛理解的明确的财务标准(即是否有市场？如果有，其成本是否有竞争力？或土地是否可以用于其他更好的其他用途?)。

评估专用能源种植园的方法可用于任何规模(区域、国家、乡村)，并适用于在任何期望的分类水平和能源作物的类型。Kartha等(2005)已为木质能源确定了六大评估步骤，总结如下。

第1步:估计潜在可用或适宜的土地的面积

土地是关键因素，因此需要将土地划分为不同类别:能源种植园的土地的可获性和适宜性。考虑到土地的多种用途，特别是与应当给予更高优先地位的粮食生产有关。这不是一件简单的事，因为可能是第一次做此事。

无法使用的土地包括：

- 法律保护的土地(如国家公园、森林)；
- 社会保护土地(如休闲观光地、森林、林地)；
- 已有建设的土地(如城市、工业区)。

不适合的土地：

- 气候限制(如降水量少，高温)；

- 地形和土壤限制(如陡坡,岩石类土壤);
- 地处偏僻和缺乏基础设施(如难以到达,当地能源需求较低);
- 高价值作物的土地(如高价值木料种植园)。

第2步:估计与适宜的土地面积相联系的产量

评估土地的可用性和适宜性后,下一步是要找到使用标准生产方式下的单产。大部分农业和林业生产模式可用于估计产量。

第3步:计算总潜在资源(按土地类型和/或分区域)

这一步只包括可用和适宜的土地面积(第1步)乘以相关的单产(第2步),以产生对讨论中的能源作物总潜在资源的初步估计。无论是总体还是分区域或土地类型,取决于第1步中使用的土地分类的水平。

第4步:估计生产成本和可输出能源的价格

尽管有一些不同,种植作为能源的生物质的成本与农业和林业的成本相近。如使用林业术语(Kartha等,2005年),基本费用类别包括:

- 立木成本(栽种、养护作物直至收获的资本费用);
- 收获和运输到燃料加工的准备地;
- 燃料准备(如切碎和干燥);
- 运输(至市场或电厂);
- 间接费用和固定成本。

第5步:估计输出能源价格(和范围)

一旦确立了上述步骤中所有确定的项目的费用就不难计算出产生能源的成本和相关销售价格。最好的办法是使用计算机的电子表格,来汇总每一年所有的费用和收入(如收获的次数),按选择的利率进行折算,并计算假设的种植项目的财务价值[例如,效益/成本比率,净现值(NPV)]和内部收益率(IRR)。

步骤6:最后整合和评估能源作物潜力

可以在三个主要方法中使用第5步的标准化结论,以获得总能源潜力和相关价格的最终分析。

1. 关于每个贴现率和假定净收益,可以排除适合能源作物的地方。拒绝对能源作物竞争价格过高的盈亏平衡点。

2. 关于每个贴现率和假定净收益,同样的过程可以用来制表和绘制出能源产出对价格表,以制作成本-供应曲线。

3. 如果关于产量如何应对立地质量和更高生产投入和成本的数据是可用的，互动过程在1.3节中概述[见 Kartha 等(2005)pp17ff]。如果作物产量如何应对立地质量、更高的生产投入和成本的数据是可用的，各种互动过程在第1章中概述，“生物质潜力”和附录1.1可以用于提供对能源作物评估的广泛的描述。

农产品加工业种植园

这类作物有种，没有任何一种方法适用于确定所有作物的立木体积、重量和产量。首先，应该进行文献检索确定方法以获得可用信息。必要时需要进行实地调查。

农场内树木

不幸的是，关于农场内的树可靠的数据很少，但它是极其重要的薪炭来源，实地调查是为此收集准确、详细数据的唯一途径。农场内的树有许多管理方式，在任何一个样本中往往缺少径级和树龄。空中拍摄有利于估计覆盖比例和树木基本测量，但这只是地面调查的补充。只有选择了具体样区，然后才能估计每单位面积地上生物质的平均体积。如果特定树种的木材密度是已知的，那么可以随时估计这个体积的重量。

例如，在肯尼亚尝试的一种方法是，通过测量样区的个体树木来估计立木体积。产量通过各种树种的理论轮伐次数来估计。灌木排除在外。如果已知单个树种的生长速率、土壤类型和降雨量，那么可以估计出个体树种的生长量和产量。这需要一次详细的生态调查。生物质总现存产量和生长量的实际测量只能采取定期测量(至少每年一次，最理想的是选择村庄内树林样地)。

下一步是收集木材消费的信息(见第5章)。这一信息最好是从直接对农民和/或住户的调查和问卷中得到。询问的问题类型应包括：

- 个体农民如何管理自己的树木；
- 树木的确切位置，以及收集生物质的地区；
- 谁拥有这些树木产生的生物质的使用权。

随着产量和消费数据的收集，然后可以建立生物质生产和消费的时间序列数据。附录3.2为供应和需求的预测提供了进一步的见解。

树篱，灌木丛和灌木

树篱、灌木丛和灌木是人们最喜爱的收集木质生物质燃料的地点，但立木测量法对这类生物质难以应用。一种解决办法是测量高度和树冠，然后砍倒并称量样本灌木植物，连同在下部收集的枯枝和树枝。

加工木质生物质

除了测量木质生物质的蓄积量和年产量，以及植物和动物残留的年产量，设法测量经过改制或加工的生物质是很重要的。改制过程中会产生可以燃烧的废品，如谷物和咖啡豆的壳、锯材原木变为锯材，或从椰子中制备干椰肉。更多细节见第 4 章。

锯木厂废料

锯木厂废料是薪炭材的一个非常重要的来源，因为锯木厂会产生大量废料。锯木厂废料可分为板材或下脚料、树皮（如果与板材分开）和锯屑。锯材原木产生的废料量取决于：

- 切割的原木的直径；
- 锯切方法；
- 锯材市场。

锯床的效率往往略高于带锯的效率，同时也比圆锯更有效率。此外，如果有一个小木片锯材的市场，将减少废料量。这在很大程度上也取决于木材当前的市场价值。

因此，加工后可用的生物质数量可由原料投入计算得出。其用途取决于市场。例如，板材和下脚料既可作为驱动工厂的锅炉燃料，也可以用作生产纤维板或刨花板、制造颗粒的原料等。

要确定这种生物质的用途或潜在用途，有必要在锯木厂、板材厂、纸浆厂和其他木材消费厂进行抽样调查。采取抽样调查可以确定这些废料的数量及其用途。

木炭

在缺氧的条件下，燃烧生物质特别是木材产生木炭。在许多发展中国家，它是一种重要的城市家庭燃料。木炭也可用于钢铁制造和锻造行业。它是到目前为止最重要的加工生物质燃料。对于发展中国家的数百万农村劳动者，木炭生产是初级或二次活动，是带来收入的农村活动之一。许多烧炭人是流动的，其生产往往是半合法或非法的。因此记录木炭制造的合法状况是很重要的，因为不合法活动会大大阻碍技术改进。

在许多发展中国家，特别是巴西、非洲和泰国，烧炭是重要的经济活动，预计产量在未来将显著增加，特别是非洲，从 1995 年折 2 250 万吨标准油，到 2010 年 4 200 万吨标准油，2020 年 5 800 万吨标准油。即便如此，这些估计非常保守；在大多数情况下很难准确估计产量，因为它是许多农村社区的非正规经济的组成部分。

应该进行调查，以记录从树到市场的所有参与者的活动链。包括生产地点、采用的技术、参与生产的人员、规章、运输和经济核算。应该测试样品的碳、水分和灰分含量及能值。

传统木炭生产的不同方面都值得强调，包括：

● 在发展中国家生产和使用木炭具有巨大的社会经济重要性。例如，成千上万，甚至数百万人完全或部分依赖这项活动。据估计，全世界 2 亿～3 亿人使用木炭作为其主要的能源。

● 能源效率和技术基础低(赞比亚 12%，泰国 11%～19%，肯尼亚 9%～12%)导致资源的大量浪费以及严重的环境影响。最近的数据表明，二氧化碳排放量远远高于先前的预测。

● 木炭生产中关心的一个主要问题是技术发展缓慢。事实上，几百年来这一技术基本上一直保持不变。其中一个原因是，木炭主要是为生存困难的穷人的活动，谈不上投资于技术改进。目前只有极少数国家将木炭用于工业用途，如巴西，它可能会投入一些资源到研发中，但即使在这种情况下也非常有限。

生产技术、原料水分含量、木材的化学性质和经营者的技能，都对木炭的质量和数量产生重大影响。如果在蒸馏罐或砖窑或钢窑而不是土窑中生产木炭，对过程能有更大的控制。

除了木材的水分含量、类型及其化学组成，其性能在很大程度上取决于炭化温度。低温碳化生产的木炭挥发物含量高，被称为“软黑”木炭，主要在国内市场消费。高质量或“白”木炭是在非常高的温度下生产，且在炼铁工业中被用作还原剂。

按重量计算，有可能超过 50%的木材转换为木炭。在实践中，上限为 30%～35%。如果木炭的炭化适当，按重量它至少包括 75%的碳，能值约 32 MJ/kg，与此相比干木的能值约 20 MJ/kg。一些“木炭”的碳含量可能会变成与炭化木材的差不多，仅超过 50%，其能值则只是略高于干木。非木质植物的木炭产量稍低，因为它们仅含有 45%～47%的碳。

为了估计木炭生产和需要的木材原料，应该遵循下面的步骤：

● 确定一个木炭生产者作为良好的样本。

● 记录每个生产者使用的窑型。

● 估计每个生产者利用的木材数量。

● 估计每一个生产者生产的木炭数量。这取决于用于制造木炭的木材水分含量和密度、制造木炭的设备和生产者的技能。如果在湿基或风干基(与烘干相对比)(输出木炭重量除以输入木材重量)基上测量产量，要注意水分会增加木炭产量方程中分母的湿材重量。

• 记录生产的每种类型的木炭数量——块状木炭、粉末和细粒——以及任何其他可销售产品如木焦油醇。

• 记录木炭的用途。大部分细炭粒通常是留在原地，虽然一些情况下将其注入木炭高炉，或是如果有市场则收集并出售。如果木炭是由咖啡壳等材料制造的，则所有生产的木炭都是粉末或细粒。

• 记录生产周期、生产量和生产时间。

• 核对提供木材原料的树木的木材消费和蓄积量以及产量数字。

• 计算每个生产者的产量。

关于作为生产木炭原材料的木材和木炭产生量应该用于能源核算系统中。

知道原材料输入和可供出售的木炭输出量后，可以确定转换系数。但是，在生产者到市场之间通常会产生一些浪费，特别是运距较长时。在这个过程中，一些块状木炭将变成粉末，丢失或沉淀在袋子底部，并失去燃烧价值。

大部分木炭是在土窑中生产，通常需要长距离运输(常见的是 100 km 或更远，在巴西可高达 1 000 km)。因此，生产每吨木炭消耗 12 m^3 木材原料(约 8.5 t)的转换系数，比 UN 通过的 FAO 标准即 6 m^3 更准确。

木炭是如此重要的燃料，以至于转换系数尽可能准确是至关重要的，特别是在计算所有形式的薪柴作为能源使用时。转换系数因技术类型和不同的水分含量而变化(表 3.3)。不管是薪材还是木炭，需要加以考虑的一个重要因素是运输距离。运输可能是可及性因素的一个关键组成部分。

表 3.3　每吨木炭销售的转换系数[a](15%水分含量，1.4 cm/t 平均体积)(db)[b]

项目	每立方米圆木水分含量(干基)					
窑型	15%	20%	40%	60%	80%	100%
土窑	10	13	16	21	24	27
便携式铁窑	6	7	9	13	15	16
砖窑	6	6	7	10	11	12
蒸馏罐	4.5	4.5	5	7	8	9

注：

[a]假设细粒是在蒸馏罐中被制成料块。

[b]软木约 60%，制成每吨木炭需要消耗更多原料，而致密硬木如红树需要量少于 30%。

要获得高产优质木炭，土窑或炼焦炉的操作员必须技术娴熟和警觉性高。尽管土窑的效率相对较低，但它们通常是在林地、草原和牧场区域生产大部分木炭的最合适技术。在这种情况下，生产者会从一个地点移动到另一个地点。只有在一个小半径范围内集中大量生物质，生产者才会考虑资本密集型技术。但是即使是土窑，也通过培训和采用某些技术(如干燥原料和适当建设窑)提高效率。

参考文献

Adlar, P. C. 1990. 'Procedures for monitoring tree growth and site change', Tropical Forestry Papers, no 23, Oxford Forestry Institute, Oxford, UK

Alder, D. 1990. A Permanent Plot Method for Monitoring Changes in Indigenous Forests: A Field Manual, Christchurch, New Zealand

Allen, R. M. 2001. 'General position paper on national energy demand/supply', in Woodfuel Production and Marketing in Pakistan, Sindh, Pakistan, 20-22 October, RWEDO/FAO Report no 55, Bangkok, pp17-36

Bialy, J. 1979. Measurement of Energy Released in the Combustion of Fuels, School of Engineering Sciences, Edinburgh University, Edinburgh

Blyth, J., Evans, J., Mutch, W. E. S. and Sidwell, C. 1987. Farm Woodland Management, Farming Press Ltd, Ipswich, UK

Emrich, W. 1985. Handbook of Charcoal Making, D. Reidel Publishing Co., Holland

ETC Foundation. 1990. Biomass Assessment in Africa, ETC (UK) and World Bank

Ford, E. D. and Newbould, P. J. 1970. 'Stand structure and dry weight production through the Sweer Chestnut (Castanea sativa Mill) coppice cycle', Journal of Ecology, 58, 275-296

Forestry Commission. 1984. Silviculture of Broadleaved Woodland, Forestry Commission Bulletin 62, HMSO, London, UK

Forestry Commission. 1984. 'Sample plot summary data, computer printout. Mensuration Branch' Alice Holt Lodge, Surrey, UK (unpublished)

Forestry Commission. 1988. Farm Woodland Planning, Forestry Commission Bulletin 80, HMSO, London, UK

Hemstock, S. L. 1999. 'Multidimensional modeling of biomass energy flows', PhD thesis, University of London

Hemstock, S. L. and Hall, D. O. 1995. 'Biomass energy flow in Zimbabwe', Biomass and Bioenergy, 8, 151-173

Hollingdale, A. C., Krisnam, R. and Robinson, A. P. 1991. Charcoal Production: A Handbook, CSC, 91 ENP-27, Technical Paper 268, Natural Resources Council and Commonwealth Science Council (CSC), London

Husch B. , Beers, T. W. and Kershaw, J. A. 2003. Forest Mensuration, Measurement of Forest Resources Book, John Wiley, 4th edn

IEA/OECD. 1998. Biomass Energy: Key Issues and Priorities Needs, Conf. Proc. IEA/OECD, Pairs

IEA/OECD. 1997. Biomass Energy: Data, Analysis and Trends, Conf. roc. IEA/OECD, Paris

Kartha, S. , Leach, G. and Rjan, S. C. 2005. 'Advancing Bioenergy for Sustainable Development; Guidelines for Policymakers and Investors', Energy Sector Management Assistance Programme (ESMAP) Report 300/05, The World Bank, Washington, DC

King, G. , Marcotte, M. and Tasissa, G. 1991. 'Woody Biomass Inventory and Strategic Planning Project (Draft Training Manual)', Poulintheriault Klockner Stadtler Hurter Ltd

Leach, G. and Gowen, M. 1987. Household Energy Handbook: An Interim Guide and Reference Manual, World Bank Technical Paper no 67, The World Bank, Washington, DC

Mitchell, C. P. , Zsuffa, L. , Anderson, S. and Stevens, D. J. (eds). 1990. 'Forestry, forest biomass and biomass conversion' (The IEA Bioenergy Agreement (1986-1989) Summary Reports), required from Biomass, vol 22, no 1-4, Elsevier Applied Science, London

Openshaw, K. 1983. 'Measuring fuelwood and charcoal', in Wood Fuel Survey, FAO, pp173-178

Openshaw, K. 1990. Energy and the Environment in Africa. The World Bank, Washington DC

Openshaw, K. 1998. 'Estimating biomass supply: Focus on Africa', in Proc. Biomass Energy: Data Analysis and Trends, IEA/OECD, Paris, pp241-254

Openshaw, K. (2000) 'Wood energy education: An eclectic viewpoint', Wood Energy News, vol 16, no 1, 18-20

Openshaw, K. and Feinstain, C. (1989) Fuelwood Stumpage: Considerations For Developing Country Energy Planning, Industry and Energy Development Working Paper-Series Paper no 16, The World Bank, Washington, DC

Philip, M. S. 1983. Measuring Trees and Forest: A Testbook for Students in Africa, Vision of Forestry, University of Dar es Salaam, Tanzania

Poole, A. 1998. Personal Communication. Thoresby Estates Management

Limited, Thoresby Park, Newark, Notts, UK

Prior, S. 1998. Personal communication, Oxford Forestry Institute, Oxford, UK

Ramana, V. P. and Bose, R. K. 1997. 'A framework from assessment of biomass energy resources and consumption in the rural areas of Asia', in Proc Biomass Energy. Key Issues and Priorities Needs, IEA/OECD, Paris, pp145-157

Rogner, et al. 2001. 'Energy resources', in World Energy Assessment: Energy and the Challenge of Sustainability; Part Ⅱ Energy Resources and Technology Options, Chapter 5, UNDP, pp135-171

Rosenschein, A., Tietema, T. and Hall, D. O. 1999. 'Biomass measurement and monitoring of trees and shrubs in semi-arid regions of Central Kenya', Journal of Arid Environment, 41, pp97-275

Rosillo-Calle, F. 2004. Biomass Energy (Other than Wood), Chapter 10, World Energy Council, London, pp267-269

Tietema, T. 1993. 'Biomass determination of fuelwood trees and bushes of Botswana', Forest Ecology and Management, 60, pp257-267

Yamamoto, H. and Yamaji, K. 1997. 'Analysis of biomass resources with a global energy model' in Proc. Biomass Energy: Key Issues and Priorities Needs, IEA/OECD, Paris, pp295-312

附录 3.1　预测供应和需求

预测供应和需求的方法有很多种：

- 基于稳定趋势的预测；
- 调整需求的预测；
- 增加供应的预测；
- 包括农用地的预测；
- 包括农场内树木的预测。

基于稳定趋势的预测

这种预测假设，消费和需求的增长与人口增长一致且供应没有增加。它们提供了一个确定任何资源问题的有用方法，以及维持供应和需求平衡的可能的行动（表 3.4）。从本质上讲，随着人口以每年 3%增加，消费也会增加，供应量来自年木材生长量和存量的部分皆伐。随着木材资源减少，成本将会增加，消费也会随着燃料经济性和其他燃料的替代而减少。

表 3.4 一个基于稳定趋势预测的例子：木材平衡假设

项目	年度					
	1980	1985	1990	1995	2000	2005
立木体积[a]/m^3	7 500	16 010	13 837	10 827	6 794	1 520
年薪炭材产量[a]/(m^3/年)	350	320	278	278	136	30
年消费量[a]/(m^3/年)	600	696	806	806	1 084	1 256
年缺少量[a]/(m^3/年)	250	376	529	529	948	1 226
人口[a]	(1 000)	(1 159)	(1 344)	(1 344)	(1 558)	(2 094)

注：[a] 10×3。

假设：薪炭材产量：占立木体积的 2%(蓄积量：20 m^3/hm^2)。

人口：1980 年 100 万人，每年增加 3%。

缺少量是由减少蓄积量得到满足。

计算方法：

每年以年初存量和年内的消费量和产量进行计算(t,t+1,等)：

消费量(t)＝减少的储存量(t,t+1)＋年产量(t)

储存量(t)－储存量(t+1)＋M/2×[储存量(t)－储存量(t+1)]

其中 M＝产量/储存量，用小数表示(在这里是 0.02)。

因此，计算每年的存量：存量(t+1)×(1－M/2)＝存量(t)×(1＋M/2)－消费量(t)。

调整需求的预测

这是检查人均需求的减少及其对逐渐减少的木质资源的影响的有用步骤。调整可能与政策目标相关，如出现了改良炉灶方案或有了替代燃料。

增加供应的预测

可以通过多种措施增加木材供应，例如，更好的森林管理，更好地利用废弃物、种植、使用替代能源如农业残留物等。通过估计预测的木质燃料需求和供应之间的差距，可以很容易地制定这些额外供应选择的目标。

包括农用土地的预测

在大多数发展中国家，可耕地和牧场的扩展，以及一些林区的商业性采伐，是树木损失的一个主要原因。当土地由于砍伐和焚烧(原地)被清除干净，会给薪炭材依赖的现有森林存量造成更大的压力。但如果砍伐的木材用于燃料，则有助于减轻这种压力。

包括农场内树木的预测

农场内的树木有多种用途(如水果、饲料、木料、住房、薪材等)。当地的消费者能很容易得到它们，在许多农村地区，它往往是一个主要的燃料来源，因此应包括在任何预测模式中。

参考文献

Leach, G. and Gowen, M. 1987. Household Energy Handbook: An Interim Guide and Reference Manual, World Bank Technical Paper No. 67, World Bank, Washington, DC, pp132-140

Openshaw, K. 1998. 'Estimating biomass supply: Focus on Africa', in Proc. Biomass Energy: Data Analysis and Trends, IEA/OECD, Paris

附录 3.2　测量薪材资源和供应

在估计总木材资源和实际的或潜在的木材供应之前，首先需要明确区分存量和资源流量，也就是木材增长率或产率。能源评估的其他重要区别包括：木材的竞争性用途（如木料、建筑架杆等）；由于自然、经济和环境的原因，实际上可以利用的部分存量和产量；在可持续的基础上可以削减的部分产量；以及实际可再生的部分采伐木材。

估计存量的调查

要估计树木存量，通常可通过航空调查或卫星遥感，建立不同类别的树木覆盖区域，如封闭的森林、种植园等。然后将这些信息与调查和测定数据结合起来分析。

重要的是，必须认识到树木存量的估算总是近似值。大部分（已有）调查数据针对的是占总现存生物质一小部分的商业材积。而薪炭材生物质的数量和质量可能大大超过商业材积。

估计供应

表 3.5 显示出从自然森林获得的估计木材量：

- 存量耗尽；
- 可持续性地收获。

实质上，这种方法包含简单乘法，以通过可及性和损失系数来调整存量和产量。这种模式可能同样适用于一个管理的种植园或乡村植林地（当然，虽然数量不同），以估计森林砍伐（部分或全部储存量损失）对农业的影响，或是评价收集燃料对森林蓄积量的影响。

表 3.5　产量和储存量估计方法的例子：天然林/种植园（假设数据）

假　设	储存量数据	产量数据
供应因素		
森林面积		1 000 hm^2
资源密度		20 m^3/hm^2
蓄积量		200 000 m^3
年平均生长量		0.4 m^3/hm^2
年可持续产量		3.8 m^3/hm^2
年总可持续产量(A×F)		3 800 m^3
可用于薪炭材的部分	0.4	0.4
可及部分	0.9	0.9
收获/砍伐的部分	0.9	0.9
年总可持续收获量(G×I×J)		3 078 m^3
年薪材可持续收获量(K×H)		1 231 m^3
皆伐		
总收获量(C×I×J)		162 000 m^3
薪材收获量(M×H)		64 800 m^3
湿密度(0.8 t/m^3)		
净热值		
能源收获：皆伐(N×O×P)		777 TJ[a]
能源收获：可持续(L×O×P)		14.6 TJ[a]
		14.6 GJ/hm^2
其他木材：皆伐(M−N)×O		77 700 t
其他木材：可持续地收获(K−L)×O		1 477 t
		1.47 t/hm^2

注：[a] TJ=terajoule=1 000 GJ。

参考文献

Leach, G. and Gowen, M. 1987. Household Energy Handbook: An Interim Guide and Reference Manual, World Bank Technical Paper no 67, The World Bank, Washington, DC, pp93-94

Ramana, V. P. and Bose, R. K. 1997. 'A framework for assessment of biomass energy resources and consumption in the rural areas of Asia', in Proc. Biomass Energy: Key Issues and Priorities Needs, IEA/OECD, Paris, pp145-157

Yamamoto, H. and Yamaji, K. 1997. 'Analysis of biomass resources with a global energy model' in Proc. Biomass Energy: Key Issues and Priorities Needs, IEA/OECD, Paris, pp295-312

附录 3.3 树木体积的测量技术

林业中最常采用的直径测量法是测量直立树木的主干。这一点很重要,因为它是可直接测量的尺寸之一,通过它可以计算树木的横截面积和体积。直立树木最常见的直径测量是测量参考直径,通常在高出地面 1.3 m 处,一般被称为胸径(DBH)。

测量 DBH 的工具很多。最常见的包括测径器、直径尺、Wheeler 五棱镜和 Bitterlich 速测镜(或 spiegel lelaskop)。前两个便宜且广泛使用;后两个专门供林务员使用,同时由专业供应商提供。

树皮厚度

测量不带树皮(ib)还是带树皮(ob)直径取决于测量目的。对于大多数树种,树皮体积占包括树皮在内的树木总体积的比例,为百分之几到 20%。直立树木的树皮厚度可以使用树皮厚度计测量。

计算体积

使用测量体积

计算调查中记录的每棵树的体积,可以通过将记录的 DBH(ob)和树干长度带入公式:

$$V = aD^b H^c$$

这些体积是按照种类和径级制成表格,对每一层计算总数和平均值。种类和径级的平均值用于据存量表计算每一层的体积。

二项材积表

如果需要,有可能制作二项材积表,即将 DBH 和主干长度值(可能 0.5 m)带入导出的公式中。通过径级和高度级,将结果列表以产生一个显示体积的查找表(表 3.6)。

表 3.6　二项材积表的例子

径级/cm	高度分类/m					
	1.0	1.5	2.0	2.5	3.0	等
20	体积(m^3)					
25						

平均体积表

另一种由径级确定平均体积的方法，是计算一些品种的平均直径和平均高度；将数据绘成图，并与最小二乘曲线相符：将曲线上的高度值和直径值带入计算公式 $V=aD^bH^c$ 以获得一个表，显示：

胸径级	体积
(cm)	(m)

编制分枝体积

- 第 1 步：使用公式计算每个分枝部分的体积：

$$体积=\frac{(A_1+A_2)L}{2}$$

其中：A_1 为分枝部分底部的横截面积；A_2 为分枝部分顶端的横截面积；L 为分枝部分的长度。

- 第 2 步：每棵树体积的总和。
- 第 3 步：按品种、胸径级和分枝体积列出树木。
- 第 4 步：进行多元回归分析，以便找到显示胸径和分枝体积的关系最适合的方程。
- 第 5 步：方程结果制成表格。
- 第 6 步：以每公顷树木的数量(来自林分表)乘以每个胸径级的分枝体积(来自第 5 步准备的表)，汇总每一层的分枝体积。

编制树木体积

这个过程包括通过体积和缺陷研究期间的部分测量，计算树干的体积。按树种计算个体树干的体积，并将其用于编制样本树干体积。

砍伐树木的体积

- 第 1 步：使用简单公式计算树干各部分的总体积：

$$体积=\frac{(A_1A_2)L}{2}$$

其中：A_1 为各部分底部的横截面积(ib)。A_2 为各部分顶端的横截面积(ib)。

L 为各部分长度。

- 第一步：总计每棵树的部分体积。
- 第二步：按种类列出树木的直径、高度和体积等数据。

参考文献

Ashfaque, R. M. 2001. 'General position paper on national energy demand/supply', in Woodfuel Production and Marketing in Pakistan, Sindh, Pakistan, 20-22 October, RWEDP/FAO Report no 55, Bangkok, pp 17-36

King, G., Marcotte, M. and Tasissa, G. 1991. 'Woody Biomass Inventory and Strategic Planning Project' (Draft Training Manual), Poulintheriault Klockner Stadtler Hurter Ltd, pp11. 1ff

Openshaw, K. 1998. 'Estimating biomass supply: Focus on Africa', in Proc. Biomass Energy: Data Analysis and Trends, IEA/OECD, Paris, pp 241-254

附录 3.4　测量薪炭材和木炭

测量薪炭材

许多薪炭材是收集或堆的。大多柴堆可以按重量或体积测量。不同地区或区域的柴堆的大小可能相差很大。例如坦桑尼亚的柴堆平均约 26 kg，而在斯里兰卡约 20 kg。因此，必须确定每一特定情况下的大小和重量。

体积和重量

这两种测量方法都有缺点。如果使用体积法，从捆到固体的转换系数可能相差很大，这取决于柴堆包含一个大圆木还是许多小分枝。

在一些国家立方米或堆积立方米是标准测量单位，但是使用这个单位时不可能知道适用的正确换算系数。如果立方米是由小捆构成，那么转换系数将大大低于由堆积材积构时的；虽然堆积测量并不准确，可能比真正的立方米多达 20%。这也适用于其他堆积立方英尺或公制尺寸（见附录Ⅳ）。与重量测量相比，体积测量的优势是湿木材和风干木材的体积没有很大的差别（最多约 5%的差额）。如果使用重量转换成体积的转换系数，而不考虑木材的水分含量，体积估计可能有 100%的差异，这取决于木材是新砍伐的还是烘干的。

重要的是要注意对于国内薪炭材情况而言，体积并不是量化的合适方法。因为木材往往形状不规则且由于使用量相对较小，通常很容易确定重量。因此重量可能是用于确定固体体积的更方便测量方法。确定一捆木材的重量比试图确定不规则的薪材堆的总体积更容易和迅速。如果要测量固体体积，则还需要分别测量每片木材，或是使用排水法。然而如果使用重量评估固体圆木体积，重要的是知道木材的水分含量。使用重量确定固体体积的另外一个问题是重量取决于密度，木片内部和不同木片的密度并不一致。只有当水分含量相同时，在重量基础上不论品种，一块木材的能量或多或少相同。换言之，不同种类木材，单位重量的能量变化远远小于单位体积的含能量变化。

测量木炭

木炭生产要注意所需要的质量。目前已经开发出几种方法来分析木炭制造过程的原材料和产品（如样品制备技术，物理特性测试和化学分析），详情可参阅 Hollingdale 等，1991。化学分析是特别重要的。例如，要获得木炭的总热值（GCV），必须是严格控制条件下已知数量的木炭在氧气中燃烧，并确保木炭完全转换成燃烧产物。燃烧释放的热量通过下列公式获得：

释放热＝仪器质量×仪器的具体能力×上升温度

同样，木炭样品的水分含量（代表样品中自然束缚的水分）可以通过在烘箱里烘干样品的自由水，然后记录质量损失获得。

木炭通常是按体积出售——每标准袋或篮子，每罐或堆——但有时直接按重量出售。最常见的是木炭用标准袋出售，标准袋则因地区和国家而不同。木炭的重量取决于水分含量和原木材密度，假定它已完全或接近炭化。

因此，关键在于知道制造木炭的原材料种类。例如，由热带硬木（大约 1.4 m^3 体积和 15％水分含量）制成的木炭每袋重约 33 kg，而软木制成的木炭，平均每袋重只有约 23 kg。

当木炭按照罐出售时，罐的大小可以改变。例如，如果原料为热带硬木，一个 20 升石蜡罐将包含约 7 kg 的木炭。罐及袋的出售价格，随着季节、通货膨胀等波动，而堆通常是按固定价格销售，因此堆的数量随季节和时间而变化。

木炭效率可以按照体重或能量定义：

重量＝ 木炭输出（kg）/木材输入（kg）
能量＝ 木炭输出（MJ）/木材输入（MJ）

要注意的是，主要终端产品（在本例中是木炭）的热值由它的碳含量决

定。碳含量(C)和燃料的高位热值(HHV)(干基)之间的关系,可以用公式描述如下:

$$高位热值 = 0.437 \times C - 0.306\ MJ/kg$$

木炭转换为等量圆木

以木炭反推圆木(原料)量时,主要涉及三个因子:木材密度,木材水分含量和制炭方法,在反推测算前需要知道所有这些因子的情况。木材密度决定了木炭产量,因此特定体积木炭的重量不同,这取决于种类、水分含量、技术等。水分含量对木炭产量也有重要影响;正如上述所说,木材越干燥,木炭产量越高。用于生产木炭的方法也会对产量产生相当大的影响。例如,热带硬木在金属蒸馏罐中,水分含量15%时每吨炭需原料硬木4.5 m^3,而在设计不好的窑中,水分含量100%时每吨炭耗料27 m^3。大多数发展中国家的木炭是在土窑中生产,而土窑的转换系数可以从约10 m^3 变化到高达27 m^3(见 Openshaw,1983)。

参考文献

Bialy, J. 1986. A New Approach to Domestic Fuelwood Conservation: Guidelines for Research, FAO, Rome

Emrich, W. 1985. Handbook of Charcoal Making, D. Reidel Publishing Co., Holland

Hollingdale, A. C., Krisnam, R. and Robinson, A. P. 1991. Charcoal Production: A Handbook, CSC, 91 ENP-27, Technical Paper 268, National Resources Council and Commonwealth Science Council (CSC), London, pp93

Openshaw, K. 1983. 'Measuring fuelwood and charcoal', in Wood Fuel Surveys, FAO1983, pp173-178

4 非木质生物质和二次燃料

Frank Rosillo-Calle, Peter de Groot and Sarab L. Hemstock and Jeremy Woods

引　言

非木质生物质包括：

- 农作物；
- 作物残留物；
- 草本作物；
- 加工残留物；
- 动物废弃物。

也包括：

- 致密成型生物质(压块、颗粒、木切片)，国际贸易越来越多；
- 二次燃料(生物柴油、沼气、乙醇、甲醇和氢气)；
- 三次燃料，其发展对生物质资源具有重要影响。

本章也评估仍然在世界上许多国家发挥重要作用、同时也对生物质资源产生影响的畜力牵引。

木质和非木质生物质之间没有一个清晰的界线。例如，木薯和棉秆是木质的，但是因为它们是严格意义上的农作物，所以更容易将他们看做非木质植物。香蕉和大蕉常常说成是在“香蕉树”上生长的，但它们也被认为是农作物。咖啡外壳被视为非木质残留物，而咖啡碎屑及秆则被归类为木材。将生物质分类为木质和非木质只是为了方便，而不应该作为决定收集哪些数据的依据。重要的是收集可用做燃料的农作物和残留物的数据，而不是任何特定地点的总非木质生物质生产的数据。许多植物不适合作燃料，同时大多数具有其他用途。

评估非木质生物质所采用的方法，取决于材料的类型和可用或可推论的统计数据的质量。评估时需要有极其细节数据资料时，深入的调查是必要的。以便于为每种类型的生物质提供清晰、明确的报告，以及提供关于可获性、可及性、可变性、目前的使用模式和未来趋势的详细分析。

对作物残留物和加工残留物，除了上述参数还必须确定残留指数，同时必须分析这些残留物的其他用途。

作为燃料的农业和农林残留物

大多数农业系统产生大量的、可提供巨大能源潜力的残留物。然而目前在世界上许多地区，这些残留物还没有得到充分利用。只是在木材稀缺的地区，未加工农业残留物成为了农村家庭的主要烹饪燃料。燃烧残留物最集中的地区是印度北部、中国、巴基斯坦和孟加拉国的人口密集的平原，其中许多村庄高达80%～90%的家用能源来自农业残留物。

作物残留物的使用方式正在迅速变化。例如，中国的很多地方，快速的经济增长已经导致传统生物质被迅速替换。这是由于燃料从作物残留物变为煤和其他化石燃料。这种情况正在造成环境问题，比如残留物被留在田地中腐烂或是被简单地原地焚烧时引起的火灾等。在其他国家，特别是工业化国家，这种残留物作为能源正越来越多地用于现代应用中。如在英国，几乎所有的秸秆残留物被用于在燃烧设施中产热和发电。

确定作物残留物的产量

准确估计作物残留物的可用性，需要良好的区域或地区性作物生产数据。如果无法获得这些数据，就有必要进行调查。调查应包括关于作物残留物除了燃料以外的所有用途的信息（原地焚烧、田间覆盖、动物饲料、房屋建造等），以计算出作为燃料的可用残留物量。

作物残留物通常来自植物的地上生长部分。例外的是，花生和棉花，来自收获物残留。一些社区可能也燃烧作物的根茬。

表4.1列出了不同地方各种类型的作物残留物。

评估农业残留物应该包括以下几个步骤

明确什么是非木本生物质。

正如在介绍中已经指出的，木质和非木质生物质之间没有清晰的界线。将生物质分类为木质和非木质只是为了方便，同时不应该决定收集哪些数据。

此外应该记住，只考虑可用做燃料的农作物和残留物，而不是任何特定地点的总非木质生物质生产。因为不少植物并不适合作燃料，而且大多具有其他用途。

表 4.1　不同地方各种类型的作物残留物

作物	田地(直立)	田地(收割)	家庭	工业
生存用作物				
谷物				
玉米	秸秆和叶	玉米叶	玉米芯	羊皮纸
深水稻	稻草(nara)	稻草(kher)	Kher	皮、壳
普通水稻	残茬	稻草	稻草	皮、壳
小米;高粱	禾秆		谷壳	
小麦,等	残茬	禾秆		
木薯				废弃物
豆类	茎秆			
大蕉;香蕉			果柄	
纸莎草	茎秆			
石南花	整株植物[a]			
经济作物				
咖啡(干法加工)	(木质生物质)		壳[b]	咖啡壳
咖啡(湿法加工)	(木质生物质)			咖啡壳
棉花		根和茎秆[c]		(绳)
椰子;棕榈坚果	(木材)	叶状体	外皮和壳	外皮和壳
坚果类果树	(木质生物质)		壳	壳
花生		茎秆		壳
甘蔗				甘蔗渣
剑麻		老植物		废弃物
黄麻;洋麻;亚麻		废弃物		废弃物
菠萝		老植物		废弃物
间接利用				
草类	(草)	(干草)		

注:

[a]在一些国家,石南类植物被户主从高原地区连根拔起,干燥后焚烧。

[b]一种好肥料。

[c]由于病原体和线虫问题,棉花茎秆必须在两个月的收获期内连根拔起和清除或销毁。

[d]草类最近用做薪材,与稻草混合或只是其本身形式,草类如芒草被视为潜在能源种植园。

获得产量和储存量数据

对于农作物,必须准确测定关于产量和存量、量化的可及性、热值以及贮存和/或转换效率的可靠信息。研究项目区域居民的社会文化行为,将有助于确定利用模式和未来趋势。

注意，作物残留物通常没有存量，而产量是每年产生的数量。

计算残留物的数量潜力

种植农作物是为了商业利益或生存需要。在少或没有关于生存需要作物的可用信息时，需要收集数据，可能要利用遥感技术。利用现有的关于各种作物产量的数据可以计算总产量(尽管这些数据的质量通常很差)。关于如何计算残留物的详情见附录 2.1。

作物地上部生物质的数量通常是实际收获量的 1～3 倍。许多国家已经对这些残留物进行了估计。不幸的是，这些残留物的潜力尚未得到系统调查。因此计算残留量时，可以通过估计每种类型作物的副产品与主要作物产量的比率、作物和副产品的关系，以及通过某一年的作物产量乘以残留比率，即就小麦来说，产生麦秸是谷粒产量的 1.3 倍，取决于品种。

另一种估计作物残留物的方法是利用作物残留指数(CRI)，它被定义为特定种类或栽培品种产生残留物的干重占作物初级生产量的比例。在田间确定正在研究中的每种作物和作物品种，以及每个农业生态区的 CRI。明确指出作物是处于加工状态还是未经加工状态是非常重要的。例如对于大米来说，稻壳是否应该包括在作物重量中？如果除了能源残留物还有其他用途，应该使用折减系数。

来自作物残留物的可用做燃料的生物质只是总量一小部分，因为并非所有的都能够获得。

为了获得残留物产量的准确估计，重要的是获得国家、区域或地区的作物产量的良好估计。这可能需要进行调查，特别是对自给自足的人们的作物生产方面的调查，目的是确定作物和作物残留物的产量；同时还应该包括除了燃料以外残留物的所有可能用途。如果只需要作物残留物的一般估计，农作物产量的数字从国家统计数字或联合国机构如 FAOSTAT 中可得到。但是，当涉及自给自足农业的产量时，相应的统计资料可能是基于估测。因此如果需要准确信息，有必要进行实地调查[①]。

确定其他用途

不同类型的残留物(如农业、林业、畜牧业等)具有极不相同的特点和潜在的最终用途。通常许多残留物未被充分利用，理论上目前有相当大的机会来利用他们作为一种能源。然而实际上，人们往往没有认识到这种潜力，不仅是因为可获性，而且也由于其他因素例如社会经济发展水平和文化风俗等的关系。

---

①见 Ryan 和 Openshaw(1991)及 Openshaw(1998)。

尽管具有作为能源的潜力，但这样做农业残留物会与其他用途竞争，特别是需要有机质还田以维持土壤肥力、保持水分和提供土壤养分时。其他各种用途中，饲料、纤维和燃料是最普遍的。社会经济状况的变化也意味着消费者喜好的变化，而在一些区域（如中国）这些残留物作为能源的价值不高，与此同时，在其他国家如英国，这些残留物被用来提供现代能源服务。

记录产地和用途

测量农业残留物时，应该记录产地（在田里，或留或收走，在家里或工厂里产生等）。这样的信息很重要，因为离消费集中地越远，使用残留物的可能性越小。

计算残留物的可及性

由于实际可及性问题，可以使用的残留量只是总量一小部分。作物残留物的可及性主要取决于残留物产生的地点和经济价值。地点决定收集和运输费用。如果费用比残留物的经济价值更大，就不会被用于燃料。

加工残留物

加工残留物如甘蔗渣和稻壳常常是生物质燃料的重要来源。首先，确定相关的加工业和它们产生的废弃物类型。然后收集关于废弃物的种类、组成（固体或液体）、数量和分布（集中或分散来源）的信息。统计数据可以从相关的工业部门获得，如废弃物收集公司。对于废弃物的重要来源得到的数据，可以在后期经过实地核实。人们最感兴趣的是产生较大数量废弃物的密集型工业。应该首先调查这些来源。

应该牢记，生物质的用途在不断变化。过去几乎没有价值的物质可能在经济上变得重要，反之亦然。这一点可以通过甘蔗渣和家禽废弃物作为燃料的使用增加来说明。

甘蔗渣

在过去，每年全世界产生 350～600 Mt 甘蔗渣，大多数被浪费了。然而，近些年来，由于新技术发展[如用于发电的改进的综合生物质气化炉/燃气轮机（IBGT）系统，燃气轮机/蒸汽轮机联合循环（GTCC）系统]和增加的政治支持，甘蔗渣作为一种能源变得越来越有价值。因此，在过去甘蔗渣是一种被低估的残留物，且仅是为了处理的需要被低效燃烧。而现在甘蔗渣已变为巨大经济价值的来源。

例如，Larson 和 Kartha（2000）的研究显示，总的来说，2025 年发展中国家“过量”电能（即超出糖/乙醇厂运行所需的部分）可以达到预计电力生产的

15%～20%，每年 12 000 亿 kW·h 发电（总产量是每年 71 000 亿 kW·h）。Moreira(2002)指出，全世界范围内 1.43 亿公顷潜在甘蔗面积的年发电潜力是每年 10 万亿 kW·h①。附录 4.1 讨论毛里求斯如何利用甘蔗渣建立热电联产项目。

家禽废弃物

另一个很好的例子是英国的燃烧设备中使用垫圈料。家禽废弃物来自于鸡舍，并混有很多物质如木刨花、碎纸或稻草。这些物质的热值为 9～15 GJ/t，水分含量在 20%～50%，取决于饲养方法。全世界的鸡垫料发电的装机容量约为 150 MW（英国是 75 MW，美国是 50 MW），正在逐渐增长。代表了一个具有新的经济、能源、环境效益的、在过去大部分被浪费掉的资源，主要是由环境压力的结果（Rosillo-Calle，2006）。

在具体处理加工残留物时，重要的是准备流程图以显示以下内容：

- 废弃物来源地；
- 全年内每个地点可用的废弃物数量，如果可能最好有历史数据；
- 废弃物的组成；
- 废弃物的收集方法；
- 废弃物的运输方式；
- 废弃物的目的地和用途（任何）或处理。

这样一个流程图将按照加工残留物作为能源潜力的优先序，列出最有价值和可用的废弃物。

动物废弃物

除了一些较大农场用以生产沼气外。动物废弃物，特别是粪便的利用正在下降，仅粪便一项用做能源的潜力，据估计全世界有约 20EJ（Woods 和 Hall，1994）。然而，变异如此之大，以至于数字往往是毫无意义的。这些变异可以归因于缺少一致认同的方法，因牲畜类型、地区、饲养条件等的多样化而变。尽管如此，目前仍有一些适用于提供全面估计的一般规则。

除非在特殊情况下，人们越来越怀疑是否应该将动物粪便作为一种能源而大规模使用。

- 粪便可能具有非能源用途的更大潜在价值（即如果作为肥料，它可能给农民带来更大的益处）；

---

①这与 2005 年的种植面积 22.5 Mhm^2 相比较。

• 粪便是一种劣质燃料，人们倾向于尽可能使用其他质量更好的生物燃料；

• 当有其他的环境效益时，使用粪便可能更易接受(即生产沼气和肥料，因为如果大量多余的粪便施用于土壤中，会给农业和环境造成危害，正如丹麦的情况)；

• 粪便对环境和健康的危害远远高于其他生物燃料(Rosillo-Calle, 2006)。然而，在若干地方，动物废弃物正越来越多地与稻草和其他农业废弃物混合用于工业的能源。

动物废弃物值得评估吗？

除非粪便是一种重要的能源，否则测量供应和消费是没有用处的。询问、观察和需求调查将确定粪便作为燃料的重要性，但是这个过程需要时间而且取决于一些难以评估的变量。只有经过加工的动物废弃物才是一种能源来源(或潜在来源)。粪便并不是所有国家的一种重要燃料，但是在若干国家，如印度次大陆和莱索托，粪便是主要燃料之一。

如果评估计划要调查动物粪便，则应该执行以下步骤：

确定动物的数量

确定可以提供粪便的动物数量。动物数量的可靠估计往往无法获得。在计算动物废弃物数量时应该意识到上述原因引起的很多意想不到的困难。

计算粪便的产生量

动物废弃物的评估将涉及：

(1)根据物种和区域或地区普查动物数量；

(2)估计它们的平均重量。

更精确的数据包括年龄和性别信息。然后利用上述①和②获得对产生的粪便平均数量的估计，评估时间最好一年以上。

完全发育动物产生的粪便与其吃的食物量成比例。食物摄入量大致与动物的体型大小和重量相关，这在不同的国家或地区也有变化。然而，饲料类型和质量也很重要。在旱季，饲料的数量和质量都可能会降低，导致产生废弃物的减少。在计算粪便平均值或总量时必须考虑到季节性和区域性饲料变化。在每个地点，粪便的重量和水分含量是需要记录的重要数据，特别是燃烧时的水分含量和粪便是否同其他生物质如稻草混合，它们都会影响到能值。

如果评估地区易于发生干旱或气候不稳定，那么需要进行较长时间的估计。可用的总动物废弃物是总生产的产品(P)，并考虑可及性因素(A)，收集效率(E)和饲料变化系数(F)。

在实际情况下，通常没有必要计算每生产 500 kg 的活畜重量的粪便产量。可直接依据普查和文献资料计算产生的废弃物量。关键的数据可以通过实地调查证实。粪便的重量和水分含量最好在每个生产地点进行测定。

计算可及性

动物粪便的可及性因素可能会在 0～1 之间变化。对于舍饲动物，如猪圈的猪，以及集中养殖动物，可以假设废弃物百分之百可以收集。应该对所有集中饲养和舍饲的动物进行普查。通过计算能够得到这些动物的总粪便量，该数字可以代表潜在粪便供应量。

对于粗放饲养动物（绝大多数），可及性估计和收集更加困难。方法类似于估计作物残留物时建议使用的方法。收集效率应考虑到那些尽管可及，但是不能全部收集的动物粪便——这可能占很大的比例。收集效率可通过调查对收集的数量占总估算的粪便比率的估计获得。

确定废弃物的其他用途

粪便有许多其他用途，如房屋建设时作为一种黏合剂或是涂抹在墙壁和地板上。一些农民认为，粪便作为肥料如此珍贵，以至不愿将粪便用于任何其他目的。然而，粪便如果在太阳下曝晒几天后，粪便便失去作为肥料的大部分价值，尽管它可能仍然是有用的土壤调理剂。这些因素使得评估粪便的产量和作为燃料的可用性时变得十分困难。

如同工业废弃物，制定一个动物粪便物流图是有用的，它应该包含以下信息：

- 动物饲养企业的规模和分布；
- 废弃物的四季产量，如果可能的话附上历史数据；
- 新鲜和收集时的水分含量；
- 目前收集、利用（特别是施用于土地）和处理的方法。

使用上述步骤计算生物能的可用性。

第三级废弃物

这类废弃物当今越来越具有吸引力，不仅是因为可大量使用，而且还有环境原因。每年都产生巨大数量的城市固体废弃物（MSW）。过去它们在很大程度上被忽略了。Rognar 等（2001 年）估计，MSW 的全球可经济地利用的能源潜力约 6EJ（相当于 1 380 万 t 标准油）。过去几年发生的重要变化，使得 MSW 更具有吸引力。现在，一些当局甚至已认可 MSW 是一种可再生能源，尽管仍然存在争议。找到 MSW 产生量的可靠数字是相当复杂的，因为国家之间以及国家内部城乡居民的差异（如日本人均每年产生 314 kg，新加坡 252 kg 或巴西 170 kg）。总之，毫无疑问，MSW 是一个相当大的资源，可以通过焚烧、气化或生物降解转化成电力、热和气体、液体燃料，因此应予以考虑（见 Rosillo-Calle，2004）。

草本作物

使用草本作物作为能源并不是新鲜事，这在中国的一些区域是非常普遍的做法。但是，由于可以使用更好的替代物，这些传统做法正逐渐被淘汰。另一方面，在发达国家一些新作物种正在被用于商业能源生产。这些作物更能吸引农民，因为农民可以用收获粮食作物的机械来收获它们。目前很多草本作物被认为是生产能源的适宜对象。例如，芒属（天然三倍体芒和荻）、虉草（*Phalaris arundinacea*）和柳枝稷（*Panicum virgatum* L.），在美国和一些欧盟成员国已经被广泛认可为有潜力的能源作物。应该记住，这类作物具有区域专一性，从而在很大程度上取决当地的条件。下面对这些作物作简要介绍。

芒草

芒草一直是得到最广泛研究的作物之一，因此已经获得了对其相当多的知识，将这种作物从概念开始推向商业开发。作为能源作物，芒草与短轮伐期灌木(SRC)的不同点在于它每年收获一次。另一个好处是，它的繁殖、维护和收获的各个方面都可以使用现有的农业机械进行。投入少量化肥，在高产的地方它的长期年产量平均已超过 18 t/hm^2。到目前为止，大多数经济分析表明，芒草原料唯一可行的市场是发电，特别是用于与煤共燃的发电厂（Bullard 和 Metcalfe，2001）。

虉草

虉草是一种 C3 结籽植物，具有与柳枝稷相似的特点，并能很好地适应凉爽潮湿的环境。产量和短轮伐期灌木相似，能源特性类似于稻草，因此它可以作为现代燃烧设备的燃料。但迄今为止研究有限，只能从长远观点来考虑它可能的燃料用途。虉草的主要优点是潜在产量高，每单位重量的热值与木材的相似，也不需要任何专用机械（见 Bullard 和 Metcalfe，2001）。

柳枝稷

在美国，柳枝稷（C4 草）作为能源的潜力已经得到广泛研究和认同，它非常适应大多数北美条件。非常适合直接燃烧或与其他燃料如煤炭、木材等混燃。柳枝稷植被层厚，可以达到 2.5 m。它不仅是很好的能源，而且还能为野生动物提供良好的掩护环境，也能防止土壤侵蚀。它是一种生命期长的多年生植物，能在边际土地上获得高产且建植成本低。它耐寒，需要投入较低且适应广泛的地理区域。在实践和区域专一水平上考虑这种草作为一种重要潜在能源方面，尚有许多需要了解。

最重要的是，未来将在生物质能现代应用中使用草本作物。因此，与传统生物质能源的应用不同，商业测量技术(大部分来自农业)将适用于草本作物。

二次燃料(液体和气体)

从未加工生物质中获得的二次燃料正越来越多地应用于现代工业，特别是运输业。因此，未来它们将在提供能源方面发挥重大作用。事实上，其中一些品种将发挥关键作用，因此在本章中作简要论述。重要的是要记住，大多数二次燃料用于生物质能的现代应用中，因而商业测量技术适用于二次燃料。

生物柴油

在过去十年，生物柴油的使用量大幅度增加，尤其是欧盟在这一领域走在世界前列。2004 年估计的产量约为 150 万吨(德国约占 120 万吨)(另见第 7 章的生物柴油案例研究)。许多国家正在准备上一些大项目，预计这些国家的产量将继续增长(例如巴西、欧盟范围内、美国、马来西亚等)。

生物柴油的生产和使用已经取得了相当大的进展，包括：

- 多样化的原料；
- 确保燃料质量更高的加工技术和燃料标准；
- 更好的市场；
- 柴油机保证；
- 法律措施的支持。

奥地利生物柴油研究所(ABI)的一项研究(www. abi. at)，确定油菜籽为生物柴油的最重要来源，所占份额可超过 80%，其次是占 10%以上的葵花籽油，主要在意大利和法国南部。在美国则优先使用大豆油。其他原料是马来西亚的棕榈油、西班牙的亚麻籽和橄榄油、希腊的棉花籽油、爱尔兰的牛油、奥地利的猪油和废煎炸油(UFO)，以及美国的其他废油和脂肪。一种“新”的柴油可由煤和天然气通过费-托合成过程制成，并在未来有可能通过相同的过程从纤维素生物质来中获得(www. ott. doe. gov/biofuels/)。

生物柴油的使用形式可以是纯的(100%或 B100)或按各种比例混合。它可以用于任何柴油机(很少或根本无需改装发动机)或燃料系统，并且不需要新的加油设施。生物柴油与普通柴油的有效载荷能力和里程相同，并提供相似或略低的马力、扭矩和燃油经济性。

沼气

沼气即甲烷和二氧化碳的混合物是最重要的气态生物质燃料。沼气是在沼气池中由厌氧细菌作用于粪便和其他植物性物质与水的混合物后产生的气体。沼气的供应量可以通过计算一个地区或区域沼气池的数量和容积来估计,并列出其中实际运作的沼气池数量以及年度周期中任何产气量变化。如有必要,可以快速统计沼气池的数量,同时应用转换系数估计产量。

沼气生产和使用可分为三大类:

- 小型家庭生产/应用;
- 小型家庭手工业应用;
- 工业生产/使用。

在发达国家和发展中国家,特别是较大的工厂,沼气技术已发生了显著变化,已由仅仅生产能源转变为兼"环境无害技术",将废物处置与能源和化肥生产相结合。这种变化得益于政策奖励、能源效率的提高、技术的传播和专业人员的培训(Rosillo-Calle,2006)。

很多国家都有大型沼气项目(如中国、丹麦、印度等),随着越来越多的国家考虑用 MSW、填埋垃圾等生产沼气,更多的项目正在出现,原因如上所述。尽管没有达到中国和印度的数百万个沼气厂的规模。沼气的生产主要基于非商业基础(如烹饪、供暖和照明),现在世界各地也有大型商业工厂生产和使用沼气(如用于运输、供暖和发电等),但多数尚处在试验示范阶段。

沼气的好处之一是它可以使用现有的天然气分配系统,可应用于所有为天然气设计的能源设施。但是它的一个主要的缺点是热值较低;目前最广泛用途是用于内燃机中发电。

沼气压缩后也用于轻型和重型车辆。然而,相较于 100 多万车辆使用压缩天然气(CNG),使用沼气的只有几千辆。目前世界各地有许多实验性项目。过去十年中,许多国家特别是工业化国家,在沼气生产和技术领域已经取得了重大突破,这将促进在现代应用中更多地利用沼气。如前所述,沼气生产的最主要动力不是能源,而是解决环境和卫生问题的需要。因此,沼气不仅仅是替代能源,更应该作为解决过剩粪肥处理、水质污染等造成的环境问题的可行方法。未来沼气应用将主要是现代形式而不是传统用途。

发生炉煤气

发生炉煤气是生物质资源(如木材、木炭、煤、泥炭和农业残留)高温分解和部分氧化产生的。这是一种已被实用和证实的燃料。它具有许多用途,如作为运输燃料,蒸汽和电力发电机的锅炉燃料以及其他工业用途。该技术正得到越来越多的关注,因为已经证明,在许多发展中国家的农村地区发生炉煤气特别有用，既可作为发电（尤其是热电联产）燃料，又可以产热。但是，发生炉煤气的生产和运行成本仍然很高，只有在合适的市场中应用才有意义，因此本手册将不介绍更多细节。

乙醇

乙醇是汽油最重要的短期至中期替代燃料。在2004—2005年，世界最大的两个生产国是巴西和美国，分别生产超过150亿升和140亿升生物乙醇。考虑到目前全球的利益，人们期望在2010年全球产量可以达到600亿～700亿升。

乙醇可以由任何含糖生物料生产，目前用于生产的有30多种原料。然而在实际生产中，只有极少数原材料在经济上是可行或接近可行的。主要原料是甘蔗（巴西）或糖蜜，以及淀粉作物，如美国的玉米。如果生产成本可大大减少，未来最有前途的原料之一是纤维素物质。目前有大量文献论及这个问题（见第1章）。

乙醇的类型很多，如下：

- 生物的或合成的，取决于使用的原料；
- 无水或含水的，变性或非变性的；
- 工业、燃料或可饮用的，这取决于用途。

虽然生产乙醇的来源很多，但是如上所述，只有少数是商业或接近商业上可行的。乙醇有两个主要来源：

- 生物的，来自如谷物、糖蜜、水果等（任何含糖材料）；
- 合成的，来自如原油、天然气或煤。

虽然生产乙醇的原料类型很不相同，但是化学法生产的乙醇是一样的。乙醇燃料有两种类型：

- 含水的，意为包含水的乙醇（通常是2%～5%的水）。这种乙醇用于纯乙醇发动机（也适于使用100%乙醇的发电机）。不同于与汽油混合，水与乙醇混合时没有相态分离。目前只有巴西已经大规模制造了纯乙醇燃料车辆；但是，由于多种原因（例如，多燃料发动机的引入），纯乙醇汽车正在被逐步淘汰。

- 无水的，意为无水或纯乙醇，它与汽油按不同比例混合。

而且乙醇可以是：

- 作为燃料使用的**非自然乙醇**—通过加入一小部分很难去除的外源材料（可以是汽油或其他化学品）使其不能饮用而制得。

- “饮用酒精”，乙醇含于饮料中；它是许多工业有机化学品制备的原料。

见附录Ⅵ测量糖和乙醇产量。

甲醇

甲醇(CH_3OH)目前大部分是由天然气和煤生产，但最近人们开始对利用生物质生产甲醇产生了相当大的兴趣。生物质生产甲醇需要对原料预先处理，将其转化为合成气，在转化成甲醇之前必须纯化。进一步增加了生产成本。使用此方法，硬木在高压和约250℃的温度下蒸馏获得甲醇，这本身就是一个高度能源密集型的过程。

甲醇也是一种常见的工业化学品，商业化应用已经超过350年，其广泛应用主要是作为千余种产品、从塑料到建筑材料的基本化合物。许多国家使用按不同比例混合的甲醇作为一种替代运输燃料，目前人们正在考虑其更广泛的用途。它的主要吸引力是作为一种潜在的清洁燃料，适用于燃气涡轮机和内燃机，尤其是新燃料电池技术(www. methanol. org/fuelcells/)。美国甲醇协会(AMI)估计，到2010年仅美国的燃料甲醇需求就会达到超过33亿升(见 www. methanol. org/)。

目前甲醇之所以具有吸引力，是因为它具有为动力燃料电池(FCVs)提供必要的碳氢化合物的潜在能力。在2000年，世界甲醇生产能力略低于475亿升。但是，由于今天的经济偏重使用天然气，生物质生产的甲醇仍然只是遥远的可能性，直到它可以由其他更具竞争力的来源生产。

甲醇也显现出一些相对于天然气的优势，除了它是液体，它更容易在汽车上使用。但当甲醇直接作为燃料使用时，与天然气相比，甲烷转化为甲醇的能量损失导致了较低的整体效率和更高的总 CO_2 排放量。此外，甲醇的高毒性使它作为汽车燃料的吸引力减少。因此，在全球范围内，甲醇市场仍是相对较小，主要用于专业市场如化学品和燃料电池，除非油价大幅度上涨。

氢气

从17世纪后期氢气开始试用于运输①。但是，直到19世纪20年代和30年代，氢气才被认真考虑作为一种运输燃料。事实上，设计和建造使用纯氢气的车辆已经有50多年了(见 www. e-sources. com/hydrogen/ transport. html)。

在最近几年里，许多国家一直在研究将氢气作为运输的潜在燃料。一些专家认为氢气是未来运输的主要燃料来源，其主要潜力是燃料电池汽车，尽管它也是传统汽油发电机的完美燃料。氢气不是能源，而是能源载体，因

①Montgolfier兄弟使用氢气为气球提供动力。

此需要与能源一起使用，这与另一种主要能源载体如电力完全相同。和电力一样，就供应安全或温室气体（GHG）排放量而言，使用氢气作为燃料的优点取决于生产氢气的方式。

尽管氢气作为汽车燃料的潜力很大，但很显然，其优点只能在氢的储存、运输、燃料电池技术以及生产和输送设备方面的技术发展取得进一步成功后才能得到充分发挥。而这将需要昂贵的投资，所以必须与具有相同潜力的其他替代能源如生物燃料、天然气等进行比较权衡。

致密成型生物质：颗粒及压块

生物质的致密成型（颗粒及压块）是将废弃物或低价值的生物质产品转化的一种方法，主要在工业或家庭中作为燃料使用，其他非能源用途包括如制地板、家具等。一个重要因素是致密成型生物质在生物质能现代应用中可以小规模或大规模应用。使用的最重要的材料包括农林残留物，如锯屑、木刨花、稻壳、木炭粉或木炭屑、甘蔗渣和高草。这一过程不仅有利于使用它们作为能源，而且减少运输成本。

致密生物质燃料分为两大类：

- 颗粒——圆筒形的压缩生物质，通常最大直径为 25 mm；
- 压块体积——圆柱形或其他任何形状，最大直径也为 25 mm。

一般来说，根据最终用途，颗粒及压块体积大小的变化范围是 10～30 mm。水分含量变化范围是 7%～15%。取决于加工过程中使用的机器，密度可以达到 1 100～1 300 kg/m^3。根据最终用途，颗粒和压块也可分为不同的类别，高质量的第一类供小规模用户使用。

在很多国家，由于供暖、热电联产和发电的家庭和工业应用不断增长，压缩成型生物质变得越来越重要。在奥地利、丹麦、荷兰和瑞典等国家，颗粒国际贸易正在成为一项主要产业。奥地利 2002 年生物质颗粒的产量是 15 万 t，随着小型颗粒取暖系统的迅速扩张，预计到 2010 年将达到每年约 900 万吨（http：// bios-bioenergy. at/bios01/pellets/）。全欧洲的这一潜力估计约为 2 亿吨[①]，在高需求推动下潜力正在不断增加，因为技术进步使得致密成型生物质更有竞争力。在许多工业化国家以及发展中国家，特别是中国，家庭和工业都需要致密成型生物质。因此，可以预计这个市场将迅速扩大，甚至成为国际上广泛交易的商品，尽管木切片由于成本较低也正在变得日益重要。

---

①实际上，由于高成本这个潜力将被严重限制。

附录 4.2 提供了致密成型生物质的更多信息，目前越来越多互联网数据库可以提供大量文献[例如 www.pelletheat.org；www.pellets2002.com/index.htm，这会链接到其他各种数据库(致密生物质的欧洲生产商，颗粒和煤球的零售商，用具等)(www.sh.slu.se/indebif/；http://bios-bioenergy.at/bios01/pellets/en/；www.pelletcentre.info/)]。

动物畜力

在许多发展中国家的农业和小规模工业中，动力的基本来源是动物和人。动物和人类提供压力和牵引力，堆垛力和用自行车、船和手推车运输。在工业化国家，过去人类和动物畜力做的工作，现在主要是由各种机械完成。详情见附录 4.3。

当前，役畜仍是数百万人的重要动力源。发展中国家大约有 4 亿头役畜，每年提供约 1.5 亿马力。如果用石油基燃料取代畜力，将耗资数千亿美元。畜力的使用差异也很大，例如，在大多数非洲国家，80%～90%的人口依赖于人工和畜力，而机械化仅仅使得 10%～20%的人受益。印度农业部门使用的能源的 50%～60%由畜力提供。

因此，虽然畜力正在逐步被机械取代，但它仍然是农村地区的一个主要动力来源。与机械力相比，役畜仍然有一些优势；例如：

- 对土地影响较小；
- 可以在山区和交通不便的地区工作，其"燃料"就是饲料，可在当地生产，从而减少农民对燃料的依赖性；
- 产生的粪便是一种宝贵的肥料；
- 购买和维护方面比重型机械便宜；
- 许多其他产品(如奶、肉等)的来源。

畜力的一个缺点是它们需要土地来饲养和生产饲料。对于许多小农户，这是一个难题。几乎所有种类的动物已被用于提供畜力，例如马、牛，甚至狗(http://en.wikipedia.org/viki/animal_traction)。

发展中国家的贫困农民利用役畜完成农场的大部分耗力农业任务：如重要的土地准备工作如犁地、耙地、运输，以及许多工业操作如压碎和研磨。能替代畜力的拖拉机或其他设备在许多发展中国家对于小农、工匠等来说过于昂贵。另一种选择是手工劳动，这可能会限制农业生产力，以及是不愉快和艰苦的。

使用畜力不应该被看做是一个与机械化和现代化相冲突的落后的技术。相反，由于畜力的广泛使用，以及在可预见的未来它将是许多国家的大量人民的唯一可行和适当的能源形式，它应该得到高度关注。

役畜的工作性能是由它的体重，主要是肌肉而非脂肪决定的。例如，牛预计可以提供约为其体重10%的畜力，马则约为15%。在效率方面，大部分役畜可持续产出0.4～0.8马力。然而，不良饮食水平往往造成役畜提供的畜力远远低于它们在适当喂养所能够提供的。提高正在使用的估计4亿役畜的生产力，能提高小农户的生产力。重要的是让农民认识到改进性能的潜力和积极寻找高生产力役畜。

可以不同的复杂程度，役畜在田地条件下测量机械和生理参数的性能，畜力可以用弹簧秤、液压测力计或电子应变计测量。行驶距离则简单地用卷尺测量，速度用秒表测量。农民善于判断役畜的疲劳程度。尽管如此，一些研究人员已经提出了更为复杂的系统，即通过呼吸速率、心率、肛温、腿协调、兴奋等判断役畜的疲劳程度（详情见附录4.3）。

未来的选择

残留物（所有形式）的重要性必定会增加，原因如下：

- 它们是目前未充分利用的和被低估的资源；
- 在经济和环境方面越来越有吸引力；
- 在大多数情况下，是容易获得的替代物。

人们对更好地了解生态问题、当前和今后的能源潜力，以及利用农业残留物的经济意义已期待很久。因此需要改善生物质的评估方法。

动物残留物（特别是粪肥）可能在现代社会中发挥的作用逐渐减少。大规模使用这些残留作为能源，很可能将只有在特定情况下证明是正确的，例如在环境、健康和能源使用都很重要的地方。评估粪肥的方法有许多缺点，这是由于动物大小、喂养方式等差异很大。

最有前途的是三级残留物（如MSW），正日益成为世界各地一种具有吸引力的选择，因此将需要更精确的评估方法。

草本能源作物必将发挥重要作用，部分原因是它们每年都可以收获，对农民非常有吸引力，农民可以使用与粮食作物相同的机械收获它们。在这种情况下，现代农业方式将适用于单本能源作物的种植。

在一些国家，二次生物燃料（乙醇、生物柴油等）已经大规模使用。然而，关于其大规模生产和使用的方法的潜在影响，还有许多需要了解。大规模发展这种燃料将对生物质资源产生重要影响。

致密成型生物质与二次燃料一样，已被用来作为一种主要能源，主要是在一些欧洲国家，但目前仍缺乏一个国际公认的标准测量方法。

最后，畜力——在过去如此重要——正变得越来越不重要，因为役畜的许多活动正在被机械替代。然而，动物畜力有许多不应该被忽视的优点，但这是一个超出了本手册范围的复杂问题。

参考文献

Anon. 1988. Wood Densification, West Virginia University, Extension Service, Publication no 838

Bullard, M. and Metcalfe, P. 2001. Estimating the Energy Requirements and CO_2 Emissions from production of the Perennial Grasses Miscanthus, Switchgrass and Reed Canary Grass, ETSU B/U1/00635/REP; DTI/Pub., URN 01/797

Hirsmark, J. 2002. 'Densified Biomass Fuels in Sweden; Country Report for the EU/INDEBIF Project', Sverges Lantbruks Universitet

Hirsmark, L. A. and Silva Lora E. E. 2002. 'Woody Energy: Principles and Applications (unpublished report)', Federal University of Itajuba, Minas Gerais, Brazil

Kristoferson, L. A. and Bokalders, V. 1991. Renewable Energy Technoligies, Intermediate Technology Publications, London

Larson, E. D. and Kartha, S. 2002. 'Expanding Roles for Modernized Biomass Energy', Energy for Sustainable Development, vol 5, no 3, 15-25

Moreira, J. R. 2002. 'The Brazilian Energy Initiative: Biomass Contribution', Paper presented at the Bio-Trade Workshop, Amsterdam, 9-10 September 2002

Obernberger, I. and Thek, G. 2004. 'Physical characteristics and chemical composition of densified biomass fuels with regard to their combustion behaviour', Biomass and Bioenergy, 27, 653-669

Rogner, et al. 2001. 'Energy resources', in World Energy Assessment: Energy and the Challenge of Sustainability: Part Ⅱ Energy Resources and Technology Options, Chapter 5, UNDP, pp135-171

Rosillo-Challe, F. 2004. Biomass Energy (Other than Wood), World Energy Council, London, Chapter 10, pp267-275

Rosillo-Challe, F. 2006. 'Biomass Energy', in Landolf-Bornstein Handbook, vol 3, Renewable Energy, Chapter 5 (forthcoming)

Ryan, P. and Openshaw, K. 1991. Assessment of Biomass Resources-

A Discussion on its Need and Methodology, Industry and Energy Dept. Working Paper, The World Bank, Washington DC

Sims, B. G., O'Neil, D. H. and Hower, P. J. 1990. 'Improvement of dragutht animal productivity in developing countries', in Energy and the Environment into the 1990s, Sayigh, A. A. M. (ed), Pergamon Press, vol 3, pp 1958-1964

Starkey, P. and Kaumbutho, P. (eds) 1999. Meeting the Challenges of Animal Traction. A Resource Book of Animal Traction, Network for Eastern and Southern Africa (ATNESA), Harare, Zimbabwe; Intermediate Technology Publications, London, 326pp

Woods, J. and Hall, D. O. 1994. Bioenergy for Development: Technical and Environmental Dimensions, FAO Enviroment and Energy Paper 13, FAO, Rome

网站

http://bios-bioenergy.at/bio01/pellets/

http://bios-bioenergy.at/bio01/pellets/en/

http://en.wikipedia.org/wiki/Animal_traction/

http://www.esv.or.at/

www.e-sources.com/hydrogen/transport.html

www.methanol.org/

www.methanol.org/fuelcells/

www.pelletheat.org

www.pellets2002.com/index/htm

www.ruralheritage.com/horse_paddock/horsepower.htm

www.sh.se/indebif/

www.worldwideflood.com/ark/technology/animal_power.htm

附录 4.1 甘蔗渣能源热电联产：毛里求斯来源的情况：[Deepchand (2003)]

甘蔗残留物（如甘蔗渣、蔗梢、叶片）是很有前景的替代能源之一（图 4.1）。只需使用甘蔗渣，即使使用效率非常低，也使全世界几乎所有的甘蔗糖厂实现了能源自给。近些年来很多工厂已经或正在进行现代化改进，目的是通过热电联产充分利用能源潜力。例如巴西的蔗渣发电装机容量超过 1.5 GW，为将能源盈余出售给输电网提供机会。相比 250 Mhm^2 的小麦，全世界约有 25 Mhm^2 的甘蔗面积种植虽小，但它的潜力很大。已经开展了许多评估这种潜力的研究，虽然结果差异较大。

图 4.1 甘蔗的组分

例如，Moreira(2002)估计，到 2020 年，全世界 1.43 亿 hm^2 的甘蔗种植园(种植面积比现在增加约 5.7 倍)能够产生 47.36 EJ(每天 2 600 万桶石油当量的乙醇和每年 10 万亿 kW・h 的电力)。尽管这是一个非常乐观的估计，但这是可能的，因为 102 个国家种植甘蔗，同时，随着管理的改善和无需任何重大投资，生产率有可能大大提高。假设整个过程应用新技术和现代管理实践，可以回应现代化和多样化，以及寻找甘蔗和副产品的其他用途的要求。本附录介绍了毛里求斯甘蔗业的热电联产。

毛里求斯的土地面积为 1 860 km^2，人口为 130 万。甘蔗产量逐年增加，已经达到了 60 万～65 万 t 的稳定产量。种植甘蔗的两个主要限制分别是可耕地的可用性和出口困难。三个不同种植者群体拥有的甘蔗总面积为：

- 厂主-种植者联合，在糖厂占有大多数股份，持有 55%的甘蔗面积；
- 个人拥有的小面积土地，700～5 500 hm^2，占糖总产量的 60%；
- 大约 35 000 个独立种植者，拥有 20 万块土地，面积在 0.1～400 hm^2。

独立种植者和厂主-种植者拥有 78%的糖产量和全部的糖蜜和滤泥。厂主获得 22%的糖作为工厂的支出。

能源状况

毛里求斯的可再生资源有限，且尚未发现石油、天然气和煤矿。当地主要的可用能源是水能和甘蔗生物质。9 个水电站，其中一个具有 10 MW 装机容量，能够几乎完全地开发水能。其他能源是占甘蔗30%的甘蔗渣，一般低效率利用以满足甘蔗加工过程的内部能量需求。在1990年，水能和从甘蔗厂输送到输电网的电能，分别占公共电网电力的22%和13%。其余的65%由进口化石燃料（如柴油、煤气和天然气）提供。人们认为为了阻止进口化石燃料的快速增长，可以通过更有效地开发用于发电的甘蔗渣能源。

过去20年，毛里求斯的能源需求快速增加。在可以满足电力需求增长的各种选择中，政府决定向两个22 MW甘蔗渣-煤炭混燃厂购买电力，并由两个区域糖厂的糖业公司私人经营。

甘蔗渣能源发展的目标

在高级能源委员会关于甘蔗渣能源的建议的基础上，1991年政府和私营部门经过六个月合作，制定了一个甘蔗渣能源发展项目（BEDP）。该项目有两个主要目标：

（1）充分利用甘蔗渣发电并输送至输电网。五年内利用甘蔗渣，将发电量从70 GW·h扩大到120 GW·h；

（2）调查利用甘蔗生物质其他部分（甘蔗稍、叶片和干废弃物）发电的情况，以进一步减小对化石燃料的依赖度。

一个重要的目标是在优惠的食糖市场下，确保糖业部门的持续生存能力和生产的可持续性，以满足该行业的承诺。该项目需要投资8 000万美元（1991年的价格），主要包括以下内容：

- 在两个糖厂建设和试行甘蔗渣-煤炭混燃火力发电厂；
- 糖厂现代化，提高甘蔗加工过程中甘蔗渣的利用效率；
- 从糖厂密集处向分布式发电厂的区域糖厂运输甘蔗渣；
- 投资建设从糖厂到国家输电网的输电线路。

机构设置和项目策略

在项目的实施过程中建立一个监管框架，目的是促进私营部门在电力生产和糖厂现代化中的投资，以及鼓励甘蔗渣的高效率市场。此框架的关键因素是能源价格和合同，包含电、甘蔗渣和煤。

政府和行业的代表成立一个管理委员会，对项目实施情况进行详细规划，以确保遵循与BEDP相关的政府政策指令，以及影响糖和能源部门的政府政策的有效结合。所有的相关部门（部委和机构，公共事业，私营糖厂利益相关者）充分参与项目的所有阶段。

甘蔗渣能源项目的实施

该项目的期限是五年，启动于1994年。然而据展望，使用甘蔗渣在

2000年才得到最优化。该项目的阶段进程如下：

(1)政府政策明确规定了选择甘蔗渣能源作为一种方式，以促进当地可以获得可再生能源。

(2)糖厂通过能源保存和利用方面的投资措施，来评价能源的需求和优化。

(3)公用事业部门详细说明基于可靠预测的能源需求，目的是建立长期基本负载需求。

(4)公用事业和糖业公司之间制定谅解备忘录。

(5)进一步的可行性研究。

(6)公用事业部门和私人投资者签署一个正式购电协议(PPA)。

(7)利用PPA作为银行担保，为发电厂投资筹集资金。

(8)对项目进行详细设计。

(9)对设备项目的供应开展招标工作。

(10)投标评价。

(11)签订合同。

(12)安装及调试。

(13)运转。

甘蔗渣能源发展的限制

尽管执行了上述所有步骤，可以看出卫星式工厂的甘蔗渣节能方面的投资比较缓慢，仅支付了糖能源发展计划贷款总额(1 500万美元)的40%。已确定了影响事物状态的几个因素。

甘蔗渣的价格

在St Aubin联盟糖厂的发电厂的实施过程缓慢。因为工厂必须依赖来自卫星式糖厂的大量甘蔗渣。这些利用甘蔗渣的工厂是以煤炭价格为基础，且在压缩模式下运作，其蒸汽转化为电力的效率比压缩-萃取模式的更高，而压缩-萃取模式是糖业部门热电联产常用的工业装置。因而价格对项目的财务可行性有负面影响。其解决方法是，加强甘蔗加工活动，即加工甘蔗的糖厂数目越来越少，而甘蔗压榨能力增加，并投资电厂。

资金和财政框架

能源项目需要相当巨大的投资成本，这使其缺少吸引力。因此，政府推出一些法令，允许投资者为甘蔗渣发电和糖厂现代化增加免税债券。这使得产生越来越多隔离活动的公司，弥补了厂主在甘蔗渣能源生产和糖厂现代化方面的资本支出而引起的损失。此外，与业绩挂钩的出口关税的减少扩大到贮存和使用自己的甘蔗渣的电力生产者，也扩大到向连续运作的发电厂销售甘蔗渣的厂主。因此，安装使用较少甘蔗渣同时节约能源的高效率设备的资本支出部分，有权利获得出口关税退税。

除了生产糖，甘蔗渣价格是每吨100Rs(或3.7美元)，大部分款项是通过中央电力董事会(CEB)存入甘蔗渣转让价格基金。对基金收益分配进行修改，使基于电力公司并向CEB输出电力的厂主或糖厂，有权受益于该基金。以前只有种植者积累此基金。

甘蔗加工活动的集中化

通过集中化加强甘蔗加工活动是降低生产成本的一种方法。1993年共有19个糖厂在运行，它们的甘蔗压榨能力介于每小时55～250 t甘蔗。1997年政府提出了集中化甘蔗加工活动的计划，除了确立关闭榨糖厂的要求和实行中需要遵守的指导方针和条件外，还强调确定榨糖厂是否关闭与是否用了甘蔗渣生产能源的关联性。

千瓦时电价

政府设定一个技术委员会，以解决能源价格和购电协议的问题。在价格设定机制方面，委员会研究了CEB提出的22 MW容量的柴油厂的费用基础，以得出电厂的可规避成本。世界银行为委员会制定原则和指导方针提供支持。该委员会确定可规避成本，并建议了煤炭和甘蔗渣的千瓦时电价。

项目实施的评价

与项目有关的活动都是按计划进行，但是竣工日期延迟，主要原因是St Aubin联盟厂的投资者由于成本高决定不继续进行这个项目。1995年，设计公司重新设计了主要组成部分如锅炉和涡轮交流发电机，以考虑到工厂未来的容量，以及改善电厂的热力循环。这个新设计使得以前的30 MW电厂设计的成本增加了30%。在这种情况下，对投资外汇感兴趣的国外银行决定不再资助此项目。

随后，Centrale Thermique de Belle Vue工厂在学习了联盟St Aubin的经验和所进行的研究，开始协商兴建一个70 MW电厂(2个35 MW)，并于2000年4月委托建设电厂。该电厂需要投资9 000万美元。

甘蔗渣能源项目

表4.2显示了能源项目的概况，包含十个甘蔗渣发电厂的技术细节。其中三个发电厂全年运转，收获季节利用甘蔗渣，非作物生长期利用煤炭。所

谓的"连续"发电厂实际只在收获季节运转,利用甘蔗渣作为燃料。

表 4.2 2002 年毛里求斯的甘蔗渣电厂

工厂	甘蔗 /(t/h)	电力	开始日期	来自甘蔗渣的单位 /GWh	来自煤炭的单位 /GWh	来自甘蔗渣和煤炭的总单位 /GWh
燃料	270	F	1998.10	60	115	175
Deep River						
Beau Champ	270	F	1998.4	70	85	155
Belle Vue	210	F	2000.4	105	220	325
Medine	190	C	1980	20		20
Mon Tresor						
Mon Desert	105	C	1998.7	14		14
Union						
St Aubin	150	C	1997.7	16		16
Riche en Eau	130	C	1998.7	17		17
Savannah	135	C	1998.7	20		20
Mon Loisir	165	C	1998.7	20		20
Mon Desert						
Alma	170	C	1997.11	18		18
总计		3F 7C		360 GWh 235 GWh F 125 GWh C	420 GWh	780 GWh

注:F 指收获季节使用甘蔗渣以及生长季之间用煤炭的工厂;C 为连续的或只在收获季节使用甘蔗渣的工厂。

发展甘蔗渣能源的进步

该项目的成果是令人满意的。原因是其关键战略是先建立投资计划、机构框架和政策,以鼓励甘蔗渣/煤炭发电厂的私人投资。这在该项目下已实现,同时也预测了更多的甘蔗渣利用单位。正如在 2000 年,甘蔗渣-煤炭发电厂的装机量炭共计达 220 MW,或占总量(425 MW)的 50%以上。另外,两个公司电厂项目已经制定,正等待确定电力需求的审计,更特别的是在实施之前的未来十年基本负荷的演变。与工厂投资有关的项目取得了积极的成果,是由于甘蔗加工过程中能源利用和贮存方面均有显著提高。这个项目的实际结果是糖厂产生的多余数量的甘蔗渣。

在 1996 年,利用甘蔗渣输出电力 119 GW·h,几乎到达了项目的目标

120 GW·h。这主要是通过私营糖厂利用热电联产技术和私人资金进行投资生产完成的。到2000年,随着对更高效的甘蔗渣-电过程和更多的单位的投资,混燃发电量显著增加。结果,由甘蔗渣向输电网输出的电力装机容量从160 MW(或33%)增加到27 GW。

促进甘蔗渣能源发展的因素

甘蔗渣能源项目之所以与糖厂现代化紧密有关,是因为锅炉、涡轮发电机和其他节能设备占糖厂成本的主要部分(高达50%)。投资能源项目将确保对糖加工起关键作用的这部分投资(有效期为25年),能独立为糖厂活动供给经费。此外,电力销售增加了制糖公司的收入。1985年21个糖厂在运营,到2000年减少到14个。其中10个工厂向输电网输送能源,其中仅3个过去自发电。据预测,到2005年由于集中化将只剩下7个糖厂,且很可能每个糖厂将会配备一个固定发电厂,这样能源热电联产更高效,向输电网输出更多电力。

甘蔗渣能源成功的复制和可持续性

随着毛里求斯的甘蔗渣能源项目的成功示范,现在为其他甘蔗生产国家提供了复制和改建这些项目的机会。

1988年加工每吨甘蔗可获蔗渣发电量13 kWh,即使到2000年项目实施之后,仅达到60 kWh。这远远低于Reunion获得的110 kW·h的记录。在这里只有两家工厂在运行,配备2×(30～35) MW发电厂在约80巴的蒸气压下运行。随着甘蔗压榨工艺的进一步集中,改善甘蔗加工过程中排气,通过采用82巴的操作压力和利用甘蔗田残留作为补充燃料而提高发电厂效率,可以有把握地使甘蔗生物质可以向输电网输送800 GW·h电力。

经验教训和建议

主要经验是发展甘蔗渣发电需要更密切地联系制糖业和电力部门,同时更加重视由甘蔗/煤炭发电厂的基本负荷动力产生的多种收益。

政府的大力支持,以及明确规定的关于甘蔗渣能源发展的政策,对于利用甘蔗渣热电联产的成功实施是至关重要的。

必须创造条件使所有的利益相关者完全参与整个过程,同时在他们之间建立透明的信息流。在这种情况下世界银行发挥了关键作用,它为地方利益相关者很少或没有经验的区域提供必要支持。

在开始发展甘蔗渣发电厂之前,最重要的就是做一个详细的可行性研究,包括甘蔗渣/煤炭发电厂成本的可靠估算,以及与私营企业家达成的关于融资计划的协议。这将避免项目实施的延期。

甘蔗渣/煤炭发电项目有多方面益处，在于它与环境方面的优势有关，以及相对于进口燃料油，它可利用当地可获得和可再生资源，提供多样化选择和安全的电力来源，最后还为甘蔗工业带来额外收入。

注释

全世界两个最大的制糖企业，一个在巴西，拥有 550 万 hm^2 土地；另一个在印度，有土地 400 万 hm^2。

附录 4.2 致密成型生物质：颗粒

人们对生物质致密化的兴趣日益增加，导致了压缩技术的迅速改善，有关技术还可以从其他工业部门如饲料和石油分销系统借鉴。关于这些进展的更多信息见“进一步阅读”下的参考文献。

由于便于运输和处理，欧洲部分地区如奥地利和德国，选择木质颗粒作为燃料且倾向于在家庭水平应用。在斯堪的纳维亚国家，颗粒用于热电联产和区域取暖，最近又用于与煤共燃的发电厂。

在高达 100 MW 装机容量的大规模锅炉中使用颗粒，是压缩颗粒工业向前迈出的重要一步，这在一定程度上是由税收优惠政策驱动的。例如，20 世纪 90 年代初，瑞典实行了关于化石燃料 CO_2 排放的新税法，推动了颗粒燃料市场的快速发展。

1992—2001 年，瑞典的颗粒燃料消费量从每年 5 000 t 增加到 667 000 t，使瑞典成为欧洲最大的颗粒燃料使用国和生产国，拥有大约 30 个大型生产厂。

原则上，所有类型的木质生物质都是生产木质颗粒的合适原材料。然而，为了确保干燥和磨碎的成本低，更多使用的是干锯屑和木刨花。使用树皮、稻草和作物生产的颗粒通常更适用于大规模系统。不同的欧洲国家对颗粒燃料质量的要求，根据木质颗粒市场的不同特点而不同。例如，表 4.3 总结了奥地利所需颗粒的特点。

下面是关于生物质致密化的原材料的几点补充：

- 致密成型生物质会有显著差别，物理和化学特性不同。例如，树皮颗粒比木材颗粒有更高的灰分含量，烟尘排放量比木材的高。当在专用锅炉中使用时，树皮以其原始形态燃烧（例如在树皮非常丰富的瑞典）。为了解决这些问题，树皮可以和木材混合燃烧。

- 利用高草（如象草、柳枝稷）时，它们被压缩成捆，尽管也称其为草块。草捆重达 250～500 kg。在一些没有其他替代能源且传统能源成本高的地方,草类变得越来越有吸引力。草类在与煤共燃方面特别有吸引力。

表 4.3　奥地利标准的条件 ÖNORM M7135

特性	颗粒级 HP1(木质颗粒)
直径	最小 4 mm,最大 10 mm
长度	最大 5×直径
密度	最高 1.12 kg/dm^3
水分含量	最高 10%
磨损	2.3%
灰分	最高 0.5%
热值	最低 18 MJ/kg
硫	最高 0.04%
氮	最高 0.3%
氯	最高 0.02%
添加剂	最高 2%

- 泥炭也是一种起源于生物质的有机物,它在自然环境中不会分解。尽管对其的分类意见存在分歧,但是通常它被认为是非生物质。
- 在大多数情况下致密型生物质来自残留物(不包括草类)。如果无法使用残留物,只使用能源作物种植园也是合理的。
- 致密成型生物质的潜在原料供应量是巨大的,但是成本(能源消耗、机器等)是一个主要的限制因素。
- 致密生物质原料的潜力随着现有技术改进和新技术发展而变化。

生产致密成型生物质燃料(DBFs)时需要考虑以下几点:

- 水分含量非常重要,同样重要的是材料尽可能干燥。这意味着在大多数情况下需要一些类型的干燥设备。高水分含量的材料难以压缩成型。
- 颗粒应该有特定大小,这取决于最终用途。
- 调节可能是必要的,例如对原材料应用过热蒸汽,使木质纤维更柔软和更有弹性,以便于成型。
- 必须决定生产什么形状的成型燃料:颗粒或压块。需要不同的机器,例如木材平模制粒机和树皮环模制粒机。例如环形制粒机的模是圆柱形的,颗粒在内部被压缩后通过滚筒穿出模外。压块的主要技术是活塞压缩,通过机械或液压驱动活塞,推动原材料经过一个狭窄的压力锥(见 Obernberger 和 Thek,2004)。
- 冷却是必要的,以减少颗粒和压块的蒸汽压力,并防止它们因蒸汽压力而破碎。

在过去，成本一直是大规模利用致密生物质的一个主要障碍，是需要考虑的关键因素。现在成本连同高能源消耗，已随着技术进步而显著改善。也因高油价和越来越多的环境问题而不再显得那么突出。

特别是在奥地利、美国、加拿大、瑞典和波罗的海诸国大量的研究已相当详细地考虑了致密化成本（见 Zakrisson，2002—引自 Hirsmark，2002）。生物质致密化涉及的各种成本可分为四类：

(1)基于资本和维护的费用——可使用计算设备使用的年限和利率核算这些费用。资本成本等于投资成本乘以资本回收系数(CRF)。维护费用是投资成本的百分率，在指导值的基础上计算。

(2)基于使用的费用——包括与生产过程有关的所有费用。

(3)经营成本——包括涉及运行工厂的所有费用，如人事费用。

(4)其他费用——该项包括保险、税收和管理。

致密成型生物质燃料对环境的影响

生物质的致密化也需要仔细考虑其对环境的影响，特别是对中型，甚至更重要的是大规模工厂而言是如此。目前已经开展了生物质致密化的各种全生命周期分析(LCA)研究，特别是在斯堪的纳维亚诸国，这将为供暖和供电提供宝贵的信息。必须评估现有的数据以确定其是否充分或者是否需要新的生命周期分析。

标准

生物质致密成型燃料国际标准有很大的差异，这显然是国际贸易的一个障碍。制定国际公认的致密生物质标准是非常必要的。奥地利标准 ÖNORM M 7135 确保了压缩生物质燃料的高质量和天然原材料的专用性。主要标准见表 4.3。

参考文献

Hirsmark，J. 2002. Densified Biomass Fuels in Sweden；Country Report for the EU/INDEBIF Project，Sverges Lantbruks Universitet

Obernberger，I. and Thek，G. 2004. 'Physical characteristics and chemical composition of densified biomass fuels with regard to their combustion behaviour'，Biomass and Bioenergy，27，653-669

www. esv. or. at/

www. pelletcentre. info/

附录 4.3　测量动物畜力

目前已经开发出两个仪器包来检测田间条件下役畜的性能：一个是测力计，用来测定机械的和一些生理变量；另一个是畜力记录器，用于同时测量机械和生理参数，从而可以测定动物对不同的田地工作条件的反应。

主要有两类变量：

(1)机械变量，例如，畜力和速度的垂直和水平分量；

(2)生理变量，如氧气消耗量、心率、呼吸速率等。

在模拟条件和实际田地条件下进行了测量这些变量的试验，例如动物通过一个测力传感器拉负载的雪橇，马具和轭具的比较。

比较畜(牛)力和木材能源

力和能源一般无法比较。只有在某种特定条件下进行(例如一头牛的工作时间)。典型的情况是一头壮牛可以提供 0.8 马力，大约 600 W 的力。如果知道了牛每天工作多少小时，一年工作多少天，则可以很容易计算出这种类型的牛一年提供的能量。例如，如果一头牛每天工作 5 h，一年工作 280 d，则一年产生的能量为：

$$600\ \mathrm{W}\times 1\,400\ \mathrm{h}\times 3\,600\ \mathrm{W}=3.0\ \mathrm{GJ}$$(大约 1 t 木材的 1/6)

比较人体热量和能量

人体做很少或者不做体力工作时每天大约需要 2 000 kcal 能量，是通过日常饮食摄入后转化成的热量：

$$2\,000\ \mathrm{kcal/d}=2\,000\times 4.2\ \mathrm{kcal/d}=\frac{8.4}{86\,000\ \mathrm{s/d}}=100\ \mathrm{J/s}=100\ \mathrm{W}$$

因此，人很少或者不工作时产生的热量相当于 100 W。

一个人日常饮食摄入的能量为 8.4 MJ。我们假设食物主要是农产品，即生物质，考虑到干生物质的能量含量约为 18 MJ/kg，那么

$$\frac{8.4\ \mathrm{MJ/d}}{18\ \mathrm{MJ/d}}=0.5\ \mathrm{kg/d}$$ 生物质食物

以一年为单位，每人所需生物质食物为

$$365\times 0.5\ \mathrm{kg/d}=180\ \mathrm{kg/年}$$

通过调查，我们知道烹饪所需的家用燃料大约为每人每年 500 kg(干

重)的生物质。因此,燃料和食物的比率为:

$$500 \approx 2.7 \times 180$$

这就意味着燃料的能量是食物所含能量的约 3 倍。

参考文献

Deepchand,K. 2003. 'Case Study on Sugar Case Bagasse Energy Cogeneration in Mauritius', Dept. of Chemical and Sugar Engineering, University of Mauritius, Reduit, Mauritius, www. iccept. ic. ac. uk/research/projects/SOPA/PDFs/Energy%20 Fiji. pdf

Kristoferson, L. A. and Bokalders, V. 1991. Renewable Energy Technologies, Intermediate Technology Publications, London, pp119-132

Sims, B. G. , O'Neil, D. H. and Howell, P. J. 1990. 'Improvement of draught animal productivity in developing countries', in Energy and the Environmental into the 1990s, Sayigh, A. A. M. (ed), Pergamon Press, vol 3, pp2958-1964

Animal traction see http://en. wikipedia. org/wiki/Animal_traction

www. ruralheritage. com/horse_paddock/horsepower. htm

Lover Mar, T. 2004. Animal Power available online at(www. worldflood. com/arktechnology/animal_power. htm)

5　生物质消费评估

Sarah L. Hemstock

介　绍

本章详细论述了获得生物质能源消费的可靠数据的各种方法，目的是使之与研究小规模生物能项目的可行性的实地调查员相联系。重点是发展中国家农村地区的社区消费，涉及消费的以及项目活动可用的生物质资源的数量和类型。本章的各个部分评审了规划一个满意的生物能项目的合适评估方法、适当的分析以及适合资源的可用性评估。同时也调查生物质消费量随着时间变化的指标，这些指标可能会改变可用于未来项目持续性的生物质资源的数量。由非政府组织阿洛法图瓦卢设计和实施的评估图瓦卢国的生物质消费量的例子①，将用于说明本章讨论的一些问题。

第一步，应审查调查的设计和实施情况。因为调查是确定生物质消费模式的重要工具。要对家庭能源消费的分析进行调查，因为家庭部门占生物质消费的一大部分。“分析家庭消费”一节提供关于如何测量和分析生物质消费量的信息，“改变燃料消费模式”一节则提供了这些模式如何随时间变化的每一步细节。

第 2 章中描述的流图方法是在各种规模——地方、国家和区域——计算生物能消费量的另一种有用方式。如果在可持续的基础上使用生物质能源，生物质资源的可用性和消费的分析是至关重要的。计算生物质能源的能流和使用可靠的数据，是测量消费量，预测生物质能源的可用性、消费量和可持续性的一种办法，并说明了从收获到最终用途的物流链中那些地方可以改善效率的区域。

设计一个生物能源消费调查方案

任何一种调查都会得出有偏差的数据，尤其是在通过问卷集收集数据

①基于法国的国际 NGO 组织，阿洛法 · 图瓦卢，30 rue Philippe Hecht，75019 巴黎，法国。

的方式。因此，进行评估之前，必须确定调查目标和需要从中获得哪些数据。特别是应该思考下列问题：

- 什么是调查的原因？考虑特定情况下使用问卷的优点和缺点。
- 需要回答哪些问题？
  —准备研究的书面目标。
  —让别人会检查的目标。
- 调查是绝对必要的吗？
  —通常生物质能源利用未进入官方政府的统计资料中。然而，查阅与目标相关的任何文献是值得的；因为调查费时和昂贵，所以不希望重复别人的工作。
- 将产生基于你的调查结果什么样的行动/干预措施/活动？
- 需要何种程度的细节？
- 调查哪些部门？
- 有哪些可用的资源（例如：如果你决定进行问卷调查，确定感兴趣人群执行它的可行性？）
- 调查过程将要持续多久？准备一个时间表。

要回答这些问题就须提出一个数据收集、编译和显示的方法。在必要、适宜或可能的地方，基本细节可以扩大。

现场实例

阿洛法·图瓦卢—图瓦卢生物质能源消费调查

调查的目的是确定图瓦卢国的两个社区生物能项目中可用的生物质数量（猪粪沼气消化和椰油生物柴油）（Hemstock，2005）。详细的文献查阅发现，生物质能源使用的必要详细信息没有出现于任何已有文献中。最近的基于烹饪用具数量和类型的家庭调查，估计了其他家庭能源利用情况［例如液化石油气（LPG）和煤油］。但由于没有考虑实际燃料利用，这个评估并不准确。同时也查阅了详述蓄积量、植物类型/级别、土地使用问题和房屋建造的文献。为了确定这两个项目可利用的生物质数量，必须详细评估国内各部门的能源利用。

这样的调查结果然后可以被认为是与年生产力和蓄积量相对应的。开展调查的最好方法是问卷调查和称木堆的重量。问卷调查方法是有优势的，因为住户挨得很紧，同时项目工作人员单独询问每个住户也是可行的，所以可以相当准确地评估家庭生物能利用。另外，当地组织机构也参与进来，并且在当地妇女组织和“Kaupule”当地委员会询问了妇女们。语言不通是一个不利条件，需要通过当地人的代表来解决问题。一个调查小组由10个当地代表(其中9位是女性)组成,在2005年,两个项目工作人员(都是女性)进行了覆盖图瓦卢9个岛屿中3个的为期6周的调查。

问卷设计

令人惊奇的是,几个相当一般的问题往往能够捕获到许多与生物质消费(食物和饲料的使用、建筑、家用能源、垫子和衣服的纤维,肥料)有关的许多信息。调查问卷是有助于形成对生物质消费类型的现实了解的重要工具。应该首先集中于认为是绝对必要的问题。重要的是要强调现阶段的任何方案设计的初始特点。不要忘记,当地条件在调查的最终形式方面发挥重要作用。

为了获得可靠的数据,需要:

- 根据内容将项目分组,并且为每组提供一个小标题。
- 每个组内,将相同类型的项目放在一起。
- 指出调查对象下一步应该做什么,或者在问卷末尾指出这些信息的最终用途。
- 如果需要,准备一个知情同意书。
- 考虑对完成问卷的人给予象征性奖励(为了鼓励人们参与,阿洛法·图瓦卢的人事部门赠送家庭花园的蔬菜种子)。
- 如果本人执行问卷调查(首选方法),考虑准备一个执行书面说明。

在生物质能源项目的准备中,详细的村庄调查是一个关键因素。它为人们表达对面临的问题和如何更好地解决这些问题的意见,以及将当地社区与调查设计联系在一起提供了机会。重要的是当地人民从开始就积极参与,信任提问的人并从中获得自信。同样重要的是向合适的人询问适当的问题。例如,如果调查针对家庭能源消费,那么询问妇女的观点是明智的,因为妇女能够提供更准确的信息,并且今后任何因项目引发的可能干预都更直接影响她。

勾划需要的信息

当调查要素的界定不严格时可能会发生问题。因此重要的是访问者和受访者准确理解调查问题的含义,以及需要从回答中得到什么。例如,像"家庭规模"这样简单的问题不会第一次接触时就容易定义,并且可能涉及不到需要使用家庭生物能烹饪的人数。

例子:定义家庭

在许多发展中国家,家庭使用经常占生物质燃料消费的大部分。然而,在考虑如何分解部门之前,清楚了解"家庭"的准确含义很重要。"家庭"一词有各种定义。同时,人均消费量的估计将随着使用的定义而变化。在不同时期，可作为调查对象的家庭规模可定义为：

- 在家吃住的家庭成员数（或者烹饪单位）；
- 在家住但不吃的家庭成员数；
- 在家吃但不住的家庭成员数。

也可包括：

- 在家吃但不住的劳动者数；
- 在别处工作但定期回家吃饭的人数；
- 理所当然包含家庭成员中的人数（例如，户主是劳动者但实际上在别处吃饭）；
- 在家烹饪并带走食物，但是实际上在别处居住的人数（例如，祖父母和小孩）。

但是还有更多的可能性。例如，家庭中一个工作人员可能收到带回家的食物付款单，而不是钱。在这种情况下，了解食物是否被烹饪过很重要。

阿洛法·图瓦卢的调查（Hemstock，2005）考虑到在家居住的人的数目、年龄和性别以及定期在家吃饭的平均人数。

家庭部门中能源消费量的主要决定因素列于表 5.1 中。

表 5.1　家庭能源消费的决定因素

地方	气候、海拔
社会	“家庭”消费单位的定义 人口统计模式、收入分配
供给的经济状况	价格和收集努力方面的成本
文化	饮食、燃料偏好

现场实例——图瓦卢生物质能源消费调查

在 Tuvalu 调查中使用的问题组（阿洛法·图瓦卢，Hemstock，2005）：

- 家庭：规模（在家居住的男性、女性和 18 岁以下成员的数量）和每天吃饭的平均人数。
- 厨房用具：所有（液化石油气炉、煤油炉、木炭炉、电炉、木材燃烧炉、明火、电饭煲、电水壶、其他）；每种用具的使用频率和时间（煮饮用水、做饭、煮鱼等）；每天、每周和每月的使用次数。
- 家庭燃料的使用：每周使用的煤油公升数；每月/年购买的天然气的罐数；网络连接；每年的电费；包括太阳能项目；每周明火的次数；每次明火使用的木材数量和类型（通常是椰壳和其他壳）；每周制木炭（椰子壳炭）的次数。称量燃料木材和木炭。
- 社区烹饪：每月社区活动的次数——在图瓦卢，明火通常是社区活动中的首选烹饪方法。准备出售的食物(通过妇女组织提供学生餐等)。

• 椰子消费:每个家庭人和动物(猪和鸡)的日消费量。从中能够估计可以作为生物能(壳和外皮)使用的椰子残留。

• 粪肥生产:每个家庭拥有猪的数量;清扫猪圈的间隔时间;如何利用淤泥(通常被冲进海洋或给香蕉地和菜地施肥)。此信息可用于评估沼气池中使用的残留物数量。

提问这项调查的问题是当面进行和逐步执行的。一些答案可以通过其他答案验证(例如,每天使用煤油炉的次数和每周购买煤油的数量)。这个方法可以指示获得数据的有效性。家庭住房使用的建筑材料,不应视为属于先前可靠调查的生物量中。另外,生物质用于制砖和酿造啤酒得出的图瓦卢没有的生产活动类型。使用植物纤维(Pandanas 叶子)的手工艺品和屋顶材料也作为收获生物质的目的,其实这种用途不具有破坏性,并且使用这种材料几乎不产生任何生物质残留。

调查结果用于一个十年可再生能源项目的形成过程,以实施太阳能、沼气和椰子油生物柴油计划。

当设计调查以评估发展中国家农村社区生物能源利用时,经常需要考虑四个主要问题,详情如下。

(1)如果能源短缺,尤其是木柴,严重程度如何?这是一个重要的问题,因为这种评估是任何生物能源项目活动或干预的关键。农村地区的能源状况可以通过若干等级指标进行粗略衡量(如局部砍伐森林)。这种分析的准确性依赖于是否可以得到对应于这些指标的足够详细的、空间的分类信息,如燃料转换和使用燃料的类型指标。缺少木炭行业可能表明薪炭材仍然很丰富并且能够满足家庭能源需求。因为只有当木材变得稀缺并且需要长距离运输时,木炭才在经济方面更具吸引力。

(2)哪个团体承受最大的压力?一旦确定易受影响的地区和人群,就必须对其进行实地访问。这是必不可少的,某些结果可能引起误解,因此需要进行检查,所以需要准确确定一些指标。例如,薪炭材短缺地区的薪炭材使用量(以使用薪炭材的重量为单位)实际上可能比使用本地林地资源且压力较小的地区高。这可能是因为:第一,由于在使用前收集、储存和烘干薪炭材,一些地区的薪炭材资源相对丰富而消费量较低;第二,在薪材稀少的地区,燃烧质量差的品种和湿木材可能不经干燥就使用,从而增加了所需薪炭材的测量重量(因为是在潮湿状态下燃烧)。这些指标只能在实地得到可靠的测量数值。

至于薪炭材和木炭,一些因素如收入水平和燃料可获得性是至关重要的。生物能利用方向转向粪便或作物残留物(除非通过改进技术)可能预示着缺少对“更好的”燃料的选择可能,因此不是自愿的。为了满足家庭目的而使用作物残留物和粪便可能表明薪炭材短缺,因此大多数使用者往往对此会表示不满。增加对残留物利用的策略时必须确认这些问题。同时,社区必须参与任何项目规划进程。

(3)考虑哪些最终用途?区分不同家庭功能的燃料是很困难的。例如烹饪、供暖和烧开水,因为火常同时用于多种功能,且燃料储存没有区别。试图理清每项活动使用的燃料数量是不值得做的,特别是在快速调查中,因为这种信息在干预措施设计中不是特别有用。使用定性方式确定除了烹饪是否有其他定期燃料使用活动则是有价值的。因为这可能证明,未来引进专门的节能设备是合理的①。对于大多数的小规模活动(例如烧水、啤酒酿造的家庭消费、熨烫等)最好列入一般燃料使用栏目中。

在家庭水平上,燃料的其他主要最终用途包括家庭手工业,例如,商业啤酒生产和准备供出售的食物。在家庭之外可能有较小的工业应用,如面包店、砖窑、熏鱼等。

如果今后可能采取某种干预形式或需要总生物能使用量时,在需求调查中应包含上述内容,目的是评估可用做其他用途的生物质数量。要努力获得参与人数(妇女)、燃料使用量以及目前的成本和限制因素的详细信息。实际上,如果估计上述干预不可能发生,最好简单记录活动的出现并到此为止。

在详细的长期调查中,物理称量和测量的系统方法是唯一可行的,因为这在调查期间和调查后都需要大量时间(例如,评估样本木材的水分含量)。但这是迄今为止最可靠的调查方法。以图瓦卢为例,调查持续了6周;季节性和气候变化不是问题,因为全年的温度和降雨量相当稳定。

不幸的是,受访者回忆的生物质使用量并不可靠,因为大多数人不熟悉薪炭材的体积或重量测量的概念。打柴活动的频率是更可靠的测量方法。一个简单的方法是要求调查对象制作一个打柴时带回家的典型大小的捆,然后通过询问确定这种打柴活动的次数。当估计打柴活动的次数时,区分季节很重要。

然后称量捆的重量。估计木材的水分含量,因为它占总重量的比例可能高达一半。可以通过便携式计量器现场测量木材的水分含量,或将样品带回实验室。如果不能进行物理测量,可以通过说明木材是湿的、部分干燥

①在阿洛法·图瓦卢调查中分别评估烹饪和烧开水,并且因此推荐人们引进可以提供清洁和可饮用水的太阳能热水器。

还是干燥的来估计水分含量。这将提供与同一地区其他家庭或村庄的比较粗泛但有用的比较。

上述内容涉及薪炭材。测量作为燃料使用的木炭、作物残留物和粪便总是存在很多的困难。然而，获得相关信息还是可能的。

以上1～3点中讨论的一些因素可能也指明，对应于特定地点、社会经济或文化环境下的实际消费量的最低需要量；清单并非详尽无遗。家庭能源利用的大部分关键决定因素是相互关联的。提问者必须经常加以阐明。例如，在有许多其他任务时收集燃料往往是感知其作出的“努力”，而不是实际距离和所耗时间。

(4)样本应该多大？确认可接触到的人口数量。样本大小很大程度上取决于子部门的数量。每个小组中需要联系人和样本点非常有限。每组都要通过观察、与人们熟悉的政府官员和工作人员讨论，小组讨论需求调查的主题，以全面了解目前需求。集中于一个或两个小组的经验而进行讨论并提出意见是可能的。当群体中每个成员属于一个小组时，考虑使用随机整群抽样。重要的是当估计生物质供应和需求时考虑尽可能多的方面。避免使用图省事的抽样。在某些情况下，简单随机抽样可能是理想的抽样方法。评估抽样中偏差的影响非常困难，而且往往是不可能的。

确定样本大小时应考虑获得准确结果的重要性。在一个达到200人的小社区中，应该努力得到每个人的回答。为了使任何调查样本在统计上显著，必须抽样至少5%的人口。但是在人口规模较小的地方，5%的抽样率是不准确的。统计分析的准确性只由样本大小决定；但需记住，使用大样本并不能弥补因主观偏好引起的抽样偏差，所以应经常采用随机抽样和多水平分析技术(见下面的“分析国内消费”，调查方法的主观偏差相当于应答及未应答调查人数之和的平均值乘以未应答人数占总人口比率)确认能够代表样本区域内的所有人群。

对调查问卷中产生的数据的变异性也应该进行评估。这可以通过使用中位数作为序数据的平均值，以及使用四分位差测量变异性。或者，使用平均数作为平均值，并且使用标准差衡量变异性。使用平均数作为平均值通常是生物能源调查产生数据的最可靠的方法，因为标准偏差与帮助其解释的正常曲线之间有特定关系。使用范围测量变异性时要非常谨慎。对于名义变量和均等区间变量之间的关系，应检查平均值之间的差异。当小组的受访者人数不相等时，应包括列联表的百分比。对于两个均等区间变量之间的关系，应计算相关系数。

误差可能来自于：

——小样本量；

——未使用随机抽样；

——时间期限不适当；

——问卷设计很差；

——记录和测量误差；

——无回答的问题。

调查的实施

在执行全面调查之前，可先询问约10个人，以了解对调查问卷草案的详细反应。有助于认识日后调查可能收到的回答，并了解草案中不明确的地方。如果计划给调查中的问题评分(例如："非常同意"评5分，"同意"评4分，"没有意见"评3分，"不同意"评2分，"强烈反对"评1分)，记录选择每一个选项的调查对象的数量，然后比较各个项目回答的高分组与低分组。如果答案有很大的差异，通常意味着调查对象认为问题模糊不清。用这种问卷方式，将通过提供格式化的所需信息类型和细节，确保大规模执行调查要实现的目标。

以下的观点很重要，为了成功实施调查应加以考虑：

调查组的规模和构成

较小、多学科并由男、女性构成的调查组，能最高效地执行生物质消费调查。在大多数情况下，现场调查小组的规模应该很小(至少2人但不超过3人)，以免破坏当地设施和给接受评估的人造成压力。大家应该一起工作，因为这有利于通过共同观察而形成生物质消费的整体观点。图瓦卢调查是由2个阿洛法·图瓦卢的工作人员和10个当地代表完成的。

调查组的数量

在不同区域安置多个小组通常不是很令人满意，因为这妨碍了调查结果的比较。一个小调查组能更很好地发挥必要的敏感性。

调查访谈的时间长短和本质

最初，小组应该对目标社区进行简短非正式的访问，以达到采访和观察的目的。从这些"印象"调查中，调查组能够决定更详细调查的必要性和结构。无论是什么类型的调查，重要的是获得所有社会群体的意见，特别是妇女、无土地者和其他弱势群体，他们的观点往往被忽略或是记录不完整。调查组成员应该定期评估调查进展情况，从而保持一种灵活和非正式的方式。

阿洛法·图瓦卢的调查结合当地社会组织结构，以及通过逐户询问考虑到基层生物能源用户。解释调查的目的也很重要；受访者可能提供更相关信息或者揭示调查者没有考虑到的燃料使用情况。

方法

虽然强调非正式性，开始收集数据之前仍应该在办公室内制定出一般方法。调查设计应该能指导实地调查，以最大限度提高所获得的有用信息的质量。应该尝试理解决定消费和供应的进程。例如，由于图瓦卢地理上的隔离，煤油和液化石油气的供应很少，所以当无法使用其他燃料来源时，家庭生物质能源的使用量会提高。

总体情况

资源的最有效利用方式应该结合消费和供应调查，这与阿洛法·图瓦卢的调查一样。未来趋势的任何计算都应该在变化的背景下进行。

数据的兼容性

采用便于比较不同群体和区域的方法很重要。在调查组进行实地调查之前应仔细考虑采取哪种方法。

评估和估计之间的区别很重要

必须明确区分评估和估计。评估是一项分析工作，它产生来自受访者的相当可靠的信息，并能经受严格的统计分析检验。可以通过问卷调查完成。而估计主要涉及原始数据的测量和量化的物理过程。

区分消费与需求

目前有两种方法估计每户的需求，而不是消费。

(1)引出消费者自己关于烹饪基本饮食以及满足供暖和照明所需要的燃料数量的观点。

(2)确定在不同农业气候区域，生活在或接近国家确定的贫困标准的家庭的实际能源消费。这将提供对最小能源需求的估计。

由于群体经常遭受“隐蔽性”短缺，实际消费量少于需求量，所以在能源供应方面努力明确现在和未来的短缺量很重要。例如，图瓦卢对液化石油天然气的需求超过供应。

决定能源消费的主要因素

为了全面了解能源消费，并根据一些不同情况预测消费量，必须理解决定消费模式的因素。然而，人们对消费决定因素的重视通常比评估消费本身小很多，尽管它们对建议干预措施的预测和评估同样重要。

应特别注意城市家庭的生物质消费，因为家庭燃料消费一般占生物质燃料使用的更大部分。但是为了通过城市家庭了解能源消费，区分城市和地区通常也是必要的。

分析水平

最初的生物能调查可能只涉及使用了生物质的大部分的部门，包括农村、城市市场和使用大量生物质能源的工业（例如制糖业的甘蔗渣，木炭业的薪材），见表 5.2。

表 5.2　生物质消费的分析水平

部门	分类
城市家庭	按收入分组
农村家庭	按收入分组
农业	大、小农场
大规模工业（商业）	食品，化学品，纸，建筑，烟草，饮料，其他
家庭和小规模冶炼，其他	食品，酿造，陶瓷，工业（非正式）
交通运输	航空，铁路，海运，公路，私人和公共交通工具
商业	办公室，旅馆，餐馆，其他
机构	医院，学校，军事，其他

分析国内消费

家庭的能源消费

家庭能源消费通常与家庭收入和规模有关。尽管烹饪消费了最大比例的能源，仍有许多其他家庭活动需要燃料。这些活动可能在特定的地区具有相当大的重要性，也可能因季节而改变。

燃料的各种可能的家庭最终用途概述如下。

烹饪及相关

- 家庭食物制备
- 茶叶和饮料的制备
- 煮米饭
- 干燥贮藏食物
- 动物性食物制作

其他常规消费形式

- 洗涤用沸水
- 煮沸/洗衣服
- 编织
- 干洗
- 熏蒸
- 采暖
- 照明:室内和驱赶肉食动物
- 熨烫

偶然的消费形式

- 为仪式准备食物和酿酒
- 人身保护(避开野生动物、驱赶昆虫等)

烹饪用能源的决定因素

家庭的烹饪用燃料的数量产生变化的原因包括:

- 烹饪食物的种类
- 烹饪使用的方法和设备
- 民族、阶级或宗教因素
- 家庭规模
- 个体和家庭收入

在工业化的国家,人们使用相当标准的炊事燃料和设备。然而,发展中国家的食物的比燃料消耗率(SFC)变化非常大(即使是使用同类型燃料),为7～225 MJ/kg。

利用高效烹饪设备(如炉子)的潜在利益是巨大的。一个好的炉子可以节省30%～60%的燃料。另外同样重要的是,炉子的益处还包括健康和卫生、更好的烹饪环境、增强安全等。

阿洛法·图瓦卢的结果显示出在首选烹饪燃料和方法方面的变化(表5.3和表5.4)。

表 5.3　在图瓦卢瓦伊图普的家庭烹饪用燃料

燃料/使用	调查对象[a]/%
每周至少使用一次天然气[b]	59
每周至少使用一次明火	94
每天使用煤油	100
每天使用木炭	71
每天使用明火	59

注：

[a]在瓦伊图普共 61%的调查对象在饮用前烧开水。

[b]如果供应可靠，天然气的使用将更频繁。

表 5.4　在图瓦卢富纳富提的家庭烹饪用燃料

燃料/使用	调查对象[a]/%
每周至少使用一次天然气[b]	44
每周至少使用 5 次明火	100
每天使用煤油	100
每周至少使用 4 次木炭	44
每天使用明火	59

注：

[a]在富纳富提共 100%的调查对象在饮用前烧开水。

[b]如果供应可靠，天然气的使用将更频繁。

在瓦伊图普使用椰壳烧开水

在瓦伊图普，41%的受访家庭平均每天使用 1.5 kg 椰壳(6 个椰子的风干壳)烧开水。意味着每个使用明火烧开水的家庭每年使用 0.55 t 生物质(或者 8.8 GJ)。表明瓦伊图普的所有人口中每个家庭每年消费 0.22 t 生物质(相当于每天 2.4 个椰壳)。

瓦伊图普每年烧开水用的椰壳的总消费量为 55 t[887 GJ 有用能源，相当于 21 t 石油当量(toe)；或相当于 60 t 薪材]。

在瓦伊图普使用椰子壳炭烧开水

在瓦伊图普，44%的受访问家庭平均每天使用 0.20 kg 椰子壳炭烧开水。这说明在瓦伊图普每年使用 8 t(246 GJ 或者 6 toe)椰子壳炭。对于使用木炭炉的调查对象，相当于每年烧开水消费 0.07 t 木炭或每周 1.4 kg 木炭。在瓦伊图普的所有人口中，表明每年每户消费 0.03 t 木炭或者每周消费 0.6 kg 木炭。

然而，椰子炭的生产效率只有 15%～40%，因此每年需要能值为 529 GJ 的 26.4 t 椰子壳生产 8 t 木炭——每年需要 139 187 个椰子壳生产木炭。这意味着使用木炭炉的每个家庭每天需要3.5个椰子壳。相当于瓦伊图普的所有人口平均每天使用1.5个壳烧饮用水。

瓦伊图普每年烧开水用椰子壳炭的总消费量为8 t（246 GJ或者6 toe有用能源）。这需要26.4 t椰子壳来生产，且在烧炭过程中损耗283 GJ(6.7 toe)热量。

瓦伊图普的社区烹饪

100%的调查对象每3个月至少参加一次社区烹饪活动，这个活动包括使用椰壳和薪炭材在明火上烹饪(通常煮一头猪或者一顿大餐)。

- 燃料组成(按重量)：21%为薪炭材，71%为椰子壳，72%为椰皮。
- 燃烧材料的平均体积为0.5 m^3
- 原料包装不紧密，材料质量＝32.3 kg(能值＝17 GJ/t一火的能值＝558 MJ)。
- 每年燃烧生物质的总重量＝32 t(相当于543 GJ或13 toe或36 t薪炭材)。

在富纳富提使用椰壳烧开水

在富纳富提，67%的受访家庭每周至少5次使用椰壳烧开水。每天平均使用1 kg(4个椰子的风干壳)。每个使用明火烧开水的家庭每年使用0.36 t生物质(或6 GJ)。以富纳富提所有人口计，平均每年每个家庭使用0.25 t(等于每天2.7个椰壳)。

富纳富提每年烧开水用椰壳的总消费量为156 t(2 500 GJ有用能源：相当于60 toe)。

在富纳富提使用椰子壳炭烧开水

在富纳富提，64%的受访家庭每周平均4次使用木炭炉烧开水——有时连同烹饪。平均每天用0.1 kg椰子壳炭。表明在富纳富提每年使用15 t(463 GJ或者11 toe)椰子壳炭。对于使用木炭炉的受访者，每年使用0.04 t木炭或每周使用0.7 kg木炭烧开水。摊入在富纳富提总人口时相当于每年每个家庭平均使用0.02 t或每周使用0.4 kg木炭。

总共需要能值为995 GJ(24 toe)的50 t椰子壳，生产每年使用的15 t木炭——每年生产木炭需要261 878个椰子壳。相当于使用木炭炉的每个家庭每天需要1.8个壳。摊入富纳富提所有的人口中，平均每人每天烧饮用水需要1.1个壳。

富纳富提每年烧开水用椰子壳炭的消费量为15 t木炭(463 GJ或11 toe有用能源)。需要50 t椰子壳来生产，在烧炭过程中损耗532 GJ(13 toe)。

分析农村的消费模式

生物质燃料消费的一个完整的村庄调查包含以下方面。一个特定问题只需要选择相关(和可能)的种类。多水平统计分析是分析如下多种关系的有用工具。

• 在不同的农业季节中,各种燃料消费活动的能源使用模式,以及获得燃料的方法(所有权、采集、交换、购买等)。

• 能源使用模式与家庭规模、拥有土地、牲畜数量、收入、教育和城市化等的关系,以便于预测能源使用模式随时间的变化。

• 不同种类家庭的能源交换或能源资产所有权之间的关系。

• 在不同燃料价格的情况下,变换燃料和替代物的可能性。

• 评估牲畜数量、林地、未开垦的荒地、牧场、作物生产模式和劳动力等。

• 在获得方法、能量含量、水分含量和最终用途的基础上,将生物质资源分成几类。

• 当地人们(农民、村民、妇女、领导)的观点:什么是他们面临的最重要的问题,特别是能源短缺/困难。

• 生物质供应来源和花费的收集时间。

• 记忆犹新的供应模式的改变,以及改变的原因。

生物质燃料的收集和消费出现明显的季节性变化。在不同的农业季节或许应该重复调查。这表明能源使用的不同模式与获得生物质的主要方式(所有权、交换、免费收集和购买)有关。

阿洛法·图瓦卢调查结果显示出瓦伊图普社区规模的商业活动的生物质能源消费,详情如下。

商业生物质能源使用

Kaupule 棕榈酒生产

30 棵树每年生产 48 180 L 棕榈酒,平均每棵树上有 4 个龙头。在瓦伊图普,非商业性的棕榈酒总产量是每年 530 336 L。图瓦卢总棕榈酒的产量列于表 5.10 中。

椰子油生产

每个外岛都有一个 Kaupule 椰子油生产设备(图 5.1)。瓦伊图普也拥有了第二个椰子油厂,目前它没有运转但正处于更新设备过程。

Kaupule 厂每天加工约 125 个椰子。付给椰子生产者的价格是每个坚果 0.15A＄。当工厂运行时,平均每天生产 13 L 椰子油。在工厂两个工人

图 5.1　椰子油生产设备

全天工作，每周每人的工资为 A$48.5，每月的电费约为 A$100。大约每天燃烧 100 kg 椰壳和椰子壳用于制作干椰肉，见表 5.5 和表 5.6。

表 5.5　瓦伊图普椰子油产量[a]

每年总椰子油/L	每年使用的总椰子数	每升椰子油的平均坚果数	每升的生产成本/A$	需要的干椰肉/(kg/L)	需要的椰核/(kg/L)	全年干椰肉产量/t
3 120	30 000	9.6	3.32	2.1	3.5	6.6

注：[a] 总油产量的能值=105 GJ(2.5 toe)。

表 5.6　瓦伊图普生产干椰肉需要的生物质能源[a,b]

每年燃烧的总生物质/t	每年使用的椰壳的总数/t	每年使用的椰子壳的总数	每年燃烧的生物质的能值/GJ	toe
24	72 000(18 t/年)	31 579(6 t/年)	408	10

注：

[a] 总干椰肉产量的能值=185 GJ(4toe)。

[b] 过程中增加的价值：压碎的干椰肉(椰饼)作为鸡和猪的饲料出售。

使用燃料的技术

燃烧燃料采用的技术对下面两方面有非常重要的影响：

- 一个特定任务需要的燃料数量；
- 可能的互补的最终用途。

采用技术对燃料消费进行分类被证明是重要的，正如阿洛法·图瓦卢的调查。下一步是确定燃料的使用范围。

能源来源

对多种形式生物质(例如:树枝、木材、秸秆、椰壳、椰子壳、粪便等)的详细分类往往很有用,因为这能够:

- 区分不同社会经济团体的需求和问题;
- 匹配对消费和供给的估测;
- 确认目前和将来的燃料短缺量。

由于化石燃料的价格和可获性是影响生物质消费的最重要因素,因此分析中也应该包括非生物质能源。

为了全面了解能源消费,必须研究除了生物质以外使用的其他能源。这些可以分为:

(1)活体的;

(2)自然的;

(3)二次燃料;

(4)化石燃料。

活体能源　在发展中国家,动物和人完成的工作是农业和小规模工业动力的基本来源。动物和人通过自行车、船和大车提供负载力和畜力,搬运物料捆和运输材料。畜力不应该被认为是落后技术,与机械化和现代化相冲突。相反,鉴于其贡献,在可预见的未来可能是许多国家大量人口的主要、可行和适当的能源形式,应该得到关注。附录 4.3 概括了测量畜力和人力的主要方法。

自然能源　水、风和阳光都能够提供替代能源,并且通过水车、运输、水力发电、风车、太阳能设备等成为潜在的生物能替代物。然而,在某些情况下自然能源可能只是季节性资产。

二次燃料　二次燃料是用基本燃料生产的能源。沼气、乙醇、木炭和电力都属于这一类。电力是照明的一个良好替代燃料,但是用于其他用途时需要费用昂贵的技术。电力持续供应、维修和电器的备件往往是不确定的,在研究二次能源利用时应加以考虑。

化石燃料

- 煤和焦炭能够减缓生物质燃料的需求,特别是在工业应用方面。然而,化石燃料的分配经常受到车辆对进口石油产品依赖的影响。
- 当石油产品煤油、汽油、柴油和液化石油气(LPG)(例如丙烷和丁烷)进口时需要大量的外汇。因此供应随着经济富裕程度而波动。
- 煤油作为家庭燃料,是生物质的一种很受喜爱的替代品。它的优点是使用煤油需要的设备相当便宜。
- 汽油是个人交通工具的主要燃料。

• 柴油是货运和公共交通的主要燃料，也可以用于小规模电力发电和其他用途，如灌溉和抽水。

• 液化石油气与沼气一样能够满足相同的需求。如果供应是经济的和定期的，它将对用做家庭燃料的生物质数量产生影响。然而液化石油气炉很昂贵，所以可能会因此而限制其使用。

结合来自分析各种最终用途和燃料类型的燃料消费数据，可产生一个显示类型和部门的燃料消费的表或图。图 5.2 提供了图瓦卢一次能源消费的例子。

据此可以计算任何燃料某一特定最终用途的总消费量。当然，最终用途(或最后)消费与总能源消费不同，后者包括生产或运输过程中的能量损耗以及能源形式(图 5.3)。

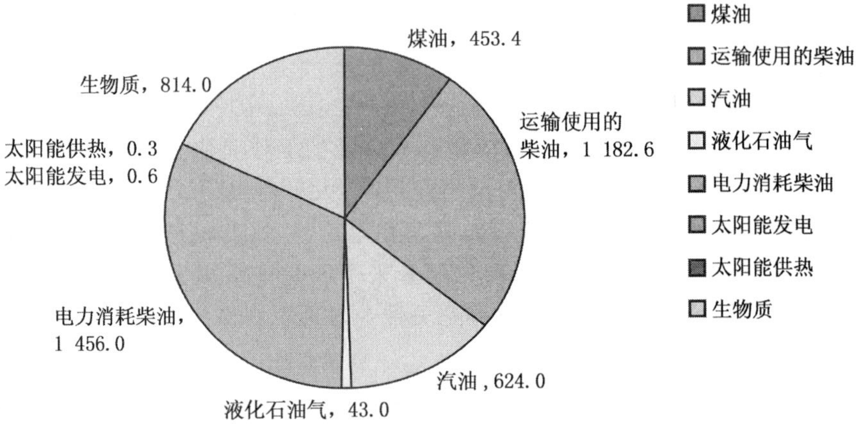

图 5.2 2005 年图瓦卢一次能源消费量/toe

来源：Hemstock and Raddane，2005。

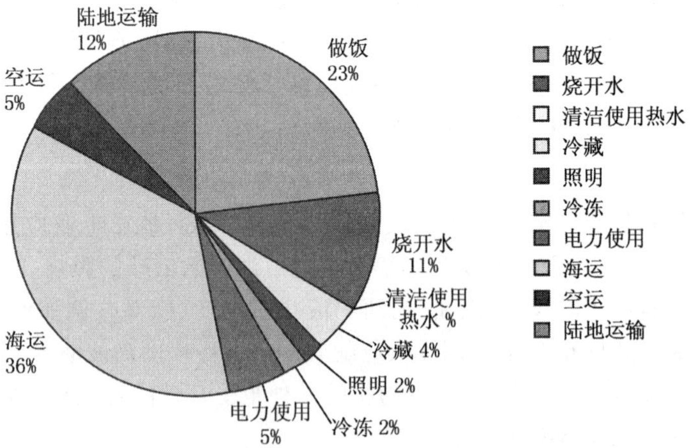

图 5.3 2005 年图瓦卢区分最终用途的最终能源消费

改变燃料消费模式

改变燃料消费模式的指标

改变燃料消费模式的指标主要有五个：

(1)燃料收集；

(2)收集的燃料类型；

(3)燃料使用实践；

(4)燃料的销售；

(5)燃料供给增加。

监测这些指标将有助于理解消费模式改变。

燃料收集

指标包括：

- 采集需要时间的增加；
- 运送距离的增加；
- 收集者的改变；
- 燃料运输的改变。

采集需要的时间和距离的增加　这看起来必然是由燃料短缺产生，但是实际情况往往比第一印象更复杂。应用覆盖面内的距离的增加必然导致收集时间的增加，老人、妇女和小孩收集家庭附近的树叶、树根和其他低级燃料要花费更多时间。依赖低级燃料将无需远距离跋涉，尤其是当燃料收集和其他活动结合时。在短时期内，距离甚至可能会减少。

燃料收集者的改变　在某些文化中，燃料短缺导致男人参与木材收集，尤其是当转而使用树木的较大部分时，因为这时需要用一些妇女通常无法使用的工具。在其他情况中，孩子可能为收集燃料退学或干别的活，使得成人有更多的时间来获取燃料。

运输工具的改变　长距离运送的必要性可能意味着自行车、手推车甚至役畜用于运输燃料，特别是如果男人参与收集的运输燃料时。这会减少运输次数。然而，如果有必要从崎岖地区收集燃料，可能会导致返回头顶负荷的方式。

收集的燃料类型的改变

关注指标是：

- 枯木到新伐下树木的改变；
- 改变为幼树；

- 改变为树木的低次质部分；
- 改变为次劣树种类；
- 改变成残留物。

枯木到新伐材的改变 转变成新伐材、幼树、树木或植物的低次质部分或低劣种，是一个渐进的过程，从而对燃料使用实践产生渐增的影响。

轮作周期的改变 在原始种植方式下轮作周期的缩短，暗示着农业土地日益短缺，但也意味着燃料消费将变为使用更幼小的植物。

燃料种类的转变 将燃料变为那些能产生其他有价值产品的种类，这通常与性别有关。妇女天生不愿意从能提供水果和其他食物、药品和工艺品制作材料的树上获取薪炭材。男人则只想保存能够产生现金收入或者可提供器具和工具的作物和树种。

改变为农业和动物残留 高级作物残留物总是常用燃料，它们一般都很容易获得和储存。然而，当燃料稀缺时，人们可能依赖低级残留物和粪便。使用这些低级燃料有时会带来社会耻辱。

燃料使用实践

通过以下指标进行观察改变燃料实践：

- 烹饪持续时间的增加；
- 烹饪强度的增加；
- 节能装置的引进；
- 燃料使用活动的减少；
- 转变为使用较少或较多燃料的消费模式。

烹饪持续时间或强度的增加以及节能装置的引进 当只有低质量燃料供应时，烹饪需要的时间就会增加。家庭收入允许的地方，人们可能转变为使用高效率的炉子，而不是投入更多的时间去收集燃料。

燃料使用活动的减少 这可能涉及削减家庭工业。然而，在创收活动受到限制之前，可能转换成需要较短烹饪时间的食物，或者吃较少的熟食。

转变为使用较少或较多燃料的消费模式 引进替代燃料如煤油将减少总体消费，但是需要有收入来购买，这可能迫使低收入家庭开办企业如酿酒，结果是增加他们对薪炭材的整体消费量。

燃料销售

市场指标包括：

- 购买和销售燃料范围的增加；
- 总消费量的中购买燃料的增加；
- 个体燃料成本的增加；
- 家庭支出中燃料的增加。

商业交易燃料范围的增加 市场经济的发展将通过进口替代燃料和出口木炭、薪材改变消费量。

在总消费量中销售性燃料比例的增加 在一些地区这可能表示生物质燃料供应的减少,但是在其他地区这是城市化率提高和繁荣化的标志,例如木炭经常是这种情况。

个体燃料成本的增加 替代燃料的价格与国家和国际经济如此紧密联系,以至于燃料如煤油价格的增加通常并不总是表明需求增加。然而,成本增加通常会导致许多只能勉强负担得起煤油的家庭对生物质燃料消费量的增加。这也可能导致其他替代燃料价格上涨。

家庭支出中燃料比例的增加 将此项作为商业化燃料使用日益增加的指标之前,必须仔细考虑商业燃料的价格趋势。

供应增加

这可以有两种情况:

- 种植模式的改变;
- 燃料作物种植的增加。

种植模式的改变 种植方式的许多变化(如牲畜用量的变化,或者为了稳定占有土地而放弃原始的轮耕农业)将导致可用做燃料的残留量不同。

如果作物残留物构成了现有燃料供应的大部分,种植类型的任何改变将影响燃料可用量,从而影响消费量。但是,如果有新的农业企业带来收入增加,残留物在家庭经济中的重要性可能会降低。

燃料作物种植的增加 燃料作物经常作为经济作物来种植并销售到城市地区。因此,燃料作物的出现并不一定意味着当地燃料消费模式的改变,尽管树木代替作物残留物的损失可能影响低收入家庭。另外,薪炭材的需求正日益通过森林蓄积量得到满足,而后者在一些国家正以惊人的速度下降。

燃料消费量的变化

地区间的差异

相邻地区间的生物质消费量通常差异很大。为了了解这些差异,通常需要从一些地区中选择集群社区。社区之间活动变化的程度将决定覆盖地区的数量和分布。

许多因素能引起相邻地区的差异,包括:

- 不同的烹饪食物种类;
- 不同的烹饪方法或手段(烤代替煮,明火或炉子);
- 与不同的种群、经济水平和宗教信仰联系的不同实践;

- 不同的收入阶层。按收入阶层分类一般对城市消费者有用。例如，低收入人群几乎完全依赖生物质燃料；中等收入家庭使用木炭、煤油、天然气和电；而高收入家庭混合使用木炭、煤油、天然气、电或木质料，取决于烹饪的食物种类和不同燃料的相对价格。

燃料消费量随时间的变化

燃料消费量的变化是短期的，或者是季节性和年度性的。

短期变化

连续多天的燃料使用记录，有时可以显示出大幅波动。很多因素可以解释这种变化。

- 每天需要的燃料数量可能由于以下原因而变化：
  —一些使用燃料的活动只在特定时期进行。如酿酒不是一个日常工作，并且更可能是为当地集市日准备供销售的食品。许多家庭工业周期性地需要燃料，如浸泡编织物或烧窑。
  —客人数量和在其他地方吃饭的家庭成员的数量可能每天变化很大。尽管随着时间尺度推移，总体上接待客人是相互的，因而能使燃料消费均衡化，但其对逐日计的消费量的影响可能很大。
  —同样，需要供应食物的雇用员工的人数(或者被雇用的家庭成员和其他地方需要供应食物的人)每天都可能变化。家族工业的不规则性，相邻家庭企业间的雇主/雇员角色的互换也会改变日常消费率。大农业雇主可能会间歇性地雇佣劳工。
- 消费者的行为变化。
  —使用者的改变可能会引起燃料消费量的相当大变化，这取决于新使用者的能力。当使用明火并且燃料质量可变时，这一点特别重要。
  —使用者可支配使用燃料的时间会变化。别的工作的压力可能导致收集燃料时间不足或更经济地利用燃料，或引起过度消费。
- 其他需考虑的因素。
  —气候条件可以造成消费量的重要差别。当火暴露时，多风的条件将使燃料燃烧迅速。不合时宜的气温变化可能需要额外的供暖，意想不到的暴雨将导致潮湿的木头燃烧欠佳以及收集和储存困难。

这些短期变化显然对作出的关于消费的任何物理测量的解释至关重要。但是即使在口头收集数据的地方，这些变化可能意味着所谓“正常”消费水平的概念是相对无意义的。

季节性或者年度性变化意味着适当评估全年的生物质燃料利用是重要的。在季节或年际基础上，燃料消费量可能有更大或更小程度的变化。一些导致这种变化的原因如下。

季节性变化

- 需要燃料的数量可能随着燃料消费活动的季节性变化而变化：
  —家庭的组成可能随着农业劳动力的季节性需要而改变。需要雇佣额外的工人。家庭成员在当地工作，或者季节性转移到别处找工作。小规模工业如制砖或者烤烟也有季节性，同时可能需要雇佣劳动力。
  —全年中典礼的数量不同。全年的社会或宗教集会和典礼不是定期举行，因此可扰乱季节性燃料消费。
  —食物供应——收获后比收获前会有更多的食物。
  —食物的生食或熟食部分以及可获得的食物消费量可能会变化。
  —表面加热的温度和需要——在寒冷季节的高海拔或高纬度地区，需要消费更多的燃料和食物用于空间取暖。
- 燃料供应的可获性随季节变化。
  —提供作为燃料的作物残留物有特定的收获时间。需要燃料的定期性活动经常在收获后农作物残留物丰富时进行，特别是当残留物储藏很困难或者劳动力有空闲的时候。
  —天气影响收集燃料的容易程度。除了可以大规模储藏的地方，雨季影响可能收集到的燃料数量及其燃烧质量。长期的大风天气也导致额外的燃料消费。
  —农业和其他劳动力密集活动会影响可用于收集燃料的时间。对劳动力特别是妇女劳动的需求，在播种和收获期最大。因此可用于收集燃料和烹饪的时间减少了。在干旱季节，从更远距离取水的需要可能也与收集燃料竞争劳力。
  —燃料储存是一个问题。利用储存设备可能取决于财富和地位。高收入家庭有空间和资金建立仓库和支付装满仓库的劳动力。较低收入者通常没有需要储存的大量作物残留物。不同类型仓库的潮湿脆弱性不同。一些木质材料的储藏时间没有其他的长，同时可能更容易遭受虫害。

年度性变化

● 年度气候变化可能影响各类植物的生长，因此可获残留物量（或在较小程度上木质材的数量）必然影响薪炭材供应的再生率。

● 市场价格的不同趋势将决定作物生长和残留物的可获性。种植木质材料可能是为了满足城市燃料的需求，但是这似乎会减少而不是增加供应。化石燃料价格上涨将把城市和农村需求转移到薪炭上。相反，化石燃料成本下降可能会减少薪炭的需求。相反，一旦建立木炭供应链，可能会一直保持活力。

预测供应和需求

为了有意义地预测供应和需求，数据通常必须反映一个区域目前可用做能源的地上部木质生物质，以及现在的消费量。应该记住，木质生物质具有许多比燃料的价值更高的其他应用，如木材、胶合板、纸浆原材等。因此，只有小部分（如树枝、树冠（梢）、无销路的树种等）可能最终成为薪炭材。任何生物质调查初步的最终结果应该为每个样本构建一个数据库（如树木或灌木种类，以及主干直径、树冠直径等的测量）。参数测量可以与其他的数据如树木重量表相结合，用于确定木质生物质的蓄积量。结果应该形成一个数据库，它通过大小等级显示每层或植被类型的单位区域的木质生物质重量。评估生物质资源的可持续性可以通过测量消费量与可获得量之比完成（表 5.7）。

预测供应和需求的方法各种各样：

- 基于稳定趋势的预测；
- 调整需求的预测；
- 增加供应的预测；
- 包括农业用地的预测；
- 包括种植农场内的树的预测。

从项目设计者的观点看，使用不仅一种方法预测供应和需求是明智的。

基于稳定趋势的预测

这种预测假定消费和需求与人口同步增长，而供应量没有增加（表 5.7）。确定任何资源问题和可能的行动，进而使供应和需求达到可持续的平衡状态，这是一种有用的方法。消费量实质上会随着人口增加而增长，供应量可从每年木材生长和皆伐树木最初的固定存量中获得。然而，随着木材资源减少，由于燃料经济学的原因和出现其他燃料的替代品，成本将会增加而消费量会减少。

调整需求的预测

这种预测可作为调查人均需求量的减少以及木材资源减少之间的相关影响有用的一步。然后可与政策目标相关地作出调整，例如改进炉灶项目或使用燃料替代物。

表 5.7 津巴布韦全国木质生物质存量与可持续性的评价

研究	现存量[a]	MAI[b]	MAI/%	能量含量/PJ		碳含量/Mt		可持续性[c]/PJ						剩余/C[d]/Mt					
	Mt	Mt	现存量	现存量	MAI	现存量	MAI	1985a	1985b	1985c	2000a	2000b	2000c	1985a	1985b	1985c	2000a	2000b	2000c
津巴布韦政府(1985)	312	13	4	4 815	195	125	5.2	−338	−246	−49	−794	−624	−253	−9.0	−6.56	−1.3	−21.2	−16.6	−6.8
Hosier 等(1986)[e]	666	9	1.4	11 255	152	266	3.6	−381	−289	−92	−837	−667	−296	−10.6	−8.16	−2.9	−22.8	−18.2	−8.4
Millington 等(1989)	1 502	47	3.1	22 530	713	601	18.8	180	272	469	−276	−106	265	4.6	7.04	12.3	−7.6	−3.0	6.8
ETC(1990)	769	32	4.2	11 535	480	308	12.8	−53	39	236	−509	−339	32	−1.4	1.04	6.3	−13.6	−9.0	0.8
ETC(1993)	1 447	35	2.4	22 705	525	579	14.0	−8	84	281	−464	−294	77	−0.2	22.4	7.5	−12.4	−7.8	2.0

注：[a] St. Stock＝Standing Stock。

[b] MAI＝平均生长量。

[c] 可持续性＝MAI 减去生产/收获量，是衡量剩余的方式，因为它指示 MAI 的“过剩”或“收获”（正值），以及需求的能量含量或现存生物量（负值），也可以表示为碳储存量（正值）或释放到大气中的碳（负值）。

以下假设：

- 基于 1985—1989 年平均值 533 PJ（相当于基准年 1985 年人均 64 GJ）的总生物质通量（生产和收获中 197 PJ 来自作物，244 PJ 来自林业，92 PJ 来自牲畜）；
- 基于 1985—1989 年平均值 441 PJ（相当于基准年 1985 年人均 53 GJ）的生物质通量（生产和收获中 197 PJ 来自作物，林业来自 244 PJ）；
- 基于 1985—1989 年平均值 533 PJ（相当于基准年 1985 年人均 29 GJ）的生物质通量（生产和收获中 197 PJ 来自林业）；

[d] 剩余＝MAI（碳含量）减去年使用量（碳含量），是碳通量的一个指标（使用与可持续性相同的假设 c）。

[e] Hosier 等（1986）的研究中使用的木材点的能量含量＝16.9 GJ/t。

来源：Hall 和 Hemstock，1996；Hemstock 和 Hall，1995。

增加供应的预测

可以通过多种措施增加木材供给，如更好地管理森林、更好地利用废弃物、种植能源作物、利用替代能源如农业残留物等。通过估计未来的木质燃料需求和供应之间的缺口，可容易地设定这些额外的供应可选择方案的目标。

包括农业用地的预测

在大多数发展中国家，耕地和牧场面积的扩展，连同一些地区的商业采伐，是树木减少的主要原因。当土地由于采伐和燃烧被清理干净时，其结果是给薪炭材的现有森林存量带来更大的压力。如果被清除的木材用做燃料，则将有助于减轻这种压力。

包括种植树木的预测

树木有多种用途，如水果、草料、木料、建筑材料和薪材等。当地消费者可以完全得到农场内的树木，在许多农村地区它们通常是主要燃料来源，因此应该包含在任何预测模型中。

图瓦卢目前和预测的能源生产和废弃物

阿洛法·图瓦卢关于椰子生产和使用的调查结果在下面的几节和表5.8至表5.16中进行详细介绍。

人类和动物消费的椰子

表 5.8 在图瓦卢喂养猪的椰髓

猪的总数	每天喂养猪使用的椰子总数	每年喂养猪使用的椰子数	每年喂养猪的椰髓的能量含量/(GJ/年)
12 328	13 534	4 940 266	23 571(608 toe)

注：[a]在图瓦卢使用阿洛法·图瓦卢估计猪的数量。

表 5.9 在图瓦卢人消费的椰子

总人数	每天人消费的椰子的总数	每年人消费的椰子数	人消费的椰髓的能量含量
9 561	2 930	1 534 094	7 941(189 toe)

表 5.10 图瓦卢的椰汁产量

图瓦卢棕榈树的总数目	图瓦卢椰汁的总桶数	估计的总椰汁产量/(L/年)
1 636	4 931	1 979 818

商业生物质能源的利用

所有的外岛都有小规模的椰子油生产设备,如详细介绍过的瓦伊图普的设备。

表 5.11 图瓦卢椰子油产量[a]

总椰子油/(L/年)	每年使用的总椰子数	每升椰子油需用平均坚果数	每升的生产成本/(A$/L)	需要的干椰肉/(kg/L)	需要的椰髓/(kg/L)	全年干椰肉产量/t
16 800	198 000	10	3.92	2.2	3.6	43.56

注:[a]总油产量的能值=671 GJ(16 toe)。

表 5.12 图瓦卢生产干椰肉需要的生物质能源[a,b]

燃烧的总生物质	每年使用的椰外壳的总数	每年使用的椰子壳的总数	燃烧的生物质的能值/(GJ/年)	toe
192	576 000	252 632	3 264	78

注:
[a] 总干椰肉生产的能值=1220 GJ(29 toe)。
[b] 过程中增加的价值:压碎的干椰肉(椰肉饼)作为鸡和猪的饲料出售。

损失的能源和总生物质能源利用

- 使用的椰子总数量(喂猪和人食用)是 6 672 361(从外壳和内壳中分别获得的能量是 52 044 GJ 或 1 239 toe)。
- 用作燃料的椰外壳的总数量(家庭和商业)=5 136 242(能值为 20 545GJ 或者 498 toe)。
- 用作燃料的椰子内壳的总数量(家庭和商业)=2 965 101(能值为 11 267GJ 或者 268 toe)。
- 总生物质能源消费(家庭)=31 350 GJ(746 toe)(一些转化为木炭后的有用能源=26 112 GJ 或者 622 toe)。
- 总的(商业)生物质能源消费量=2 856GJ(68 toe)。

表 5.13 损耗的椰子能源

每年未使用的椰子内壳总数	每年未使用的椰子内壳的能值/GJ	椰子内壳的能值/toe	每年未使用的椰内壳总数	每年未使用的椰内壳能值/GJ	椰内壳的能值/toe	每年未使用的椰内壳和椰子外壳的总能量[a]/GJ
3 707 260	14 088	335	1 536 118	6 146	146	20 232 (482 toe)

注:[a]未利用的椰子内、外壳(482 toe)是每个岛各自输电网的发电气化炉的理想燃料。

表 5.14　来自猪的损耗能源

图瓦卢的总猪数/头	猪粪肥的总年产量/t	猪粪肥能源的总年产量/GJ	适用沼气发酵的粪肥年总量[a]/t	每年沼气池可获得的能源年总量[a]/GJ
12 328 (60%=7 397)	3 600	32 400 (771 toe)	2 106	19 440 (463 toe)

注：[a]假设收集效率是60%，因为一些废弃物用于堆肥，一些很难收集。

图瓦卢椰子产量的估计

表 5.15　图瓦卢的椰子产量

椰子的总公顷数	估计生产性树的总数量	60年树龄的总数量	椰子总产量/(坚果/年)	需要再植的总公顷数	生产生物质能源的椰子的理论可获得量[a](坚果/年)
1 524	267 760	68 929	14 141 100	391	7 468 739

注：[a] 总产量减去使用量。

来源：基于2004年土地和调查部门1986—1988年的数据；Trewren(1984)和Seluka等(1998)；阿洛法·图瓦卢调查，2005(Hemstock，2005)。

表 5.16　图瓦卢未利用椰子的椰子油的理论产量

每年椰子油的总升数	椰子油的能值/(GJ/年)	产生椰子油的石油当量	干椰肉产量[a]/(t/年)	产生的干椰肉的石油当量	椰子油代替的船舶燃料的百分数/%
777 184	26 168	623	1 643	39	56

注：[a]这个估计是基于图瓦卢每棵生产性树的椰子产量，且比Trewren(1984)使用的数字1.2 t/hm^2的干椰肉产量更保守①。然而，如果采用215 棵/hm^2，60个坚果/棵和0.187 kg 干椰肉/坚果，结果比Trewren预测要少。

结　　论

正如本章介绍部分中的陈述，阿洛法·图瓦卢的两个目标是评估可用于沼气消化和椰子生物柴油生产的生物质能源的数量，以及确保在当前生物质生产方面的可持续性。

从表中看出，图瓦卢椰子产量足以满足国内生物能源、当前本地食品的使用和外岛船舶目前使用的56%燃料的需求(图5.2和图5.3)。船舶燃油的使用量占图瓦卢进口的总量一半。因此，目前图瓦卢椰子产量能很容易地替代目前使用的总燃油25%。每年支付给椰子种植者的总金额是A$575 093，目前这个价格与瓦伊图普生产商的一致。

①Trewren，K. 1984. 图瓦卢的椰子发展，商业和自然资源部，富纳富提，图瓦卢。

正如先前强调的，生物质能源包含很多环节，如生产、转化、使用、保存等，每个环节又进一步分成很多同样重要的子环节。准确地评估消费和生产力，是规划项目以及随后管理生物质资源开发和保护项目的一个基本工具。没有消费量和可获得量的可靠数据，很难决定有意义的政策和计划。过去的许多决定是在不牢固的基础上作出的，这导致了许多项目的失败。

参考文献

Dept. of Lands & Survey(Tuvalu). 2004. Geographical information showing the land areas of the islands of Tuvalu

ETC. 1990. Biomass Assessment in Africa, ETC(UK)Ltd in collection with Newcastle Polytechnic and Reading University, World Bank, Washington, DC, USA

ETC. 1993. Estimating Woody Biomass in Sub-Saharant Africa, ETC(UK) Ltd in collection with Newcastle Polytechnic and Reading University, World Bank, Washington, DC, USA

Government of Zimbabwe. 1985. 'Geographical extent of vegetation types, estimates of total and accessible areas surviving in 1984 and their growing stock increment', in Millington et al. 1989. Biomass Assessment-Woody Biomass in the SADCC Region, Earthscan Publications, London, UK

Hall, D. O. and Hemstock, S. L. 1996. 'Biomass energy flows in Kenya and Zimbabwe: Indicators of CO_2 mitigation strategies', The Environmental Professional, 18, 69-79

Hemstock, S. L. and Hall, D. O. 1995. 'Biomass Energy Flows in Zimbabwe', Biomass and Bioenergy, 8, 151-173

Hemstock, S. L. 2005. Biomass Energy Potential in Tuvalu, (Alofa Tuvalu), Government of Tuvalu Report

Hemstock, S. L. and Raddane, P. 2005. Tuvalu Renewable Energy Study: Current Energy Use and Potential for Renewables, Afofa Tuvalu, French Agency for Environment and Energy Management-ADEME, Government of Tuvalue

Hosier, R. H., Katarere, Y., Munasirei, D. K., Nkomo, J. C. Ram, B. J. and Robinson, P. B. 1986. Zimbabwe: Energy planning for national development, Beijer Institute, Stockholm, Sweden

Millington, A., Townsend, J., Kennedy, P., Saull, R., Prince, S. and Madams, R. 1989. Biomass Assessment-Woody Biomass in the SADCC

Region, Earthscan Publications, London, UK

Seluka, S. , Panapa, T. , Maluofenua, S. , Samisoni, Tebano, T. 1998. A Preliminary Listing of Tuvalu Plants, Fishes, Birds and Insects, The Atoll Research Programme, University of the South Pacific, Tarawa, Kiribati

Trewren, K. 1984. Coconut Development in Tuvalu. Ministry of Commerce & National Resources, Funafuti, Tuvalu

统计文献

http://obelia. jde. aca. mmu. ac(statistics and survey design information)

www2. chass. ncsu. edu/garson/pa765/statnote. hem(online statistics text book)

http://duke. usask. ca/～rbaker/stats. html(basis statistics)

www. pp. rhul. ac. uk/～cowan/stat_course_01. html(more statistics)

Bethel, J. 1989. 'Sample allocation in multivariate surveys', Survey Methodology, 15, 47-57

Braithwaite, V. 1994. 'Beyond Rokeach's equality-freedom model: Two dimensional values in a one dimensional world', Journal of Social Issues, 50, 67-94

Feldt, L. and Brennan, R. 1989. 'Reliability' in Educational Measurement, Linn, R. (ed.), Macmillan Publishing Company, 105-146

Gibbins, K. and Walker, I. (1993) 'Multiple interpretations of the Rokeach value survey', Journal of Social Psychology, 133, 797-805

Goldstein, N. 1993. Random Coefficient Models, Clarendon Press, Oxford

Valliant, R. and Gentle, J. 1997. 'An application of mathematical programming to a sample allocation problem', Computational Statistics and Data Analysis, 25, 337-360

6 评估生物质生产与碳封存项目的遥感技术

Subhashree Das and N. H. Ravindaranth[①]

介　　绍

本章的重点是估计用做能源的木质生物质的产量。木质生物质能源的来源包括森林、树木种植园和农业森林。生物质可以从原生(或次生)林中以可持续方式获得,或在种植园中可持续生产。

森林管理员、种植园公司以及生物能公共事业管理者需要估计和预测森林和种植园的生物产量和生长速率,以便规划生物能项目。评价生物质生产和生长速率需要估计特定时间内森林或种植园的面积,或一段时间内面积的变化,以及估计单位面积树木或树木组成部分(树干、树枝和树叶)的重量。传统上,森林测定技术用于估计森林生物质产量。其他方法包括使用异速生长方程和树木采伐。这些方法需要详细定期的实地测量,效率往往很低。

基于遥感技术的卫星图像提供了一种替代传统方法的手段,以估计、监测或核实森林或种植园面积、生物质产量或生长速率。遥感技术提供空间详细信息,并且能够低成本地进行反复监测,即使对偏远地区也一样。该技术已成为监测森林、种植园、大田作物、定居点和基础设施面积的常规方法,特别是在区域和国家规模上。利用遥感技术估计生物质蓄积量或生产力虽然可行,但是尚未普及。

本章介绍了供生物能提供商、森林和种植园管理者使用的各种遥感技术用以估计、监测或核实生物质产量或生长速率。这些技术还可用于估计碳封存项目中碳储量的变化。重点在于评价技术的效用,这些技术适用于估计一个项目或某大型种植园或景观水平上的生物质,而不是用于评估国家或全球的森林生物质。

①作者隶属于可持续技术中心和生态科学中心,印度科学研究所,印度班加罗尔,e-mail:ravi@ces.iisc.ernet.in

遥感和生物质生产

遥感技术可以被定义为不需要与目标直接接触而获得该目标信息的艺术和科学。通过这种技术测量重要的生物物理特性的可能性是巨大的。随着时间推移,它作为一种最重要的科学工具而出现,可以用作更好地管理世界森林资源的分析辅助手段。只有利用遥感技术才有可能重复和持续地监测大面积森林。至于林业,遥感技术可能在识别和分析森林或种植园面积方面有帮助,包括地点和规模、退化状况、砍伐森林反映的人类压力水平、火灾和农林业等。通过高分辨率的卫星,和各种覆盖级相关的某些地貌参数,可以区别森林、林地和灌木地,而植物区系参数可以确定阔叶、针叶和混交林。卫星遥感技术也可以通过提供关于森林可及性的信息,如地形、小径或道路来辅助森林管理,也便于每年或每月监测主要林段以及记录较大区域,如省或国家。

自动图像分析技术使解释和评估林区更加简单。由于收集需要信息的时间,相对于其他估计生物质的技术短,这项技术的可应用性也已证实。长期以来,在通过利用遥感与地理信息系统(GIS)进行整合产生信息方面已经取得了巨大进展。随着传感器技术发展和使用的进步,目前可用于识别、分类、估计生物质和测量森林植被类型的数据类型非常广泛,其中包括光学多光谱扫描仪、雷达成像、激光雷达、高光谱成像等。图像数据处理以及信息提取技术已经得到了广泛研究,新方法如多传感器数据融合已经被开发用于更好的信息收集和空间分析。同时,对为什么遥感数据和方法在林业和森林科学中如此重要已达成共识。

森林或种植园的遥感从设计良好的数据收集调查计划开始,随后是数据准备活动。在详细的空间分析的帮助下,这个数据可用于回答定义明确的问题。当试图确定森林结构、生产力、林分生长量和密度测绘等时,也需要考虑数据的质量、分辨率、重复性和验证中的关键问题。

遥感技术的核心在于理解林分参数和光谱响应间的关系,取决于研究区域的特点。深入理解这个问题是使用图像波段模拟生物质估计的前提。大部分研究主要集中于发展森林或树木种植园的结构参数,如断面积、生物质、树冠郁闭、树高、胸径与光谱响应的关系。所以,当试图评估森林生物质产量时,比较分析不同的林分结构和环境条件下的光谱响应和生物物理参数是有用的。

生物质或碳封存项目中使用遥感技术包含的主要步骤如图 6.1 所示。

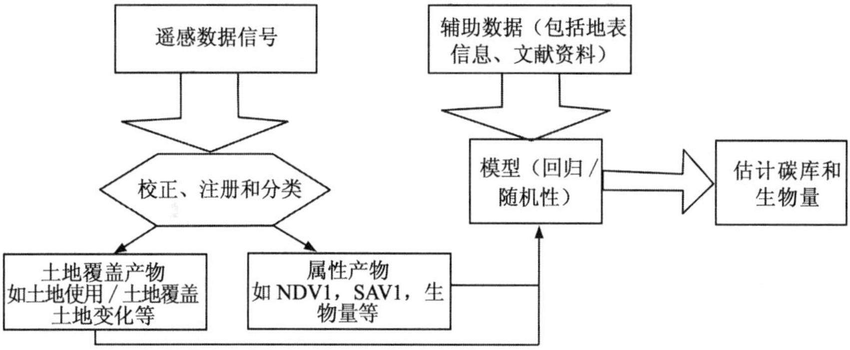

图 6.1 用于生物量估测的遥感信息流程

遥感技术

引言

基于可用的不同类型传感器，可以获得不同空间和时间尺度的遥感数据。传感器主要分为以下几类：

- 摄影（航空）
- 扫描（航空和空间）
- 雷达（无线电探测和测距）
- 激光雷达（光探测和测距）
- 录像

航空摄影

传统上，解决森林管理的问题主要通过非常详细、准确但昂贵耗时的实地调查。此外，这种调查缺乏准确的地理坐标，因此无法追踪准确的林分位置。航空摄影的出现满足了选址的基本要求，是遥感监测森林植被最广泛使用的形式之一。它已应用于森林评估、调查、监测和分类。航空摄影中使用的摄像是用于地球表面特征遥感的最简单和最古老的空中传感形式。摄像机是取景系统，被认为是使用一个镜头或镜头系统捕捉地面细节的被动光传感器。摄像机有不同类型，即单镜头成像、多镜头成像、全景和数码。摄像机镜头的光谱分辨率一般比较低，因此当良好的空间数据比光谱信息更重要时航空摄影更有用。

根据使用的感光乳剂的类型，可用的摄影胶片的种类很多。摄影胶片对 0.3～0.9 μm 的光敏感，波长包括紫外线（UV）、可见光和近红外线（NIR）：

- 黑白胶片（全色）
- 黑白的红外胶片
- 普通彩色胶片
- 彩色-红外胶片

全色胶片对光谱的紫外线及可见光部分比较敏感，并产生黑白图像，它们是最常用的胶片类型。紫外线摄影也使用全色胶片，但是有一个遮挡光谱中可见光部分的滤色器。使用全色胶片受到大气散射和吸收的限制，这是由于大气散射和吸收的问题。由于对红外线反射的敏感性，黑白的红外胶片对 0.3～0.9 μm 的波长范围很敏感，对于探测植被覆盖的差异十分有用。当针对林业应用时，照片的比例也是重要的考虑，同时，根据研究目的和地形条件，变化范围是 1∶(50 000～70 000)。摄像机通常使用的平台是直升机、飞机和航天器。航空摄影可用于覆盖几百到几千公顷的森林、种植园和农林业系统。

树木参数，胸径，高度和树冠计算

树木的直径是其尺寸和体积的重要指标，通常在地面以上 1.3 m 处测量。这种测量无法直接从航空照片中得到，因为它们需要非常大比例的倾斜照片。大多数胸径测量是通过实地调查和照片相结合共同完成的。树冠直径则可由照片估计得到，随后其用于在回归方程中估计胸径。测量树冠直径需要使用照片用双目立体镜还需借助仪器如树冠直径测量器和网格线。这种技术广泛用于测量温带和热带森林的胸径。测量树冠直径时，首选比例是 1∶5 000。考虑到不同树种的冠部形状的不规则性，一些研究者建议测量树冠面积而不是树冠直径。在某些情况下，与树冠直径相比，树冠面积与胸径更密切相关。在回归模型中常用的另一种方法是平均树高。有时候可能很难估计树高，这是由于郁闭树冠或地形海拔的未知差异。为了尽量减小这种误差，可以使用标准模型 400 激光（LASER）测距仪或其他类似设备，估计实地树高时，报告精确度达±9cm，随后可作为替代措施。根据森林类型，特别是回归模型，可获得胸径或高度值。

材积估计

材积可以由不同方式表达，取决于估计一棵树、一个林分或是一个种植园，以及总材积或净材积（或可销售材积）。木材的材积也许是最重要的评估参数之一。直接估计树木和林分材积很困难，而且可能非常昂贵。因此最好使用回归方程估计林分的材积，而回归方程有一组独立和非独立变量。

可用的材积方程有许多类别，其中一种是采用大比例尺摄影（LSP），被称做航空树木材积方程。在这种方程中，任何一种独立变量可通过航空摄影测量。这些方程通常应用于种群而不是单个物种。

使用航空摄影的优缺点

与传统地面测绘系统相比，使用航空摄影估测生物质的主要优点如下：

- 大约相同的比例下，覆盖的土地面积更大；
- 高分辨率；
- 立体视觉使对特征有更好的解译；
- 可用于通常难以进入的地区；
- 易于复制和存储；
- 比常规照片更容易的可用性；
- 只要已知比例，测量就可行；
- 是已确立和可接受的方法。

但是，航空系统也有一些缺点，即：

- 缺乏地理坐标使数字化变得困难；
- 可能存在偏差和误差，例如地形位移，这会使从照片上测量不正确；
- 位置定位和比例只是近似的；
- 地表特征可能被其他特征掩盖；
- 缺乏颜色对比；
- 对于小型项目而言成本很高；
- 获得最终图片需要相对较长的时间。

多光谱扫描系统

光学遥感利用可见光、近红外和短波红外传感器，通过探测地面物体反射的太阳辐射形成地球表面图像。不同的材料反射和吸收不同的波长。因此，在遥感图像中，目标的光谱反射信号不同。植物具有独特光谱信号，使它很容易区别于其他类型的土地覆盖物。

多光谱遥感的定义是，在电磁波谱的多波段（部位）收集感兴趣的一个物体或区域反射、发射或反向散射的能量。卫星监测系统可以分为低、中、高分辨率数据。光学传感器的特点是光谱的、辐射的和几何的性能。根据空间分辨率，卫星通常分为环境卫星（气象卫星，GOES，NOAA），中分辨率卫星（地球资源卫星 MSS，IRS1，JERS1），高分辨率卫星（地球资源卫星

TM,SPOT,ERS-1,IKONOS 等)。环境卫星最适用于经常性(每天或每周)监测相对较大的区域,如大陆、分区域或国家。它们主要应用于气象学和海洋学,最近,也用于监测大型牧场或森林区域的植被状况,比例为 1∶(10 000 000～20 000 000)。中分辨率卫星的主要代表是地球资源卫星,其多光谱扫描仪(MSS)从 1972 年开始运行。它们可以为土地利用研究提供小到中等比例[1∶(200 000～1 000 000)]的图像,尤其适用于林业。高分辨率卫星出现较晚,从 20 世纪 80 年代中期才得到应用。它们可以在高达 1∶25 000 的比例下测绘图像(如 SPOT)。

利用地球资源卫星 TM,NOAA,AVHRR 数据可估测地上生物质。大多数研究包含形成常用的植被指数如 NDVI(归一化植被指数)与生物质或一些生物物理参数之间的关系。大量的成功范例可以用来发展生物质估计技术。下面概述了估测地方小区域生物质包含的步骤:

(1)设计一个实地调查方案:包括设计抽样策略、选择地块(大小和数量)、收集森林资源调查数据(树种)、测量变量(如胸径、高度)等。

(2)估测地上生物质和断面积:可以通过传统方程或回归模型获得。

(3)采集卫星数据和预处理:获得适当的卫星数据,同一时期进行实地调查和几何、辐射和大气校正。还需要考虑云筛选和传感器校准。

(4)计算植被指数:植被指数是无量纲的,通过遥感数据光谱组合计算辐射测量。植被指数非常有用,这是由于其与生物物理变量存在经验或理论关系。简单、标准化和复杂的植被指数可由卫星图像计算。表 6.1 为常用指标清单。图像变换也可以计算出(如 KT1,PC1-A,Albedo 等)。

(5)卫星数据与光谱响应的结合:图像覆盖采样点,并提取每个采样点相应的图像信息。

(6)推导林分参数和植被指数/反射系数的关系:计算选定的林分参数或净初级生产(NPP)等与植被指数或反射值之间的相关系数。建立回归方程可以得出一种预测性关系(如生物质-NDVI 关系)。

(7)通过 GIS 模型或应用方程估测生物质:估计生物质可以使用上述步骤中建立的关系,或通过结合其他因素(如气象)和后续 GIS 模型。使用 GIS 覆盖技术可以形成 NPP 和碳密度模型。

(8)生物质估计测试和模型验证:计算出的生物质估计值可与库存数据对比,以检验估计准确性,同样,也验证基于 GIS 的模型。互转让性可以在不同的地区或森林类型间尝试。

表 6.1 生物质估测中使用的植被指数

植被指数	公式
简单比率	
TM 4/3	TM4/TM3
TM 5/3	TM5/TM3
TM 5/4	TM5/TM4
TM 5/7	TM5/TM7
SAVI	[(NIR－RED)/(NIR＋RED＋L)](1＋L)
标准指数	
NDVI	(TM4－TM3)/(TM4＋TM3)
ND 53	(TM5－TM3)/(TM5＋TM3)
ND 54	(TM5－TM4)/(TM5＋TM4)
ND 57	(TM5－TM7)/(TM5＋TM7)
ND 32	(TM3－TM2)/(TM3＋TM2)
图像转换	
KT3	0.151TM1＋0.197TM2＋0.328TM3＋0.341TM4－0.711TM5－0.457TM7
VIS123	TM1＋TM2＋TM3
MID57	TM5＋TM7
Albedo	TM1＋TM2＋TM3＋TM4＋TM5＋TM7

在印度估测生物质和 NPP 的例子是 Roy 和 Ravan 开发的技术(1996)。在落叶天然林中开展生物质研究,使用两种方法估测生物质。第一种方法采用统计抽样技术(SST),包括利用卫星数据、地貌、密度和断面积等产生均匀植被层(HVS)。第二种方法称为"光谱响应模型",在光谱响应和单位生物质的值之间建立简单线性回归和多元回归模型。在地球资源卫星 TM 数据的帮助下,瑞典也已经估测了木材体积和树木生物质(Fazakas 等,1999)。这种估测方法被称为"k 最近邻法",估计像素中每个林地像素。然而研究表明,这种方法仅适用于较小地区。Foody 等(2003)测试了巴西、马来西亚和泰国的热带森林生物质的可转移性与生物物理参数的关系,同时发现以神经网络为基础的方法与实地调查获得的生物质估测更相关。第二种方法是结合地球资源卫星 TM 数据估计林龄,以及结合激光雷达估计林分高度和地上生物质。结合后的数据可以估测净初级生产(NPP)和净生态系统生产(NEP)。Brown 等已经尝试使用基于 GIS 的生物质模型,生成亚洲和非洲的潜在和实际的生物质密度图。

微波遥感

微波系统利用电磁谱的微波部分。微波传感器与光学扫描系统的不同之处在于它们可以提供关于冠层结构、植物含水量和土壤条件的信息。

雷达是“无线探测和测距”的缩写。它是一个动态的系统，因为它发射无线波，照亮地球表面，并记录地表反射的能量。19 世纪 50 年代末发展的“侧视机载雷达”(SLAR)，它可以获得广大区域的图像。目前使用的侧视机载雷达有两种类型，即“真孔雷达(RAR)”和“合成孔径雷达(SAR)”，不同点在于使用的天线分别是固定的和可变长度的。

雷达系统的主要优点是较长的无线电波能够比光波穿透更深的植被覆盖层。成像雷达中最常用的波长为 K(1.19～1.67 cm)，C(3.9～7.5 cm)，S(7.5～15 cm)，L(23.5，24，25 cm)和 P(30～100 cm)。这些长波可以穿透云层，而云层是光学系统的障碍物。此外，与可见波长相比，雷达系统能够更好地分辨森林植被类型和密度。主动微波传感器(如合成孔径雷达，SAR)的空间分辨率很高，但由于测量方法一致，它们的辐射测量分辨率中等。与主动传感器不同，被动传感器(如辐射计)具有良好的辐射测量准确度和广泛的覆盖范围，但是其空间分辨率中等(数十千米)。因此，辐射计可用于全球监测，而传感器如 SAR 提供更多详细的本地信息(Kurvnen 等，2002)。

世界各地估测生物质最常用的各种雷达卫星系统列于表 6.2 中。

表 6.2　评估森林的雷达卫星系统

卫星	地面分辨率/m	光谱波段	重复间隔
海洋卫星(美国)	20 和 50	L 波段	NA
SIR-A(美国)	40	L 波段	NA
SIR-B(美国)	30	L 波段	NA
ERS-1	30	C 波段	3～143 天
JERS-1(日本)	18	L 波段	44 天
SIR-C	50	X，C，L 波段	NA
雷达卫星(加拿大)	10～100	C 波段	NA

雷达反向散射随生物质的量变大近于呈线性增加，直到趋于雷达频率的水平时达到饱和。生物质对较长波长(L 或 P 波段)的 HV(水平—竖直)偏振最敏感(Sader，1987；Le Toan 等，1995，1997a)，因为它主要是由冠层散射(Wang 等，1995)和主干散射(Le Toan 等，1992)产生，且受地表影响较小(Ranson 和 Sun，1994)。通过在林分参数和雷达反向散射之间建立回归模型，可以估计材积、生物质、胸径、断面积和其他林分参数。

有时土壤和地面反射可能被记录为反向反射的一部分。然而，可以使用适当的转化模型克服这个限制。反向散射的种类很多，即辐射传输模型、回归模型和概念模型。利用合成孔径数据(SAR)和辐射计(被动系统)，已经在热带雨林和寒带森林中进行了实验。Kurvonen 等(2002)已经开发出自适应反演方法，通过基于半经验反向反射模型的JERS-1和ERS-1合成孔径雷达图像，估计芬兰北方森林的林分材积。使用混合像元分类方法，辐射计也用于监测寒带森林。应用自适应反演方法，特殊的传感器微波成像仪(SSM/I)可以按像素估测材积。结果表明，星载微波辐射测量数据具有估计大规模生物质的潜力。Santos等(2003)研究了P-波段SAR数据与原生林生物质的价值和巴西热带雨林次生演替之间的关系，最后证明了P-波段数据可以为监测热带森林生物质动态的模型发展做出显著贡献。Pulliainen等(2003)提出了一个利用基于发达反演技术的一种特殊孔径雷达SAR(INSAR)数据，有效地估计森林材积的方法。

光探测和测距(激光雷达)系统

激光是"辐射的刺激发射产生的光放大"的缩写，是另一种类型的微波遥感。遥感中使用的激光传感器称为"激光雷达"(光探测和测距)。激光雷达是具有巨大的监测森林生物质潜力的主动系统。激光雷达系统测量激光脉冲在传感器和目标之间运行所需要的时间。脉冲穿过大气并与地球表面相互作用，然后反射回传感器。计算穿过的时间时，要记住，光速是恒定的，需要测量反射辐射的强度。目前，激光雷达利用小型飞机或直升机在低空执行遥感任务。

最广泛使用的两种激光雷达系统分别是激光探测器(或测高仪)和侦察或测绘雷达。激光雷达空间技术实验(LITE)任务在1994年实现，它提供了各种环境现象的全球数据，如生物质燃烧量、气溶胶浓度、云层结构等。在林业应用中使用激光雷达估计的主要优点是可以获得森林结构的三维数据，以及林冠覆盖特征、叶面积指数、冠幅和体积等的数据。激光测高仪穿透林冠到达地面的能力是另一个优点。

基于激光雷达的林业研究还没有在世界各地大量进行，且很少针对该技术的适当应用。大部分研究仅限于美国、瑞典、挪威、加拿大和德国。利用测高法获得的地形剖面，估计均匀林分的树高。利用丢失脉冲、幅度定量、峰值数量、地表面积、林冠面积、高度等数据，获得冠幅密度。Nelson等(1988)提供了预测树木体积和生物质的程序。利用激光林冠高度分布的百分比，并结合植被测量的数量和激光测量的总数的比值，可估测位点尺度的材积。使用的变量包括激光高度变量、激光林冠密度变量和地面变量。Tickle等(1998)在澳大利亚整合了一个激光分析装置，一个差分全球定位系统和数字视频，与相同变量的地面调查比较树高、叶片投影盖度、冠幅以及树种的储存量和生长阶段的大型视频估计。该研究证明了这些技术的整合在产生地面质量信息方面的能力。数据融合的另一个例子是Lefsky等(2005)的一个研究，通过结合激光雷达估计地上生物质和来自地球资源卫星 TM 数据的光学衍生林龄，计算木材的地上生物质的净初级生产量。

高分辨率的传感器系统

高空间分辨率系统主要有两个来源：数码分幅摄像机和高分辨率卫星。在数码分幅摄像机中，成像素的固态阵列取代传统胶片。使用它们能够实时观察效果，且节省了打印、扫描和胶片冲洗等的费用。

高分辨率卫星目前还没有商业化应用。这些数据具有提高传统森林调查方法准确性的潜力，同时也可以从这种图像中检出森林结构的多样性。高分辨率数据的一个主要潜在应用前景是通过树冠大小预测森林断面积和生物质（Read 等，2003）。表 6.3 显示出商用卫星及其分辨率的清单。

表 6.3　高分辨率卫星要览

卫星	传感器类型	分辨率/m
CARTOSAT-1(IRS-P5)	全色	2.5
RESOURCESAT(IRS P-6)	LISS IV	5.8
EROS A1	全色	1.8
IKONOS	全色	1
	多光谱	4
IRS-1C	全色	5.8
IRS-1D	全色	5.8
捷鸟 2(更名为捷鸟)	全色	0.61
	多光谱	2.44
SPIN-2	全色	2
	全色	1
OrbView 3	多光谱	4

但是，分析高分辨率图像仍然是一个复杂的工作，图像解释需要新算法。仅基于模式识别的传统单像素分类器不能满足所有情况下的这种高分辨率数据。Mauro(2003)使用 Quick Bird 图像研究意大利北部的山区森林。该研究开发了一种使用 NDVI 估计木质生物质的方法，并将其结果与生物重量数据做对比得出。发现这些技术具有可比性，虽然需要较大量样本确认这种关系，木质生物质和 NVDI 的关系很明显。

使用从 IKONOS 获得的高分辨率图像，可以清楚地看到单个树木，表明基于重复卫星观测进行热带雨林的林冠木的统计研究是可行的。将这些遥感数据与地面数据结合需要更好的 GPS 定位，因为目前很难获得热带雨林下层木的准确 GPS 数据。另一个选择是结合 IKONOS 全色 1 m 数据和

4 m 分辨率多光谱数据，识别单个树木和估计圆木参数。评估圆木参数、林隙形成和大片地区的恢复率也可以使用这种图像的潜在区域。

Read 等(2003)采纳的通过 IKONOS 图像预测断面积和生物质的协议如下：

(1)获得 IKONOS 图像并结合 1 m 全色和 4 m 多光谱数据以获得 1 m 全色融合图像。

(2)使用基于图像上树冠识别的地面控制点的图像参考。

(3)测量地面上每棵树的冠面积指数和树干直径。

(4)使用测斜仪确定林冠边缘在森林地面上垂直投影的位置。

(5)计算冠面积的地面指数，并利用图像上的数字化冠面积进行校正。

上述研究发现在规模为 10～1 000 m^2 地区使用高分辨率数据有新途径。研究发现，图像上的数字化树冠面积与地面测量值显著相关，因此树冠面积估计值可以用于预测树冠直径，占生物质的很大一部分。

高光谱图像

成像光谱被定义为在贯穿光谱的紫外、可见和红外线部分的许多相对狭窄、连续和/或不连续的光谱波段上同步采集图像。成像光谱可以同步获得数百个波段的数据，利于详细研究地球资源。

NASA EO-1 Hyperion 传感器是第一个收集来自太空的高光谱数据的卫星（2000 年 11 月）。自此以后，开发的两个主要高光谱传感器是 AVIRIS(机载可见光成像光谱仪，其收集 224 波段的数据）和 CASI-2(紧凑型机载光谱成像仪-2，其光谱分辨率是 228 波段）。安装在 PROBA 卫星上的 CHRIS(紧凑型高分辨率成像光谱仪）是新一代传感器，它缩短成像光谱和多光谱传感器之间的差距。CHRIS/PROBA 综合了卫星平台（适合高自动过程的质量均一的长期数据）的优点，具有较高的空间和光谱分辨率，介于海洋水色卫星传感器和光谱机载传感器之间。它有 63 个光谱波段，最小频带宽度是 1.3 nm。

高波谱成像的主要优点是可以在全球任何地点收集数据，最终用户的花费也很低，星载传感器可以提供全年时间数据。星载传感器有一个明确界定的太阳同步轨道，这可以确保一致的照明特点，进而能够辨别地球表面特征的微小细节。

星载高波谱产品可以包括森林生物质的地理编码图，更具体的是地上碳图。为了确定它们与生物质和碳核算的长期趋势，改变量化造林的监测图，可以形成量化砍伐森林和重新造林的监测图。高光谱数据对最终使用者的主要益处是，它可以提供更详细和更准确的森林调查信息，并能够提供专业产品如地上碳图。但是对改变测定手段而言，高光谱数据并不一定会提供比多光谱数据更多的改进，因为图上普通标出的改变类型与冠层的差异有关，超出了高光谱传感器的精度范围。

航空摄像

简单地说，摄像是通过对某区域连续、重叠地拍摄，并在磁录像带上记录类比形式的图像数据。在过去几十年中，摄像已成为一种日益流行的测绘工具。近几年来广泛应用摄像，是由于录像设备的质量和供应增加，以及录像分析技术和 GPS 的出现，而 GPS 允许地理参考多个摄影航线。这些发展的结果是，目前在各种普遍的土地利用调查、监测和环境研究方面，航摄的应用十分多元化。Graham(1993)报告了使用航摄与 GPS 相结合，收集用于亚利桑那州植被绘图的基础数据。使用航空摄像的主要优点如下：

- 采集数据的速度很快；
- 覆盖范围可以很容易地进行规划、指导和修订；
- 所有的实施设备方便携带，不需要专门的飞机；
- 摄影航线可以依据预先确定的坐标文件；
- 可以实现非常高的空间分辨率；
- 进行视觉的、红外线的和热成像；
- 飞行中检测确保全面覆盖和最短飞行时间；
- 用于监测的数据是可复制的；
- 调查占传统航空摄像费用的一小部分；
- 低飞行高度和灵活的成像参数减少待机时间；
- 在图像处理和 GIS 系统中，可以很容易导入和处理结果。

Brown 等(2005)已经创建了一个虚拟的热带森林，使用多光谱三维航空数字图像系统(M3DADI)开发一个虚拟森林。可以计算个体树木，以及测量所有植物类群的树冠面积和高度。这个系统收集高分辨率、重叠的立体声图像，以估测伯利兹松树的地上生物质的碳储存量。在图像上共设立了 77 个位点，使用一系列置定点，可以数字化松树、阔叶树、棕榈和灌木的冠面积和高度。基于标准的砍伐采收测定得到个体生物质碳含量与冠面积、高度之间的极显著异速回归方程。所有植被类型的变异系数很高(变化范围是 31%～303%)，反映了系统的高度特异性。技术的成本有效性估计显示，传统实地方法花费的个人时间比 M3DADI 方法大约多 3 倍。

利用摄像的另一个主要成就是美国地质调查局(USGS)的差距分析方案(GAP)中绘制美国各地的生物多样性，在美国大规模地理参考摄影图像是作为验证地面实况的一种替代方法。

不同技术的比较

在使用遥感技术估计森林或种植园生物质和碳封存时，找到测量准确度和技术成本两者的最佳组合往往是项目的一个主要挑战。为了比较分析估计生物质的不同遥感技术，需要考虑以下因素：

测量要求

碳封存和生物质研究中，土地利用和土地覆盖以及生物质和生物质蓄积量的测量类型会发生变化。土地利用和土地覆盖通常被定义为离散分类的空间范围，而生物质密度是一个区域内连续变量的平均值。

分辨率要求

生物质估计和封存研究需要的分辨率已经得到了广泛研究。Townsend和Justice(1988)估计了土地变换研究的分辨率要求，他们的研究表明，分辨率至少小于500 m。之后，技术上取得了巨大进步。进一步的研究得出结论，100 m或更小距离的分辨率是生物质估计的最起码要求。可用的分辨率很多，其变化取决于传感器性能、天线长度、孔径尺寸、发射功率和轨道特性。光学仪器的分辨率比雷达仪器好。但是，确定碳封存或生物质估计项目需要的分辨率是很有必要的。

覆盖范围要求

一个研究的覆盖范围要求，取决于需要测量生物质的地区和测量的面积比例。重复测量的要求同样也需要考虑。足够的样本可产生对国家级碳存量的粗略估计，但是任何不正确的推断都能造成巨大的不确定性。所以，对于生物质估计和碳封存项目，最好是100％地覆盖。此外，经度和纬度覆盖范围以及轨迹大小也是重要问题，而轨迹大小与地面分辨率成反比。

信号情况也影响覆盖范围，被动系统需要反射太阳能来获得图像，而任何时候都可以获得红外信号。黎明和黄昏被认为是收集信号的最佳时间。在白天云层是引起反射而防止覆盖的另一个方面。但是，没有云层覆盖的白天，任何时间都可以进行激光测距和雷达估计。

准确度要求

需要的准确度取决于评估的目标。如估计森林或种植园面积的变化，或生物质蓄积量或增长速度、总生物质生产及损失。可接受的准确度范围是10％～30％，取决于生物质变化必须测量而非监测的度(Vincent，1998)。

光学或红外线技术是监测土地利用变化的更好选择。但是，SAR和光学系统的结合能够提供最高的准确度和最多的级别。监测生物质变化被认为是最好使用SAR数据。

遥感提供了在长期的基础上系统和重复观测较大区域的机会。此外，也可以估计生物质变化、现存生物质和碳封存率。在很多情况下，重复(年和/或季节)测量通常需要监测面积和增长的变化，特别是在迅速变化的环境中。然而，使用高空间分辨率数据观测地区到全球情况，需求时间和资源。一个更有效方法是利用有较短的重访周期和较大幅宽的低空间分辨率传感器，识别变化的“热点”。目前可用的传感器可以获取地区/全球范围内的数据，但是烟、雾和其他环境因素可能会影响这些数据的适用性。为了解决环境参数的障碍，还需要增加测量次数。

遥感技术应用于清洁发展机制(CDM)和生物质能项目的可行性

遥感技术是不断改进的科学，以精心设计的数据收集和数据准备活动开始，并收集正确的数据以回答严格定义的问题。目前有许多森林监测技术和遥感，在解决监测以及评价森林和生物质能项目的挑战性问题方面可以与传统技术相媲美。遥感不能有效地应用于地下生物质、枯木、垃圾和土壤有机碳，而只用于地上生物质的估测。不同技术的比较列于表 6.4 中。

表 6.4　各种森林监测技术的优缺点

技术名称	优点	缺点
模型	● 相对快速且便宜 ● 对基础研究很有用 ● 可用于生物能项目 ● 作为其他方法的补充最有用	● 依赖高度简化的假设 ● 需要用现场数据校准
高级别遥感(卫星图像)	● 提供土地覆盖、土地利用和绿色植被生物质的相对迅速的区域规模评估 ● 对检出漏洞很有用	● 光学分类转化为准确的土地利用或土地覆盖分类所需的时间和知识 ● 在某些季节或由于太阳角度，无法获得高质量图像 ● 没有被用于测量碳，成本可能比较高
低级别遥感(航空摄像)	● 补充高级别遥感 ● 对检出漏洞很有用	● 处于测试阶段 ● 比高级别遥感便宜
现场/实地测量	● 在确定项目中实际执行的内容和追踪木材产品的命运方面很有用 ● 方法和精确度的选择上比较灵活 ● 同行评审和现场实验系统 ● 使用对照区，可以计算净碳封存量	● 可能比其他方法更昂贵

来源：Vine 等(1999)

卫星遥感考虑到项目区域及其周围的关于土地利用和植被的天气、历史、现实和反复的观点，这使它成为评估土地利用变化过程和监测生物质或碳封存的一个强大工具。

项目发展

在项目区可以使用雷达遥感准确测量生物质储存量变化。历史时间序列数据可用于评估土地利用模式的变化。一旦进行一个生物质或碳封存项目，可以利用高分辨率数据记录其所有的土地使用活动。

在目前可用的遥感技术中，使用 SAR 数据可以实现最好的生物质估计和生物质变化监测。研究表明通过选择性记录，SAR 数据可以检测出半个树干的移动。但是模拟生物质生产或碳封存，需要结合光学和 SAR 数据。土地用途的改变只能通过光学数据获得。遥感技术已经发展成为一个监测和评价的重要工具，并且成为随后的各种生物能和碳封存项目的决策性工具。Vine 等(1999)已经评估了使用遥感监测一个项目中碳存量和流量的可行性。各种方法的结论性比较和适用的范围列于表 6.5。

表 6.5 根据林业项目类型选择林业监测方法

方法	碳保存		生物质生产或碳封存或储存		碳替代
	小项目	大项目	小项目	大项目	
模型	+	+	+	+	—
遥感	—	+	—	+	+
现场/实地测量	+	+	+	+	+

注：+，适用；—，不适用。

来源：Vine 等(1999)。

整个项目可分为两个阶段：设计和开发，实施。在设计与开发阶段，需要关于森林植被和历史森林植被的主要信息，可应用中等分辨率数据获得。如果结合高分辨率数据，这些信息也可用于后期阶段。在实施阶段，项目期间需要详细监测森林或种植园中的生物质或碳。此外，需要确定森林面积、结构、生物质或碳储存密度和土地利用评估的信息。遥感技术被认为是这方面的有用工具，它可以通过分层项目区域而优化抽样方案，并为经济有效和准确地监测生物质或碳的相关指标提供空间信息。最终产物将是与 GIS 兼容的模拟化和数字化地图。

未来方向

遥感技术将越来越多地用于生物质能和碳封存项目，以估计、监测和核查生物质能生产或碳封存。目前需要促进遥感技术的应用，特别是覆盖几千公顷的小规模项目。相应地也需要减少估计的不确定性和减少估计成本，特别是生物质能或碳封存项目。

遥感技术是一个不断发展的科学，扩展遥感在不同生物质能和碳封存项目中作用的未来研究的潜在领域如下：

- 光学和 SAR 数据融合需要探索。而光学和微波数据都具有各自的优缺点，融合这些数据在估计生物质应用中有很大的前景。
- 研究干涉测量、偏振测量和/或多频 SAR 应用是必要的。
- 雷达和激光雷达性能需要增强，以及用于测试森林的三维图像。
- 场地测量，地面实况的全球范围的数据库网络和标准生物质估计模型是必要的。
- 必须更多地利用地面、飞机和卫星遥感仪器，测量描述生态系统的时空动态变量（CO_2 交换，生物质，叶面积指数），包括人类对这些系统的影响。
- 需要为采集系统数据建立可重复区域覆盖卫星系统。
- 量化与计算生物质有关的不确定性，优化遥感技术以减少不确定性。
- 应该在全球特别是项目规模上考虑数据的可接近性和可购性问题。

致　　谢

编者要感谢环境和森林部对生态科学中心在研究有关气候变化和森林方面的支持。

参考文献

Brown, S., Iverson L. R. and Liu, D. 1993. 'Geographic distribution of carbon in biomass and soils of tropical Asian forests', Geocarto International, vol 8, no 4, 45-59

Brown S., Pearson T., Slaymaker D., Ambagis S., Moore N., Novelo D., Sabido W. 2005. 'Creating a Virtual Tropical Forest from Three Dimensional Aerial Imagery to Estimate Carbon Stocks', Ecological Application, vol 15, no 3, 1083-1095

Fazaka, Z., Nilsson, M. and Olsson, H. 1999. 'Regional forest biomass and wood volume estimation using satellite data and ancillary data', Agricultural and Forest Meteorology, 98-99, 417-425

Foody, G. M., Boyd, D. S. and Cutlerc, M. E. J. 2003. 'Predictive relations of tropical forest biomass from Landsat TM data and their transferability between regions',Remote Sensing of Environment,vol 8,463-474

Graham, L. A. 1993. 'Airborn Video for Near-Real Time Vegetation Mapping', Journal of Forestry, vol 8, 28-32; Journal of Applied Ecology,(2003),vol 40,592-600

Jensen,J. R. 2003. Remote Sensing of the the Environment, An Earth Resource Perspective,Pearson Education Inc. ,Indian reprint

Kurvonen,L. ,Pulliainen,J. and Hallikainen,M. 2002. 'Active and passive microwave remote sensing of boreal forests', Acta Astronautica, vol 51,no 10,707-713

Lefsky, M. A. , Harding, D. , Cohen, W. B. , and Shugart, H. H. 2005. 'Surface lidar remote sensing of basal area and biomass in deciduous forests of Eastern Maryland,USA',Remote Sensing of Environment, vol 67,83-98

Le Toan,T. ,Beaudoin,A. ,Riom,J. and Guyon,D. 1992. 'Relating forest biomass to SAR data',IEEE Transactions on Geoscience and Remote Sensing,vol 30,no 2,403-411

Mauro,G. 2003. 'High resolution satellite imagery for forestry studies:the beechwood of the Pordenone Mountains (Italy)' www. isprs. org/ istanbul 2004/comm4/papers/502. pdf

Nelson, P. F. , Krabill, W. B. and Tonelli, J. 1998. 'Estimating forest biomass and volume using airborne laser data', Remote Sensing of Environment,vol 15,201-212

Pulliainen,J. ,Engdahal,M. and Hallikainen,M. 2003. 'Feasibility of multi-temporal interferometric SAR data for stand-level estimation of boreal forest stem volume',Remote Sensing of Environment,vol 85,397-409

Ranson, J. K. and Sun, G. 1994. 'Northern forest classification using temporal multifrequency and multipolarimetric SAR images',Remote Sensing of Environment,vol 47,no 2,142-153

Ranson,K. J. and Sun,G. 1997. 'An evaluation of AIRSAR and SIR-C/X-SAR data for estimating northern forest attributes',Remote Sensing of Environment,vol 59,203-222

Ravindranath, N. H. and Hall, D. O. 1995. Biomass, Energy and Environment: A Developing Country Perspective from India, Oxford University Press

Read, J. M., Clark, D. B., Venticinque, E. M. and Moreira, M. P. 2003. 'Methodological insights application of merged 1 m and 4 m resolution satellite data to research and management in tropical forests', Journal of Applied Ecology, 40, 592-600

Roy, P. S. and Ravan, S. A. 1996. 'Biomass estimation using satellite remote sensing data: an investigation on possible approaches for natural forest', Journal of Biosciences, vol 21, no 4, 535-561

Sader, S. A. 1987. 'Forest biomass, canopy structure, and species composition relationships with multipolarization L-band synthetic aperture radar data', Photographgrammetric Engineering and Remote Sensing, vol 53, no 2, 193-1095

Sandra, B., Pearson, T., Slaymaker, D., Ambagis, S., Moore, N., Novelo, D. and Sabido, W. 2004. 'Creating a virtual tropical forest from tree-dimensional aerial imagery to estimate carbon stocks', Ecological Applications, vol 15, no 3, 1083-1095

Santos, J. R. Freitas, C. C., Araujo, L. A., Dutra, L. V., Mura, J. C., Gama, F. F., Soler, L. S., and Sant'anna, S. J. S. 2003. 'Airborne P-band SAR applied to the above-ground biomass studies in the Brazilian tropical rainforest', Remote Sensing of Environment, vol 87, 482-493

Tickle, P., Witte, C., Danaher, T. and Jones, K. 1998. 'The application of large-scale video and laser altimetry to forest inventory', Proceeding of the 9th Australasian Remote Sensing and Photographgrammetry Conference

Townsend, J. R. G. and Justice, C. O. 1988. 'Selecting the spatial resolution of satellite sensors required for global monitoring of land transformation', Int. J. Remote Sensing, vol 19, no 2, 187-236

Vincent, M. A. 1998. 'Scoping the potential of using remote sensing to validate the inclusion of carbon sequestration in international global negotiations', Proposal submitted in response to the Terrestrial Ecology and Global Change (TECD) Research Announcement: NRA: 97-MTPE-15

Vine, E., Sathaye, J. and Makundi, W. 1999. Guidelines for Monitoring, Evaluation, Reporting, Verification, and Certification of Forestry Projects for Climate Change Mitigation, Environmental Energy

Technologies Division, March, Ernest Orlando Lawrence Berkeley National Laboratory

Wang, Y., Kaisischke., E. S., Melack J. M., Davis, F. W. and Christensen, N. L. 1995. 'The effects of changes in forest biomass on radar backscatter from tree canopies', International Journal of Remote Sensing, vol 16, 503-513

Wulder, M. A. and Franklin, E. 2003. Remote Sensing of Forest Environments: Concepts and Case Studies, Kluwer Academic Publishers

7 案例研究

引　言

案例研究用于说明基于实地调查经验的逐步计算应用于现代能源形式的生物质资源的方法，或说明对一个特定区域潜在的大变化或趋势的认识。例如生物能现代应用的用途越来越多等。本章有五个由不同作者编写的案例研究：

- 案例 7.1 调查生物能的国际生物贸易的发展及其广泛影响。这是一个新的趋势，它将对生物能的供应和需求产生重大影响。
- 案例 7.2 通过调查奥地利多年的创建过程，非常简要地阐述了如何建立一个现代生物能市场。它展现了如何组合有利因素，例如，资源的可获性（原料、人力资本、地方参与、财政）。这对于建立一个成功的现代化和高效率的生物能市场是非常必要的。
- 案例 7.3 论述小岛屿社区的沼气利用，并说明了处理生物能应用的小规模和传统方法。
- 案例 7.4 研究调查了椰子和麻风树产生的生物柴油的小规模应用；这是一个很有吸引力的选择，尤其是在偏远地区和小市场。
- 案例 7.5 着眼于生物质在碳封存和气候变化中的潜在作用，这是人们都关心的一个基本方面。它强调生物能的益处，对气候变化的潜在影响是非常大还是不明显，取决于总使用量和我们如何在全球范围内利用生物能。

案例 7.1　国际生物贸易：对生物质能源发展的潜在影响

Frank Rosillo-Calle

与化石燃料不同，生物质能源曾鲜有区域性或全国性的贸易，国际贸易甚至更少。大部分的生物能贸易发生在地方一级。但是这种情况现在正在改变，生物质能源正迅速成为一种重要的贸易商品，特别是致密成型生物质（即颗粒和木切片）和液体生物燃料（即乙醇和生物柴油）。这种改变可能对生物能的发展包括潜在利益或是可能的困难产生重大影响。案例 7.2 通过调查澳大利亚的案例，进一步说明了如何建立一个现代生物质能源市场。

IEA(国际能源署)认识到国际生物质贸易迅速增长的趋势，设立了研究项目"生物能任务 40：可持续的国际生物能贸易：安全供应和需求"。它是本案例研究中大部分信息的基础来源(见 www.bioenergytrade.org)。"任务 40"项目建立于 2003 年 12 月，其主要目标是评估国际生物贸易的影响。"任务 40"应是一项对生物质能源的国际发展起关键作用的研究。

生物能贸易的格局

过去几十年，生物质的现代应用在世界上很多地方迅速增多。鉴于生物能贸易在迅速扩大的国际生物能部门中可能发挥积极或消极的重要作用。因此知道可能的结果很重要。

当今世界能源需求似乎没有尽头，生物能必将发挥关键作用。可靠的供应和需求对于开展以生物能贸易为目的的稳定市场活动至关重要。如果缺少对生物质资源的开发(例如，通过能源作物和更好地利用农林业残留物)和一个运作良好的市场以确保可靠和持久的供应，这些目标可能无法实现，更糟的是它们可能会对供应的可持续性产生严重的负面影响。

开发真正的生物能国际市场，可能成为挖掘生物能潜力的一个重要驱动力，而生物能目前在世界上许多地区还没有得到充分利用。残留物、专用生物质能源种植园(林业和农作物)，以及多功能系统如农林业都是如此。向世界能源市场出口生物质商品，可以为农村社区提供稳定、可靠的需求，从而创造重要的社会经济发展的激励和市场渠道。关键目标是确保以可持续的方式生产生物质。

生物贸易的机遇和风险性

由于很多地区资源贫乏，国际生物能贸易在世界各地的发展是不均衡的。对于一些拥有大量生物质资源且成本较低的发展中国家，生物贸易提供了一个主要向发达国家出口生物能的真正的机会。许多发展中国家在技术性农林业残留物以及专用能源种植园(例如甘蔗乙醇，来源于桉树种植园的颗粒和木炭)方面有很大的潜力，而且这可能是一个很好的食品工业发展机会。

向世界能源市场出口生物质商品，可以为许多发展中国家的农村社区提供稳定、可靠的需求，因此正在创出重要的激励力和市场渠道。

当前国际生物贸易量尚小，但发展很迅速。例如在欧洲，它的数量达到相当于约每年 50 PJ(主要是木质颗粒和森林残留物)。很多贸易物流是在邻国之间进行。但远距离的贸易也在增加。例如巴西向日本和欧盟出口乙醇，马来西亚向荷兰出口棕榈仁壳（棕榈油生产过程中的残留物），加拿大向瑞典出口木质颗粒。

在短期到中期内，国际贸易最有前途的领域将是：

- 煤炭发电厂中用于热电联产和共燃的木切片以及其他致密成型生物质（压块和颗粒）；
- 燃料乙醇；
- 木炭（如在 2000 年，巴西出口约 8 000 t 木炭，价值为 140 万美元）；

在增值市场进行压块交易（如餐馆）。

至少在近十年之内，乙醇似乎是建立一个真正的全球生物能源贸易的最现实的选择之一。乙醇燃料的使用正在迅速增加，因为在适当的条件下它在运输部门具有替代石油的相当大的潜力。

目前，每年交易的燃料乙醇超过 30 亿 L，巴西和美国是主要的出口国，日本和欧盟是主要的进口国。但是，预计贸易量会急剧增长，因为国际需求正迅速增加，且 30 多个国家对乙醇燃料感兴趣。一个主要限制因素是，除了巴西和其他几个国家，很少有国家能够同时满足日益增长的国内市场和国际市场的需求。例如：日本以及其他潜在的进口国想要进口更多，但是受制于乙醇燃料市场的高度缺乏弹性。如果燃料乙醇市场足够大，它可以产生充足的流动性来吸引众多燃料乙醇竞争者。与石油和天然气的情况一样，一个大的乙醇市场能够填补任何一个国家或地区的任何可能的短缺。

这些贸易活动可能为出口国和进口国提供多重效益。例如：出口国可能获得令人关注的额外收入来源，以及增加就业。同时可持续的生物质生产将有助于自然资源的可持续管理。另外，进口国也能够经济有效地实现其温室气体减排目标，并使燃料混合多样化。

对于利益相关者（例如，公共事业、生物质能源的生产者和供应者）来说，明确认识生物质能源的优点和缺点是很重要的。基础设施和转换设备上的投资，需要在容量、质量和价格方面使供应中断的风险最小化。

大规模国际生物贸易的长远发展必须依靠环境可持续的生物质能源生产。这需要发展由国际机构支持的标准、项目指南和一种认证体系。和目前西欧的情况一样，这尤其与高度依赖消费者意愿的市场相关。

国际生物贸易的主要驱动力是什么？

明确的标准以及确认发展前景和区域是至关重要的，因为基础设施和转换能力的投资依赖于最小化供应中断的风险。国际生物贸易（见 www.bioenergytrade.org）出现的主要驱动力总结如下：

（1）经济有效的温室气体减排。目前各国如欧盟的气候政策，是对生物能的需求不断增长的主要因素。在本地资源不充足或成本高的情况下，进口比开发当地生物质潜力更具吸引力。长期来看,随着成本降低这种状况将会改变。但是世界上一些地区将继续在生产低成本生物燃料方面具有先天优势,特别是热带的发展中国家。

(2)社会经济发展。充足的证据表明发展生物能利用和地方(农村)发展之间具有非常紧密的正面的联系。此外,各国的生物能源出口可为贸易平衡提供实质利益。

(3)燃料供应安全。生物质能源将使能源结构多样化,延长其他燃料(化石燃料)的使用期限,从而降低能源供应中断的风险。对于液体生物燃料(乙醇和生物柴油)而言,这种看法尤其具有说服力,因为运输部门对石油有强烈的依赖性。

(4)自然资源的可持续管理和利用。生物质能源的大规模生产和利用将不可避免地涉及对土地的额外需求。但是,如果生物质生产可以与更好的农业方法、恢复退化和边际土地以及提高管理措施相结合,就可以确保生产的可持续性;反过来还可以为许多农村社区提供持续的收入来源。

国际生物交易是否存在任何特定的障碍?

在文献综述和访谈的基础上,已经确定了几类潜在的障碍。这些障碍在影响范围、对出口国和进口国的含义,以及现在的利益相关者的观念方面差别很大。下面分段概述。

经济障碍

普遍使用生物质能源的主要障碍之一,是在直接生产成本基础(排除外部性)上与化石燃料的竞争性。事实上,化石燃料有很多隐性市场成本。

现在世界各地许多政府已经采用各种机制(法律、补贴、强制购买等),以促进生物能的应用,特别是电力、热和在交通运输燃油中强制混合(乙醇和生物柴油)。但是特别当涉及长期政策时,通常这种支持是不够的;反过来就会阻碍长期投资。因为许多投资者仍然认为生物能风险太大。由于在许多层次上缺乏协调(例如,欧盟成员国之间的政策、标准等),这个问题变得更加复杂。

生物能源的物理化学特性引起的技术障碍

这是利用生物能必须面对的主要难题。市场正在逐渐接受和适应生物能,而一些主要障碍仍然存在。例如:低密度,高灰分和水分含量,氮、硫和氯含量等物理和化学性质,会使运输更加昂贵。而且往往不适合直接使用(如在与煤共燃的电厂)。克服这些困难需要许多技术改进(如锅炉)和主要用户态度上的改变。

物流性障碍

生物质贸易的一个重要限制因素是因为生物质体积通常较粗大，因而运输费用昂贵。一个解决方法是在可接受的成本下压缩，使其长距离运输变得经济实用。幸运的是，致密化技术已得到显著改善(详见第四章的附录4.2)，同时致密成型生物质已经大规模商业化。高能液体生物燃料，如乙醇、植物油和生物柴油不存在这些困难，可以很容易、廉价地长距离运输。

大体积生物质的大型运输刚开始起步，因此经验非常有限。例如，现在只有极少数轮船被改装专门用于这个目的，而且可能会导致运输成本增加。但是，一些研究表明，用轮船进行长距离的国际运输，在能源使用和运输成本方面是可行的；但是需要考虑合适轮船的可用性和不利的气象条件(如冬季期间在斯堪的那维亚和俄罗斯)的可能性。

港口和码头没有处理大量生物质流的能力，也会阻碍进口或出口生物质。最有利的情况是终端用户拥有靠近港口的设备，避免额外的卡车运输。缺乏大量的生物质也阻碍物流。为了实现低成本，需要更有规律的大量生物质船运。

国际贸易障碍

国际生物贸易是近期才发展起来的，因此常常不存在具体的进口条例，这可能是一个主要的贸易障碍。例如在欧盟，由于生物质料大多含有微量淀粉的残留，被认为是潜在的动物饲料，因此需要交纳欧盟进口税。

虽然不是生物质能特有的，进口的生物质材料携带病原体或害虫(如昆虫和真菌)的潜在污染，也是一个主要障碍。例如，目前进口到欧盟的圆木如果看似被污染，欧盟就会拒绝；这个问题对于其他类型生物质也一样存在。

生态障碍

大规模专用能源种植园也会造成各种不容忽视的生态和环境问题，包括单一种植，长期可持续性，潜在生物多样性损失，水土流失，水的利用，养分淋失和化学品污染。但生物质能源未必比其他贸易物品更好或更糟。

社会障碍

大规模能源作物种植园也有可能造成重大的社会影响，包括积极和消极两方面。例如：对就业质量的影响(增加或较少，主要取决于机械化水平和当地状况等)，童工使用的潜在可能，教育以及享受医疗保健等。但是，这些影响将反映实际情况，并不一定比相关的其他活动更好或是更糟。

土地可用性，砍伐森林与粮食生产的潜在冲突

这个问题已经讨论过(见第1章)。尽管大量研究已经证明土地可获性不是真正的问题,但是粮食和燃料之间的关系仍然是不可避免的非常老的话题。如果妥善管理和政策到位,粮食安全不会受到大规模能源种植园的影响,同时政府政策和市场力量将有利于粮食生产而不是燃料,以防发生任何粮食危机。实际上食物供应通常不是问题,而在于贫困人口缺少购买力。在存在剩余土地的发达国家,主要问题则可能是与饲料生产竞争,而不是与粮食作物竞争以及粮食成本较高。

方法上的障碍——缺少准确的国际规则

至少在短期内这将是一个严重问题,因为在发展国际生物质能贸易之前需要建立明确的准则和标准。生物质的性质也会造成贸易问题,因为它可以被看做是燃料的直接贸易,也可以被看做是原料的间接流动,而原料在能源生产期间或主要产品生产过程之后最终成为燃料。例如,在芬兰最大的生物质贸易量是间接的圆木和木切片交易。圆木被用做木材和纸浆生产的原料。木切片是生产纸浆的原料。纸浆和造纸工业的废弃物之一是黑液,它可以用于能源生产。

法律障碍

每个国家甚至欧盟成员国拥有自己的处理国家贸易的法律,这使生物贸易变得更加复杂。例如:不同国家的碳排放标准有显著差异,由于碳核算的存在,会影响到生物质能的贸易。因此,主要贸易集团间的共同碳排放标准,将对国际生物贸易产生重要的积极影响。

从生物能源贸易中可以吸取什么经验?

本案例研究已经提出而不是回答了许多重要问题。例如,一些问题需要询问,鉴于其性质,是否应该区别对待生物贸易和其他任何商品?是否应该和其他任何商品一样,由市场力量决定供应和需求?生物贸易如此特别,它是否需要从其自身考虑?应该对生物贸易施加多少控制,这将加强还是阻碍其发展?国际生物贸易会扭曲国内供应吗?这个潜力对传统生物质应用意味着什么?对粮食特别是价格的潜在影响是什么?

进一步阅读

www. bioenergy trade. org (或原网站：www. fairbiotrade. org)。这个网站提供了很多关于生物贸易的信息(“任务 40”项目的目标,专题讨论会,文件,国家报告,出版物和联络方式等)。

案例 7.2　建立现代生物质能源市场:奥地利案例

Frank Rosillo-Calle

案例研究 7.1 研究了国际生物能贸易。本案例着眼于介绍奥地利和生物能源在这个国家十分成功的原因,以及为什么它在国家的能源系统中发挥如此重要的作用。从奥地利的实践中,可以得到很多重要的经验。这尤其是因为它用在所有层面:从小到大,从家庭到工业用途。

如果考虑到生物质能源是在低能源价格(尤其是石油)的背景下,以及人们对非传统能源替代中研究和开发投入很少的时期中取得成功的,那么奥地利案例有很大的吸引力。在目前的能源大环境下,将更容易建立一个生物能市场,不仅是由于世界市场上的累积效应(如:改善转换技术、技能、政策支持等),还因为相比之下成本更低。

在 2002 年,奥地利大约有 12%的一次能源消费来源于生物质。生物能最重要的贡献是在家用领域(单个家庭),大约占 60%;产热占 21%;CHP 和热力发电厂占 11%,以及区域供暖占 8%(见 www. Energy agency. at)。使奥地利特别具有代表性的另外一个原因,是生物能应用的高效率。例如,生物质设备的效率已经从 1980 年的平均 50%增加到现在的 90%以上。同时 CO_2 排放量也已经下降到不超过 100 mg/Nm^3。

奥地利为什么如此乐于接受生物能源?这可能主要是由于在其他地方存在或不存在的许多因素的综合。下面所列似乎是关键因素:

- 自然资源的可获性;
- 长期的政治意愿;
- 行业和个人的积极参与;
- 奥地利人的普遍积极态度,这可以通过奥地利人更愿意住在个体住宅(单一家庭住房)而不是在公寓的事实得到部分解释;
- 创新态度(生物能产业中创新个人非常多);这可以告诉我们关于教育标准的许多信息;
- 廉价资本/财政资源的可获性;
- 长期研究和开发资金的可获性。

市场挤入

生物质能的市场不会凭空产生的,需要经历一定的时间建立起来。奥地利已经成功建立了 6 个大型的生物能市场:

- 自 20 世纪 50 年代开始的森林相关的产业;
- 自 20 世纪 80 年代开始的农村和城镇的区域供暖;

• 自 1992 年开始的中等规模的生物质供热项目(学校、市政厅、农村社区等);

• 自 1995 年开始的使用木制颗粒为单一家庭住房供热;

• 自 2002 年开始的热电联产;

• 自 2002 年开始利用能源作物生产沼气。

在奥地利生物能利用的日益增加,其主要驱动力可以概述为:

• 生物质的可获性(如,47%的国土被森林覆盖);

• 生物能的悠久历史(大量被验证的技术,良好的信息和积极的形象);

• 长期的政治承诺;

• 具有吸引力的框架条件(如:稳定的可预知的财政激励,燃料价格的稳定性,商业利益驱动,高质量的设备);

• 国家、区域和地方水平上的政治合作,以解决问题。

有时即便有这些有利情况也不一定能保证建立繁荣的生物能市场。例如在奥地利,木材发电成功的驱动力还包括:

• 2002 年的《生态电力法》,建立了有利的法律框架条件;

• 2003 年 1 月推出的有关条例,规定 2004 年批准的工厂从 2006 年中期实施优惠上网电价;

• 增加投资行动,这会产生滚雪球效应,鼓励更多的相关活动。

资助资本的可获性也是一个关键因素。在许多发展中国家中这是一个特别尖锐的问题。但是奥地利是一个富有国家,而且在生物能方面有大量可以利用的廉价、高补贴性投资的资本,例如:

• 在与森林相关的产业,高达 30%的投资用于生物质热电联产工厂中的供热部分;

• 30%～40%的项目开支用于农村和小城镇的区域供暖;

• 30%的项目开支用于中等规模的生物质供暖项目(如学校、社区中心等);

• 高达 30%的项目开支用于单一家庭住房的生物质锅炉和烤箱;

• 高达 30%用于热电联产的供暖部分。

奥地利案例会在其他地方重复发生吗?对于其他成功的生物能项目,这些条件是必要的吗?较贫穷国家能负担起这样的项目吗?要回答这些问题,需要更广泛地评估考虑到全部外部性成本的整个能源系统。通过对可再生能源包括生物质能源投资正在迅速增长的情况来判断,市场似乎正迅速走向成熟。

在目前情况下,需要手段来刺激市场,可以是财政的和政治方面的等。但是从奥地利的案例来判断,其他因素对于建立一个市场也很重要,例如高标准教育、人力资源培训和良好的推广策略。

参考文献

For US-specific conversion factors visit http://bioenergy.ornl.gov/papers/misc/energy_conv.html

www.energyagency.at

www.eva.wsr.ac.at

www.ieabioenergy.com/media/20_BioenergyinAustria.html

Nemestory, K. 2005. 'Biomass for Heating and Electricity Production in Austria'(www.energyagency.at)

Worgetter, M., Rathbauer, J. Lasselsberger, L., Dissemond, H., Kopetz, H., Plank, J. and Rakos, C. H. 'Bioenergy in Austria: potential, strategies, and success stories'(www.blt.bmlf.gv.at)

案例 7.3　作为小岛屿的一种可再生技术选择的沼气

Sarah Hemstock

引言

正如第 4 章"二次燃料(液体和气体)"中指出的那样,沼气是一种很重要的能源,特别是在亚洲国家,如中国、印度、尼泊尔和越南。尽管沼气越来越多地应用于大型工业,目前主要尚为小规模应用。其他能源选择很少的小农村社区对其特别感兴趣。沼气是一个很有吸引人的选择,因为它可以同步提供各种效益:

(1)能源;

(2)卫生;

(3)肥料。

本案例研究的是南太平洋岛屿国的各种小岛屿社区沼气使用情况。

图瓦卢是西南太平洋的一个独立的君主立宪制国家,位于斐济以南约 1 000 km,总陆地面积仅为 26 km^2,其专属经济区扩展约 750 000 km^2。它由九个低洼的珊瑚环礁、岛屿和无数小岛组成,最大的岛屿仅有 520 hm^2,最小的 42 hm^2。平均海拔是 3 m,首都富纳富提岛只有 2.8 km^2,但居住人口占总人口一半,约 11 000 人,占有 2/3 的国民生产总值(GDP)。

这个国家被视为特别易受海平面上升和风暴活动增加的影响,因为海平面以上的最大高度是 5 m。气候属亚热带,全年温度变化范围为 28～36℃,且没有明显的干、湿季区别。全年平均降水量是 2 700～3 500 mm,但是岛屿之间有显著变化。养猪是一个传统行业,每户至少有一头猪(Rosillo-Calle 等,2003;Woods 等,2005;Alofa Tuvalu,2005)(表 7.1)。

表 7.1 岛屿/地区上的家庭和牲畜的数目

岛屿/地区	户数	猪	鸡	鸭	猫	狗	其他
富那富提	639	2 275	428	65	666	931	40
其他岛屿	929	6 519	12 244	2 827	1 301	1 019	113
图瓦卢	1 568	8 794	12 672	2 892	1 967	1 950	153

来源:阿洛法·图瓦卢调查,2005;Hemstock,2005;图瓦卢 2002 年人口和住房普查,卷 2:分析报告;社会和经济福利调查 2003,Nimmo-Bell & Co。

图瓦卢的经济几乎完全依赖石油。2004 年总能源消费量是 4.6 ktoe,其中石油占总一次能源消费的 82%(3.8 ktoe),生物质约占 18%(0.8 ktoe)(见第 5 章图 5.2 和图 5.3)。这个总量也包括苏瓦、斐济的两条船舶(Nivaga Ⅱ和 Manu Folau)消费的柴油(Hemstock 和 Raddane,2005)。

能源消费

每人每年的能源消费超过 0.4 toe(相当于英国或法国人均的 1/10)(Hemstock 和 Raddane,2005)。目前,图瓦卢所有的石油均靠进口,这造成了其脆弱的地位,因为油价上涨和全球石油产量下降意味着图瓦卢的经济掌握在石油供应商的手中。

煤油应用

据估计,图瓦卢的家庭煤油的使用量为每年 263 toe,与用于航空运输的 170 toe 相比,这个数量是相当大的(Hemstock 和 Raddane,2005)。

使用沼气作为烹饪燃料将会减少煤油的使用量。沼气是有机物质的厌氧发酵产生的。生产系统相对简单,几乎可以在任何地方小规模和大规模运转,产生的是具有多种用途的生物天然气。这是图瓦卢的一项非常重要的技术选择,因为厌氧消化能够在处理家庭和农业废弃物方面做出重大贡献,从而可以缓解废弃物造成的严重的公共卫生和水污染问题。残渣可以用做肥料(假如没有污染物),并且实际上比原来的粪肥效果好,因为发酵过程使氮素以更有效的形式被保留。杂草种子也被杀死,且气味减少。另外,它降低居民在烹饪用燃料上的家庭花费额,为家庭花园提供大量必需的堆肥(海水侵蚀已经污染了传统的芋头坑),从而有助于粮食安全。处理目前冲刷到湖泊中的猪废弃物,可提供来自养猪和销售沼气的额外的家庭收入。

另外,在一个如图瓦卢这样的国家使用沼气,可提高农业生产力。所有的农业残留物、动物粪便和社区内产生的人类排泄物都可供厌氧发酵。甲烷生成后返还的沼渣液，养分含量较高；甲烷的生成过程碳氮比缩小，还有少部分有机氮被矿化成铵（NH_4^+）和硝酸盐（NO_3^-），即作物可以立即利用的形式。由此产生的沼渣液的短期肥效是粪便的两倍，长期内则肥效减半（Chanakya 等，2005）。而在热带气候条件下，例如图瓦卢，短期肥效是最重要的，因为即便是粪肥的难降解部分也会因快速生物活动迅速分解。因此提高土地肥力可能会增加农业生产。增值收益包括改善生活，通过提高土地生产力而提高当地的粮食安全和增加收入。

小规模沼气池

小规模沼气池适用于中小型乡村农场。典型固定式钟罩形顶的小规模沼气池尺寸的变化范围，是从适用于小型单个家庭农场的 4～5 m^3 总容量设计，到 75～100 m^3 的总量设计。一个容量为 100 m^3 的沼气池每天可以处理约 1 800 kg 的粪肥，适用于约 30 头牛或 150 头猪的农场。这个规模最适合图瓦卢的示范养猪场——在富纳富提的一个社区拥有的养猪场，在那里人们租用畜栏来养猪。

基本的沼气系统中每立方米容积产生约 0.5 m^3 沼气。对于一个六口之家，规模 4～6 m^3 的沼气系统可以满足所有居住和农业用途的日常需求（约 2.9 m^3）。具有气体回收系统的高效沼气池可以减少高达 70％的甲烷排放量，后处理贮留时间越长减排量越大。这项技术可以使中小型农场在能源方面更加自给自足，并减少温室气体排放量。

理论上，可以利用未使用的猪舍废弃物生产沼气（表 7.2）。以占总猪粪产量 60％的保守收集率，以及家庭为基础的 6 m^3 的沼气池（每个沼气池对 15 头猪）的保守转化效率计算，每天总共可以产生 1 578 m^3 沼气——提供 13 236 GJ/年（315 toe）足以提供全图瓦卢 526 户的烹饪用沼气（也可能提供照明用电）。其他的优点还包括生产堆肥、更清洁的猪圈和清除发臭的危险废弃物。

表 7.2　在图瓦卢猪废弃物中可用于沼气消化的能源

总猪数/头	猪粪肥的年产量/t	猪粪肥能源的年产量/GJ	每年在沼气池中可用的粪肥总量[a]/t	每年在沼气池中可用的能源总量[a]/GJ
12 328 (60％＝7 397)	3 600	32 400(771(toe)	2 106	19 440(463toe)

来源：[a] 假设收集效率为 60％，因为一些废弃物用于堆肥，一些很难收集（Alofa Tuvalu，2005；Hemstock，2005）。

显然，确定社区对能源服务的需求是计划进程的第一步，这需要通过一系列社区会议实现。此外，对任何基于生物能项目的社区，可利用的资源必须是最初的出发点。那些失败的项目从反面证明，社区必须从开始就参与决策和项目规划过程(Woods 等,2005)。为了确保任何干预的可持续性,妇女要从一开始就参与,因为她们是家用燃料沼气的主要使用者。2005 年 8 月17 日在瓦伊图普的主会场召开了妇女会议(与"妇女周"结合),讨论沼气技术及其实施。100 余名妇女出席了会议。妇女们对这个技术持积极态度,并且一致决定她们将致力于这个想法并希望探究在瓦伊图普实施沼气技术的可能性。

经培训课程和讨论后决定,21 个妇女组成的计划委员会将带着这个想法前往瓦伊图普。接下来几天中,她们制定了一个包括 15 个家庭规模(6 m^3)沼气池系列的实施战略。她们获准使用土地来建造家庭沼气池和猪圈,还为瓦伊图普的两个村庄分别规划了一个更大的社区规模的沼气池,尽管关于建造社区沼气厂的位置尚没有达成一致意见。妇女们还决定推广在家庭庭院里建造家庭规模沼气池。

如同上面图瓦卢的例子,这里再次利用未使用的猪废弃物生产沼气(表 7.3)。以占总猪粪产量 60%的保守的收集率和基于家庭规模 6 m^3 沼气池(每个沼气池 15 头猪)的保守的转化率,每天可以产生 263 m^3 沼气,每年提供 2 433 GJ(58 toe)。相当于图瓦卢所有家庭烹饪用的总煤油量。足够为 91 户家庭提供烹饪用沼气(也可能提供照明用电)。其他的优点还包括生产堆肥、更清洁的猪圈和清除住所周围发臭的危险废弃物。

表 7.3　瓦伊图普猪废弃物中可获得的沼气能源

瓦伊图普的总猪数/头	猪粪肥的全年产量/t	猪粪肥产生的能源的全年产量/GJ	每年在沼气池中可获的粪肥总量[a]/t	每年在沼气池中可获的能源总量[a]/GJ
2 267	662	5 957(142 toe)	397	3 574(85 toe)

来源:[a] 假设收集效率为 60%,因为一些废弃物用于堆肥,一些很难收集(Alofa Tuvalu,2005;Hemstock,2005)。

立在瓦伊图普成功的基础上,在富纳富提进一步召开了 8 个妇女组织的系列会议,参会的还有以富纳富提为基地的外岛屿的妇女协会和一个妇女园艺协会。从阿洛法·图瓦卢直接与社区工作和项目的受益人一起工作和开始规划开始,直到项目完成,一直召开妇女组织参加的会议。这个方法给予受益者对项目的主人翁意识,并有助于确保任何干预和回收策略是社会、环境和经济上可持续的。从刚开始就要接触妇女组织,因为妇女是沼气的主要使用者,任何与项目实施有关的活动都应有她们的直接参与。

每次会议的基本模式是:

- 描述阿洛法·图瓦卢的背景和"小即是美"项目;
- 明确气候变化、碳排放和能源利用之间的联系;
- 指出家庭花园的好处(食品安全、提高收入、通过堆肥减少废弃物、降低对进口食品的依赖等）；

- 给出如何建立家庭花园的指导（整地，购买堆肥的地点，播种，灌溉，授粉，收集和储存种子，有机肥和堆肥技术等）；
- 向妇女提供种子（番茄、莴苣、罗勒、甜瓜、西葫芦、辣椒）；
- 描述沼气技术和实施类型——使用印度社区沼气厂和斐济苏瓦猪场的例子。讨论可靠的沼气供应和堆肥生产的附加效益。为妇女提供有关技术信息，以便她们可以制定初步计划战略。

通常情况下，参加人对沼气和家庭菜园的态度特别积极。参加人在制作堆肥和出售剩余的园艺产品方面需求帮助。有人关注阿洛法·图瓦卢是否通过正确的渠道进行项目操作。妇女们想要利用技术并认为实施一个项目的最好方法将是通过 Kaupule（当地政府）。但是阿洛法·图瓦卢强调，希望直接与妇女组织合作，因为妇女是该项技术的主要使用者。妇女们对这个想法充满热情，并希望在富纳富提探索实施沼气的可能性。

在富纳富提，努伊岛妇女协会是最热情的组织。所有的妇女对开始建立自己的家庭菜园非常感兴趣。她们很快就理解了安装沼气设备的想法，并认为它将对努伊岛有利。因为人们喂养了许多头猪且拥有设置沼气池的土地。大多数的努伊岛居民在富纳富提不拥有土地。

在富纳富提，因为努伊岛的妇女没有任何土地，她们提出一个国家体系的构想——沿着苏瓦例子的路线（见下面的“项目可行性分析”）建立比图瓦卢示范养猪场（TMP）更大的养殖场。由于没有任何参加者在 TMP 养猪，因为它建造在属于富纳富提人民的土地上，所以使用时他们有沮丧感。妇女们建议，项目组织者在开始时就必须考虑土地所有权问题。

妇女想要用沼气烹饪，而不是电力生产，因为罐装燃气供应不稳定而且价格较高，这是由于它必须从斐济进口。

以总猪粪产量 60%的保守的收集率和基于家庭规模 6 m^3 沼气池（每个沼气池 15 头猪）的保守的转化效率计，每天可以产生 491 m^3 沼气，提供 4 116 GJ/年（98 toe）。这足够为富纳富提 153 户家庭提供烹饪用沼气（也可能提供照明用电）（表 7.4）。

表 7.4　在富纳富提猪废弃物中可用于沼气消化的能源

富纳富提的总猪数/头	猪粪肥的全年产量/t	猪粪肥产生的能源的全年产量/GJ	每年在沼气池中可获的粪肥总量[a]/t	每年在沼气池中可获的能源总量[a]/GJ
3 834	1 119	10 075（240 toe）	672	6 045（144 toe）

来源：[a]假设收集效率为 60%，因为一些废弃物用于堆肥，一些很难收集（Alofa Tuvalu，2005；Hemstock，2005）。

在努伊，参与者想运行一个大型养猪场（150～200 头猪）和一个像妇女协会项目那样的沼气池。土地已经捐赠给努伊的妇女协会，参与者认为，这种类型的项目将可充分利用土地。经过多次讨论后，妇女作出以下决定：

- 妇女应该接受沼气池运转和维护的各个方面以及养殖业的培训。
- 妇女将轮流照管猪和为猪收集椰子，而且劳动力是免费的。
- 妇女协会将拥有一定比例的猪，可以饲养和出售给图瓦卢合作社商店来产生收入。
- 照看设备的妇女可以免费使用猪圈，而向没有参与工作的人收取租金。
- 妇女协会的成员们将获得廉价沼气，但出售给非成员时价格较高。
- 向妇女协会的成员们提供廉价堆肥，向非成员提供时则价格较高。
- 与沼气池相结合建立一个蔬菜园，向妇女协会的成员提供蔬菜时价格较低，非成员提供时则价格较高。

妇女们对他们在努伊计划项目的前景感到“十分兴奋”，并询问“我们喂猪什么料才能得到更多的沼气?”之类的问题。

基于斐济的 Colo-i-Suva 猪场的项目可行性分析

技术和资源的可行性

这个项目被认为在技术上是切实可行的，评估显示，图瓦卢有非常充分的猪粪资源用于供应计划沼气池。

经济可行性

一个 6 m^3 沼气池的相关费用详列于表 7.5（Colo-i-Suva 农场沼气池是 20 m^3）。

据预计，沼气发电设备要花费 600～800 £，而猪圈的排水系统为 600 £。对于图瓦卢，由于原料的海洋运输费，成本将会进一步增加。

- 假设：
  —沼气厂的使用年限是 25 年；
  —斐济的薪炭成本是 0.03 £/kg；
  —每年沼气池的维修费用是 5.5～8.5 £。
- 每年节约 137.34 £：
  —薪炭（7 kg/d，0.03 £/kg）76.65 £；
  —煤油/液化石油气 18.00£；
  —肥料（沼渣液）42.69£。
- 年度费用 42.46£：
  —维修 8.5£；
  —劳动力 18.96£；

—其他花费 15.00£。

- 成本回收年限 3.6～5.8 年(这个数字不包含任何补贴)。

表 7.5 一个 6 m^3 沼气池的相关费用

装置		
小计-管子和配件(£)	低成本方案 149.83	高成本方案 237.73
建筑材料	成本范围/£	
砖或石头	68.14	108.11
沙	16.03	25.44
砾石	6.41	10.17
劳动力	24.05	38.16
杆-8 mm	4.88	7.74
水泥	76.95	122.10
共计	196.46	311.71
总建筑费用	346.46	549.44

预期的执行问题

暴雨时期过后,斐济的沼气池偶尔会注满雨水,必须排除。农民没有在猪圈和沼气池之间设立管道,所以它们有时会被阻塞。

诸如雨水冲入沼气池这样的问题,可以通过正确的整地很容易地避免;由于不适当维修也会引起项目的其他技术问题。培训和定期的维修计划可以解决这些问题。

目前在环状珊瑚岛上没有实施沼气技术的例子。由于高地下水位和海水泛滥的困难,建设成本可能比预期的高。

图瓦卢的土地使用权问题非常复杂,因此开始建设之前必须解决任何土地使用问题。

对于这种类型的项目,在设备的使用年限中,创新融资对消费者通过延长设备的寿命来消解能源转换技术的高初始成本可以发挥重要作用(见上述的成本分析)。对于贫困农民运行的小规模沼气池尤其是如此,很明显,他们没有什么东西可作抵押,而且也不熟悉正规的信贷系统。

本案例的主要经验是什么?它表明沼气是某些小社区的潜在替代燃料。另一个重要的经验是,采取自下而上的方法是至关重要的;也就是说,那些从一开始就参与该项目的人(这个案例中的妇女们)受益最多。

参考文献

Alofa Tuvalu. 2005. Tuvalu field survey results: July-October, Alofa Tuvalu, 30 rue Philippe Hecht, 75019 Paris, France

Chanakya, H. N., Svati Bhogle and Arun,. A. S. 2005. 'Field experience with leaf litterbased biogas plants', Energy for Sustainable Development, IX, 2, 49-62

Hemstock, S. L. 2005. Biomass Energy Potential in Tuvalu(Alofa Tuvalu), Government of Tuvalu Report

Hemstock, S. L. and Raddane, P. 2005. Tuvalu Renewable Study: Current Energy Use and Potential for Renewables (Alofa Tuvalu, French Agency for Environment and Energy Management-ADEME), Government of Tuvalu

Matakiviti, A. and Kumar, S. D. 2003. Personal communication, South Pacific Applied Geoscience Commission and Fiji Forestry Department of Energy, Suva, Fiji Islands

Rosillo-Calle, F., Woods, J. and Hemstock, S. L. 2003. 'Bioenergy resource assessment, utilization and management for six Pacific Island countries', ICCEPT/EPMG, Imperial College, SOPAC-South Pacific Applied Geoscience Commission

Woods, J., Hemstock, S. L. and Bunyeat, W. 2005. 'Bioenergy systems at the community level in the South Pacifid: impacts and monitoring, greenhouse gas emissions and abrupt climate change: positive options and robust policy', Journal of Mitigation and Adaptation Strategies for Global Change(in press)

案例 7.4 椰子和麻风树果制生物柴油

Jeremy Woods and Alex Estrin

介绍

多年生油料植物是热带半干旱气候景观的共同特征。通常人们对很多这些植物种类知之甚少，尽管在传统文化中它们被广泛应用。从生产生物柴油或纯植物油角度尤其如此。在某些情况下，它们可用作运输中的柴油替代燃料，或是独立应用于发电机。在这里，评估生物柴油生产的两个潜在油料来源。当然,这并不意味着许多其他有希望的候选作物不存在,其中有些可能比下面评估的两种具有更有益的产量和特征。事实上,根据 Choo 和 Ma (2000),作为潜在的生物柴油资源而研究的作物包括:油菜/油籽菜、向日葵、椰子、玉米、麻风树、棉籽、花生和棕榈。在这些作物中,油菜占当前全球生物柴油生产 80%以上,向日葵占 13%,大豆和棕榈油各占 1%,其他作物正处于研究与开发阶段。

本案例研究提供了评估和计算以下两个物种的能源生产潜力的简单方法:

- Cocos nacifera,通常称为椰子;
- Jatropha curcus,通常简称为"麻风树"(小桐子)。

Cocos nacifera—椰子

超过 93 个国家种植椰子树,种植面积超过 1 200 万 hm^2,每年产生相当于 1 000 万 t 干椰肉(干燥的椰子肉)。椰子可以提供食品、饮料、药品、住房,并且数百万的小农种植户依赖其维持生计。在世界上的很多地方,它具有社会、文化和宗教内涵,120 多个国家消费其产品包括椰子油。

历史上,椰子贸易的出口收入带来了很好的收益。但是最近椰子面临主要起源于远东的棕榈油的巨大压力。因此大面积广泛的椰子种植园(其中许多存在于热带和亚热带的小岛屿上)正在被遗弃或是垮掉,严重影响了历史上依赖这种植物维持生计的当地居民。收获椰子,以及使用含油丰富的果实、能量丰富的壳和残留的植物材料生产能源,可为目前低价值种植园和居民提供一个新的收入来源。为评估图瓦卢的岛屿的这种可能性,详情如下:

什么是椰子?

用椰子树生产能源的选择包括使用:

- 树的植物残留,包括树叶、椰壳和一次成熟后的主干本身;
- 果实,(称为"坚果";见图 7.1)。成年树可以在各种成熟阶段提供大量果,且这些果可以全年生长。果实由一个厚厚的纤维壳保护,一旦成熟就会落到地上而无损害。落到地上后 3~7 个月内就会萌发,在这期间它可以随着海流经过很长的距离到达新地方。果实本身含有纤维外层即坚硬的富含木质素的外壳,相对较薄的一层柔软的含油丰富的白色果肉黏附在壳的内表面,内部的液体或"奶"主要成分是水,但仍然是一种营养饮料。

椰子产生的生物柴油或纯植物油(PPO)用作柴油替代物,果肉是果实的最重要部分,其平均组成为:

- 未干的:

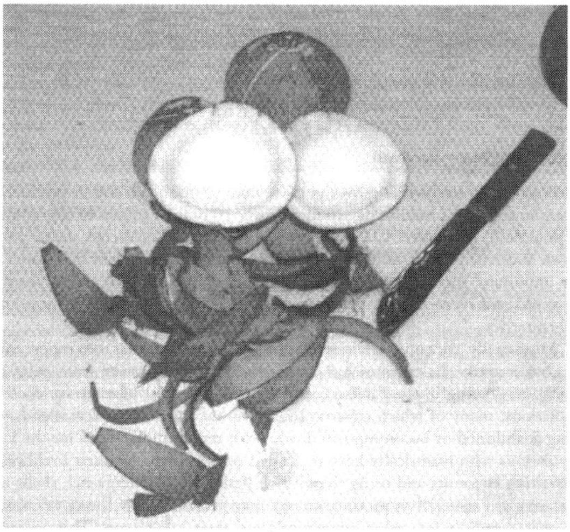

图 7.1 椰子和椰子壳

—50%的水；

—34%的油；

—16%的脂肪、蛋白质等。

- 干椰肉(干果肉)：

—5%的水；

—64%的油。

生物柴油或 PPO 的潜在产量取决于：

- 每单位土地面积(公顷)的树数；
- 棕榈树生产力(每棵树的果实产量)；
- 果实的质量，加工成干椰肉和进入市场的渠道；
- 干椰肉的榨油率：

—通常每千克干椰肉产 400 g 油；

—可以获得干椰肉中含有的约 60%的总油量。

假设椰子油的能量含量为 43 GJ/t(37～43 GJ/t)。这种油的密度为 0.91 kg/L，与此相比，矿物柴油的能量含量为 46 GJ/t，密度为 0.84 kg/L。

椰子油的基本物理和能源性质与矿物柴油相似。一些柴油机(过滤和合理的 pH 调整之后)利用改进的燃料供应系统可以直接使用椰子油，或是椰子油经酯化后可以在未经改进的柴油机中直接使用。

计算椰子的油和能源产量

使用这种方法可以计算出从椰子种植园获得的潜在的油和能源产量的粗略估计，例子列于表 7.6。

表 7.6　计算椰子的潜在油产量和能源收获率

项　目	低	中	高
每公顷椰子树/棵	151	254	351
每棵树的果/数	20	80	120
果肉/果(50%水分)/kg	0.276	0.34	0.416
壳/果/kg	—	0.2	—
每公顷果肉(50%水分)/kg	2 084	7 004	17 522
干椰肉/果(5%水分)	1 146	3 852	9 637
每千克干椰肉可回收的油/kg	0.3	0.4	0.55
每公顷可回收油/kg	344	1 541	5 300
每公顷可回收油的升数	378	1 693	5 825
每公顷可回收的能源/GJ	14.8	66.3	227.9

来源：Woods 和 Hemstock(2003)。

经济意义

椰子生产生物柴油的经济意义特别与产地的情况相关。但是在用干椰肉/油出口的农村地区椰子收获已经变得不经济。在需优先考虑进口矿物燃料和电力的地区，使用椰子油替代矿物柴油具有经济意义。在图瓦卢的案例中，使用如下所述的椰干油，有着强有力的宏观经济背景。在其他地点和时间，椰子用途调整为生物柴油生产的经济基础可能会非常不同。

在 2002 年年底，图瓦卢的椰子合作社收购干椰肉的价格是 A＄1/kg (A＄1000/t)，这个价格也包含了社会补贴，目的是促使外岛继续生产干椰肉。这个价格相当于每升椰子油 1.2 美元，而进口柴油的价格是 0.55 美元 (2001/2002)。但是干椰肉的世界市场价格为 A＄300～400/t(A＄0.3～0.4/kg)。除了合作社付的价格，还需花费 A＄200/t(A＄0.2/kg)将干椰肉船运到斐济。因此，运输干椰子肉到斐济的总费用是 A＄1.3/kg，与此相比世界市场价格约为 A＄0.35/kg。于是图瓦卢为支持干椰肉生产，规定椰子油的价格是 A＄1/kg 或 A＄2/L(1.20 美元)。

如果图瓦卢不是大量补贴干椰肉出口，而是将椰子变成电力生产的原料，每升柴油将会节省 0.55 美元(2002 年的价格)，干椰肉船运费用将会节省 0.12 美元/L，结果是用于电力生产的每升椰子油总共节约 0.67 美元。

实际上，图瓦卢向斐济运输椰子油最少花费 0.78 美元/L，但是进口生物柴油的价格是 0.55 美元/L。

通过使用椰子油发电，图瓦卢可节省：

- 进口柴油的费用；
- 补贴干椰肉生产和运输的费用。

用椰子油生产电力，需改造图瓦卢原使用的柴油发电燃料供应系统，以及从干椰肉中榨油，都将会产生额外的成本。另外，残留的椰干核具有作为猪饲料的价值。也可以生产其他的能源产品，包括椰子壳和皮生产的木炭或发生煤炉气。椰皮也是贫瘠土壤的良好的土壤改良剂。

麻风树

麻风树是一种起源于拉丁美洲的多年生灌木，目前广泛分布在世界上的干旱和半干旱热带地区。尽管它的发源地在中美洲，人们普遍认为是由于其药用价值，在16世纪葡萄牙航海者将一些麻风树品种从美洲带到印度。作为大戟属科的成员，它是一种抗旱的多年生植物，寿命长达50年。还可以生长在贫瘠土壤中。它能长成大树或密集的灌木丛。不论是大树还是灌木，总是绿色的，可以用做驯养动物或阻止野生动物进入的活篱笆。

依据当地的气候条件，树木可以长到7～10 m高。但是在雨养地区发育迟缓，灌木可能只达到2～3 m高。在种植园中生长的麻风树有一个主干，每个节点有两个分枝，主干直径的变化范围是100～250 mm。麻风树结实期可长达25年，果实是25 mm长的椭圆形。这些果实最初是绿色的，但是随着成熟会变成带有金黄色泽的淡黄色。在干燥过程中颜色变暗，完全干燥后是黑色的。干果裂开时，会发现有三个区室pockets，每个区室里有两粒种子，种子约占干果总重量的65%。种子含油丰富，经过提取可用于制造肥皂、油和/或生物柴油。

种子成分：

- 19%的油；
- 4.7%的多酚。

能量含量(HHV)：

- 种子(水分含量为0)是20 MJ/kg；
- 油，37.80 MJ/kg。

油部分的组成是：

- 饱和脂肪酸，棕榈酸(14.1%)，硬脂酸(6.7%)；
- 不饱和脂肪酸，油酸(47%)和亚油酸(31.6%)。

根据不同的土壤类型，麻风树的种植间隔是0.2～2.5 m，可以存活30～50年。它的十六烷值是51，而柴油是45。这表明麻风树油不会像矿物柴油一样容易点燃。麻风树毛油的一个主要缺点是它的固化温度比矿物柴油低，因此当气温下降时会阻碍流向燃烧器或发动机。

除了水涝地、沼泽地和沙漠，麻风树可以成功地生长在各种类型的耕作土壤上。大部分热带和亚热带地区是麻风树的理想种植区。它可以在沿山的松软、多岩石的、有坡度的土壤，以及中等肥沃的土地上生长，也可以沿着沟渠、水流、农作物的边界，以及沿着公路和铁路线生长。土壤的 pH 值应该在 5.5～6.5，最小降雨量临界值是 500～750 mm。

麻风树可以通过播种或直接种植现有茎或分枝的短茎段。建议每公顷每年施用 50 kg 尿素、300 kg 单过磷酸盐和 40 kg 硝酸钾。

麻风树的油和能源产量

种植密度和产量与种植地点高度相关。作为经济作物发展，麻风树还处在非常早期的阶段。这意味着在评价可以获得的潜在产量时应该格外小心。这里提供一个实例计算，以供参考：

- 假设每公顷可以种植 2 500 棵麻风树，每棵树每年至少可以获得 1 kg 麻风果①，那么每公顷将获得的总果实产量是 2 500 kg；
- 种子质量将是 1 625 kg(65%的果实质量)；
- 假设种子的含油量是 60%，从麻风果中可以收回的总油量将是每公顷 975 kg，即 36 855 MJ/hm^2；
- 榨油机的榨出率约为 60%，所以计算出最终可收回的油产量是 22 000 MJ/hm^2(585 kg)。

每个种子长 10～20 mm，重 0.5～0.7 g。麻风树种子的平均组成(干物质)如下：

- 6.2%水分；
- 18%蛋白质；
- 38%脂肪；
- 17%碳水化合物；
- 15%纤维素
- 5.3%灰分。

油可榨自标准的螺杆式发动机驱动的榨油机，或通过手动 Bielenberg-ram 压榨机或从油净化的沉淀物中榨得。种子先连同壳一起被压榨机压碎。然后油立即通过一个压滤器被过滤，并用于生产生物柴油。

典型的植物篱种植时，每年每米麻风树篱可生产约 0.8 kg 种子(Henning, 2000)。麻风树的果实包含约 35%的黏性非食用油，可以用于生产化妆品原料，作为烹饪和照明的燃料，以及柴油燃料的替代(Bhattacharya 和 Joshi, 2003)。在农村地区，高品质的油也可用于制造肥皂，使当地妇女有机会获得额外收入，从而加强她们的经济地位。另一个压榨副产品油饼，可以用做优质的有机肥或是运送到沼气厂(Bhattacharya 和 Joshi,2003)。

①这似乎很低；有时预期单株植物可以产 1～5 kg。

参考文献

Bhattacharya, P. and Joshi, B. 2003. 'Strategies and institutional mechanisms for large scale cultivation of Jatropha curcas under agroforestry in the context of the proposed biofuel policy of India', Indian Institute of Forest Management, ENVIS Bulletin on Grassland Ecosystems and Agroforestry, vol 1, no 2, Bhopal, India, pp58-72

Choo, Y. -M. and Ma, A. -N. 2000. 'Plant Power', Chemistry & Industry, 16, 530-534

ECOPORT/FAO. 2006a. 'Cocos nucifera "Coconut"', http://ecoport. org/ep? Plant=744(accessed 16 February 2006)

ECOPORT/FAO. 2006b. 'Jatropha curcus', http://ecoport. org/ep? Plant+1297(accessed 16 February 2006)

Henning, R. K. 2000. 'Use of Jatropha curcas oil as raw material and fuel: an integrated approach to create income and supply energy for rural development; experiences of the Jatropha Project in Mail, West Africa', Weissenberg, Germany, available at www. jatropha. org (accessed 17 February 2006)

Lele, S. 2004. Biodiesel in India, 44pp, Vashi, Navi Mumbai, India, available at http://www. svlele. com/biodiesel_in_india. htm (accessed 17 February 2006)and/or http://business. vsnl. com/nelcon/iintro. htm

Woods, J. and Hemstock, S. 2003. 'Tuvalu coconut oil bioelectricity potential' http://www. iccept. imperial. ac. uk/research/projects/SOPAC/index. html(accessed 16 February 2006)

案例 7.5 生物质在碳储存和气候变化中的作用

Peter Read[①]

引言

从气候变化和碳循环的角度上，生物能在科学上不同于其他零排放能源系统(和大部分可再生)。这是因为在其初始阶段即生产原料生物质时，

① 新西兰，梅西大学。

通过光合作用从大气中积极地吸收 CO_2。

而其他的零排放系统只是简单地避免增加 CO_2 的已有量。因此即使是普遍采用这些系统，也仅能实现将碳库中的 CO_2 减排放入大气 CO_2 的过程。即在生物圈[在可预知的温度压力和正常的排放情况下，易于转变为净排放源(Cox 等，2006)]和海洋表层，CO_2 生成碳酸[已经达到威胁海洋生态系统的食物链的浓度 (Turley 等，2006)]，反过来碳酸流入更深的海洋。

在 20 世纪 90 年代后期，由于改变了煤作为大量碳排放源(尤其是然煤电厂)，变为零排放[如果排获效率小于 100%时近于零排放(IPCC，2005)]技术的出现，CO_2 的采集、压缩和封存 (CCS)的观念十分引人注意。不久，将生物能与 CO_2 联系起来的概念就问世了(Obersteiner 等，2001)。

生物质碳储存构成了一个碳负排放系统，其消耗生物能产品越多，大气中保留的 CO_2 越少。通过使用销售生物能产品的收入，支付购买生物质原料和安全处理 CO_2 废弃物的费用，生物质碳储存积极地减少大气中的 CO_2。在足够大的规模上，能导致大气中 CO_2 水平降低到上述渐进线以下。

解决潜在的气候突变—— 一次专家研讨会

早期的讨论提出(Schelling，1992)，“灾害的保险是做有关温室气体排放的高额花费的事情”。这甚至在发达国家也适用，在这些国家，高收入主要来自不受逐渐的气候变化影响的活动。UNFCCC 的条款 3.3 中规定，各国有采取这种预防措施的义务。

十年后，出现了对气候突变事件不可避免的这一点的关注(Alley 等，2001)。虽然国家科学院的作者没有断言在高破坏事件类中是必然的。但是最近，“稳定 2005”研讨会(Schellnhuber 等，2006)关注的研究表明，对于这个高破坏事件，气候系统可能已接近临界值。随后的媒体报道涉及可视为这种变化前兆的事情。其中包括测量的“墨西哥湾流”的减缓，西伯利亚冻土融化而导致的甲烷释放，以及北冰洋冰盖的夏季南部极限线的后退。

在此背景下，加上对生物质碳储存潜力的新认识，联合国基金会“更美好世界基金”资助了 2004 年 9 月底在巴黎举行的专家研讨会。它的任务宣言是“解决潜在气候突变的政策影响”(详情见 www.accstrategy，链接到随后的同行评议的文章，即将刊登在《全球变化的减缓和适应策略》的专刊 第 11 卷，第 1 期)。

研讨会达成的结论是：敦促决策者鼓励全球生物能源市场的发展，进行液体生物燃料如乙醇和合成(如 Fischer Tropsch)生物柴油等世界贸易(主要是“南北”贸易)(Read，2006a)。

这被视为两阶段战略的第一个阶段(Read 和 Lermit，2005)，促使全社会准备科学证据，来说明潜在的气候变化已经成为迫在眉睫的气候突变。

这可能是低成本或负成本的，取决于世界石油价格的未来发展。但需要很长的时间。这是因为需要全世界实施众多可持续的土地改良项目，以实现在传统农村产品生产的同时，生产出生物能源。

第二阶段——联系碳捕捉和封存以构成生物质碳储存——可能成本是昂贵的(尽管在气候突变迫在眉睫的情况下是合理的)。但是，假如在执行第一阶段时已经进行了必要的基础工作，可以相对较快地完成。这些基础工作应该包括设计用于随后改造碳捕捉和封存的生物能系统，以及勘察适合的 CO_2 处置地点，如深度含盐蓄水层。

储存与封存

本案例研究中，“储存”比“封存”的含义更广泛(特别是在北美洲)，碳储存已经逐渐与碳捕捉和封存关联；在其他一些情况下则与永久性森林种植园①相联系。更广泛的意义是作为专家研讨会提供的不断增加的知识成果而出现，包括通过光合作用从大气中获取碳的多种最终目的。

这些目标包括增加由土地生产力造成的土壤和叶类物质中活性的碳的数量增加，以及经管理后土壤中长期存在的碳量的增加。后者利用落叶树的“枝生”木材促进白色真菌的活动，为温带地区的土壤形成和深层积累提供基础(Caron 等，1998)，并用生物炭②作为土壤改良剂。在巴西被称为“普雷塔土壤”(葡萄牙语意“黑土地”)。这项技术为前哥伦布时期在亚马逊河流域的贫瘠黄壤上的农业提供了可能，是“埃尔多拉多”神话的起源③。

生物炭土壤改良也是日本传统的土地改良技术，目前印度尼西亚[在清洁发展机制(CDM)下]，澳大利亚(联合履约)和日本(国内的多重环境目标)正在实施一些项目证明其潜力(Ogawa 等，2006)。对全球减排潜力的估计表明，仅普雷塔土壤一项即可吸收能源部门几十年的碳排放(Lehmann 等，2006)。特别是这项技术可以证明撒哈拉以南含盐深水层的地质前景不佳，(Haszeldine，2006)而土壤生产力可支持可持续的农村发展的重要条件。

整体减排战略

从大气中吸收的碳的多种潜在储存量的可获性引导人们认识到，京都

①这个观点已经遭到环保组织的严厉批评，他们认为对于存在火灾、虫害和其他自然灾害风险的森林没有永久的保证。但是，在商业林业情况下，一个“正常”的森林通常是生长到一半，由于砍伐(生产木材和燃料)和再种植，从新种植的幼苗到成熟树木，每一个组群都有同等的种植面积，只要存在商业动机就会有永久的碳储量(例如，在现有背景下，只关注最近的气候变化和对森林产品的需求)。

②生物质高温分解的产物，广泛地被误称为“木炭”。见 Read，2006a。

③在早期开拓者之后，几十年来没有欧洲人再访问亚马逊河，当他们到达时前哥伦布时代文明已经消失了，大量人口被早期开拓者遗留的麻疹和天花夺去了生命。

议定书减少人类活动 CO_2 排放，无论是渐进的还是潜在的剧变方式，可能不是减缓气候变化的最好方法，这体现于京都议定书。这种方法基于的经济理论处理问题的观念是，将污染即排入河流中的污水减少到一个可以接受的水平，以防止过多鱼类死亡。但是陆地生物圈排放和吸收的 CO_2 等物质是人类活动排放的 20 倍。

因此，从经济理论角度分析，人类活动排放 CO_2 不是一个流动污染问题。温室气体减排问题类似于向河水中增加更多的纯水，以增加进入湖的总流量，充分提高湖水的储量但却对湖滨城市造成洪水泛滥的威胁。在这种情况下，明智的做法是考察所有的流入湖中的水流，水流出湖的方式，以及随后流向何处。这就是整体减排战略途径（Read 和 Parshotam，2006）。巧合的是，它不仅提供了比京都模式排放上限可见的更有效的减排，而且正如在其他地方所概括的，还提供巨大的共同利益和地缘政治利益（Read，2006b）。

图 7.2 通过生物能生产和碳储存等的三项技术，阐明这种途径的效果。包括大约 400 万 hm^2 的甘蔗产乙醇，木质残留物用于发电；和从大约 700 万 hm^2 的柳枝稷中提取出蛋白质作为动物饲料，纤维素部分发酵生产乙醇，残留物用于发电；10 亿 hm^2 的 25 年生轮作森林，提供木材和乙醇电力。碳储存于立木，低成本发酵过和适用于生物质燃料热力发电产生的较高 CCS 成本的烟气的 CO_2 储存，还有留在地下被生物燃料替代的化石燃料中储存的碳。

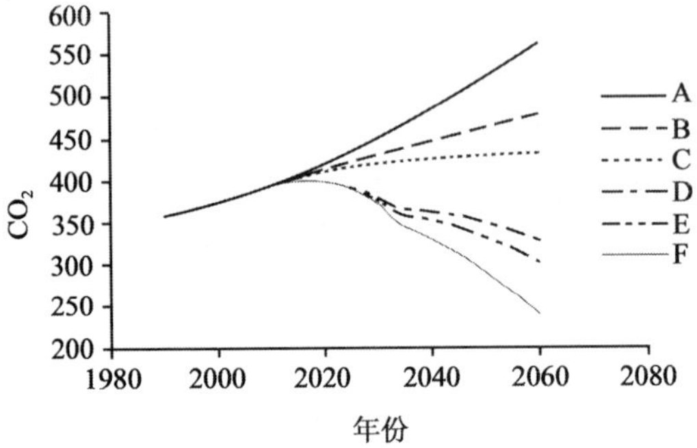

图 7.2　含碳储存的生物能源——对大气中 CO_2 浓度的影响

图 7.2 中的 A 线再现了在高物质增长、消费导向、国际气候变化专门委员会（IPCC）的 SRES A2 气候变化情景下的大气中的碳路径。当只有甘蔗生物能源时时降低至 B 线，而在有甘蔗和柳枝稷两种生物能共同参与时减低至 C 线。在这两种情况下都没有 CO_2 储存。D 线显示加入造林活动增加产生的碳储存效应。应该指出的是，大部分早期影响在 2025 年之前产生（当

种植园面积不再增加，且在上一年作物清除后的土地上继续种植)，源于立木材积的碳储存日益增加。因为 25 年中每年种植 4 000 万 hm^2，且上一年的树木继续产生更多的生物质直至成熟和最终被砍伐。

图 7.3 说明了扩大全球生物能市场而不考虑其可持续问题的后果。A 线和 D 线如前，但 G 线、H 线和 I 线显示出土地用途改变对 D 线的影响，通过扰乱土壤中碳以及焚烧清除现有植物(与后者大致对应的是，破坏茂密的热带森林以种植棕榈树，正如在印度尼西亚的报道(Monbiot，2005))。相应的结果是每公顷排放 30 t、90 t 和 300 t 碳。

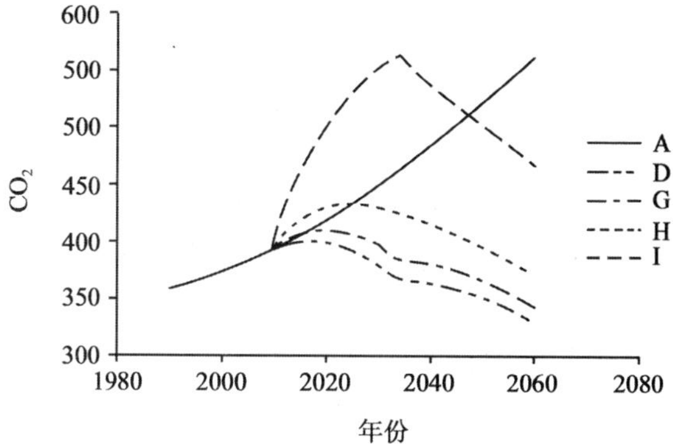

图 7.3　在土地利用变化情况下生物能源对 CO_2 释放的影响

因此，对“污染者付费”原则的设想转变成地球绿化，和对位于具有较高潜在净初级土壤生产力地区的发展中国家的进步而言，需要了解那种仅仅关心能源安全推动的全球生物质能项目固有的风险而进行调节。如果由于即将发生的气候突变，气候变化问题变得相对短期化，这类项目可能弊大于利。

即使是善意的土地利用变化的结果也并不总是乐观的(Woods 等，2006)，对整体战略的假设是不断发展的对食品、纤维和燃料的商业需求受到气候变化政策措施的限制，并通过监测和认证程序进行调整，在良好愿望有时无法实现的情况下将会取得成功。特别是选定某些发展中国家参与这样的项目，为了达到生物能源出口国的可持续发展及进口国的能源安全和减缓气候变化承诺的相互预期利益的目的，必须以出口国同意对外谈判、透明监测和认证可持续发展标准为条件。

通过调节世界市场对这些传统商品和减缓气候变化的新公共物品的需求，与当地社会经济发展和环境质量，可以衡量成功的大小。为此，需要一个确保在讨论中的土地上生活的居民参加和承诺的参与性框架。因此，关于整体战略的发展潜力至关重要的第一步，是一个大规模的能力建设项目，目的是培训所涉及国家的人民，开展使当地社区愿望和国家经济发展战略一致化的国家推动的项目，以及提供持续不断的技术和商业支持。

按照土地利用控制要求决定土地利用变化格局。也就是在整体战略下，不言自明的是在商业用途之外要留下足够的土地，以提供维持现有全球生物多样性必需的保护区、迁徙路线等。这可由土地利用技术的政策驱动的投资产生的财富以外的财源如生态旅游获得资金。

结论

由于其具体的科学性与其他可再生能源技术不同，作为全球生物能源市场的原材料，生物质在任何减缓气候变化项目中发挥关键作用。与各种各样的碳储存联系，它在证明气候突变已迫在眉睫的事件中发挥独特作用。因此，这种市场的发展提供了针对 UNFCCC 的 3.3 条款的独特行动。8 国联盟承诺全球生物质能源合作关系及其以促使发展中国家参加这种合作关系能力建设的相关承诺，可以为这种应对行动提供可行途径。它给合作国提供寻找本国以外的机会，以满足他们的减排承诺。而不只是为了使生物能源出口国能出口生物能源而与生物能源进口国共享技术。但是，如果单纯从能源安全的观点考虑，减缓气候变化以及合作伙伴关系的可持续发展的风险是很明显的。

参考文献

Alley, R. B, et al. 2001. Abrupt Climate Change: Inevitable Surprises, National Academy of Science Report

Carbon. , C. Lemieux, G. and Lachance, L. 1998. 'Regenerating soils with ramial chipped wood', Publick on 83, Department of Wood and Forestry Science, Laval University, Ouebec (http://www.sbf.ulaval.ca.brf/regenerating_soils_98.html)

Cox, P. , Huntingford, C. and Jones, C. D. 2006. 'Conditions for sink-to-source transitions and runaway feedbacks from the land carbon cycle', Chapter 15 in Schellnhuber, H. j. , Crammer, W. , Nakicenovic, N. , Wigley, T. and Yohe, G. (eds), Avoiding Dangerous Climate Change, Cambridge University Press, Cambridge, pp155-162

Haszeldine, R. S. 2008. 'Deep geological carbon dioxide storage: principles, and prospecting for bio-energy disposal sites', Article 3 in 'Addressing the Policy Implications of Potential Abrupt Climate Change: A Leading Role for Bio-Energy', Mitigation and Addaptation Strategies for Global Change, vo 11, no 1, pp377-401

IPCC. 2005. Special Report on Carbon Dioxide Capture and Storage, Cambridge University Press, Cambridge

Lehmann J., Gaunt, J. and Rondon, M. 2006. 'Bio-char sequestration in terrestrial ecosystems-a review', Article 4 in 'Addressing the Policy Implications of Potential Abrupt Climate Change: A Leading Role for Bio-Energy', Mitigation and Adaptation Strategies for Global Change, vol 11, no 2, pp403-427

Monbiot, G. 2005. 'The most destructive crop on earth is no solution to the energy crisis', Guardian, 6 July 2005, London, p17

Obersteiner, M., Azar, C. Kauppi, P., Mollerstern, M., Moreira, J., Nilsson, S., Read, P., Riahi, K., Schlamadinger, B., Yamagata, Y., Yan, J. and van Ypersele, J.-p. 2001. 'Managing climate risk', Science, 294, (5543), 786b

Ogawa, M., Okimori, Y. AND Takahashi, F. 2006. 'Carbon sequestration by carbonization of biomass and forestation: three case studies', Article 5 in 'Addressing the Policy Implications of Potential Abrupt Climate Change: A Leading Role for Bio-Energy', Mitigation and Adaptation Strategies for Global Change, vol 11, no 1, pp429-444

Read, P. 2006a. 'Addressing the Policy Implications of Potential Abrupt Climate Change: A Leading Role for Bio-Energy', Mitigation and Addaptation Strategies for Global Change, vol 11, no 1, pp501-519

Read, P. 2006b. 'Clearing away carbon', Our Plant, 16/4, (Special issue on Renewable Energy), pp28-29

Read, P. and Lermit, J. 2005. 'Bio-energy with carbon storage (BECS): A sequential decision approach to the threat of abrupt climate change', Energy, 30, 2654-2671

Read, P. and Parshotam, A. 2006. 'Holistic greenhouse gas management', Climatic Change, under review

Schelling, T. C. 1992. 'Some economics of global warming', (Presidential Address) American Economic Review, 82/1, 1-14

Schellnhuber, H. J., w., Nakicenovic, N., Wigley, T. and Yohe, J. 2006. Avoiding Dangerous Climate Change, Cambridge University Press, Cambridge

Turley, C., Blackford, J. C., Widdicombe, S., Lowe, D., Nightingale, P. D. and Rees, A. P. 2006. 'Reviewing the impact of increased atmospheric

CO_2 on ocean pH and the marine ecosystem', Chapter 8 in Schellnhuber, H. J., Cramer, W., Nakicenovic, N., Wigley, T. and Yohe, G. (eds), Avoiding Dangerous Climate Change, Cambridge University Press, Cambridge, pp65-70

Woods, J., Hemstock, S. and Burnyeat, W. 2006. 'Bio-energy systems at the community level in the South Pacific: impacts and monitoring', Article 7 in 'Addressing the Policy Implications of Potential Abrupt Climate Change: A Leading Role for Bio-Energy', Mitigation and Adaptation Strategies for Global Change, vol 11, no 1, pp461-492

附录Ⅰ　术语表

可及的薪材供应:指在正常的供求情况下,实际可以用于能源目的的木材数量。

农业燃料:指作为农业产品或副产品而得到的生物燃料;这个术语主要包括直接来源于燃料作物和农业、农产品加工业以及动物副产品的生物质材料(FAO)。

风干:燃料已经在当地的大气条件下暴露一段时间后的状态,处于收获和将燃料转换成另一种燃料形式或燃烧形成热能之间。

风干重:这是木材在大气条件下暴露一段时间后呈风干状态下的重量。木材重量可以是风干重或湿重。风干重可能包含8%~12%(干基)的水分。

风干产量(木材):风干木材的近似质量,可以通过风干或浸湿每单位体积的取样木材获得。

风干密度:基于木材重量、体积与大气条件平衡的基础之上的密度。

醇类燃料:指经过发酵获得的作为燃料使用主要是乙醇、甲醇和丁醇的总称。

辅助能源:为一种活动或一段生产期间消耗的农业生产资料而需要投入的能源;例如生产肥料、化学药品所耗费的能源。

动物废弃物:作为沼气池原料的牛粪、粪便、圈舍污泥或肥料。

动物性能源:动物和人类工作提供的能源。对于许多发展中国家的农业和小规模工业,它是一个非常重要的来源。动物和人类提供的搬运和牵引力,以及为自行车、船等交通工具的行驶提供动力(见附录4.3测量动物畜力)。

灰分含量:灰分的重量用标准条件下燃料样品在实验室用炉中燃烧后与燃烧之前重量的百分比表示。灰分含量越高,燃料的能源价值越低。

甘蔗渣:甘蔗中汁液被提取后留下的纤维残留。其重量占甘蔗茎的50%,含50%的水分,热值变化范围为6.4~8.60 GJ/t。它广泛用于发电,也用作动物饲料,以及用于乙醇生产、纸浆和纸、纸板、家具等。

树皮:指树干茎段形成层外面所有组织的总称。其外层部分可能是死的,内层部分是活的。

断面积:在树齐胸高处估计的横截面积;通常用 m^2 表示。每公顷树木断面积的总和用 $G=m^2/hm^2$ 表示(断面积由测量树皮得到)。幼林的普遍值为 10～20 m^2/hm^2,在特殊情况下的老林可达最高约 60 m^2/hm^2 的最大值。

生物燃料:包括由直接来自植物,或是间接来自工业、商业、家庭或农业废弃物的有机物制造的任何固体、液体或气体燃料,而有机物的总称参见生物能。

沼气:是微生物在缺氧情况下分解有机物后产生的燃料。它由近似体积比为 2∶1 的甲烷和二氧化碳气体混合物组成。在这种状态下,沼气的热值为 20～25 MJ/m^3,但该能值可以通过消除二氧化碳得到提高。

生物质:指生物系统产生的有机物质。通过光合作用进行的生物太阳能转换可以产生植物生物质形式的能源,大约是全球每年使用能源的 10 倍。生物质并不包括化石燃料,虽然后者实际也起源于生物质。为了方便,生物质可分为两大类:木质生物质和非木质生物质(见下面的术语),虽然这两个术语之间没有明确的界线。

生物质转换过程:将生物质转换为燃料的方法可以分为:

①生物化学法,包括发酵和厌氧分解;

②热化学法,包括热解、气化和液化。

生物能源或生物质能:涵盖了用生物源有机燃料生产能源时形成的所有形式的能源。它包括专用能源作物以及多用途种植园和副产品(残留物和废弃物)。"副产品"包括来源于人类活动的固体、液体和气体副产品。生物质可看作是一种太阳能转化形式(FAO)。生物质能源有两种主要类型:生物质能源潜力和生物质能源供应(见下面的术语)。

生物质能源潜力:这个术语是指每年产生的生物质能源总量。代表来自作物秸秆、动物粪便、收获的燃料作物和森林中每年增加的木质材的所有能源。

生物质能源供应:在收集各种来源的物流的基础能够进入市场的生物质总量。

生物质清单(总目):土壤(腐殖质)和海洋中的所有生物体和死的有机物。99%的活的有机物是植物生物质,主要是由森林、林地、草原和草地产生。

生物质生产力:单位时间内单位面积或个体的活的和死的植物材料湿重或干重的增加;例如,可以在整棵树或部分的基础上表示生物质生产力。

树干：树的主要长度；树的躯干。

绝干：见烘干一词。

胸径：通常用 dbh 表示。

糖度：糖度 Brix 等级是用来衡量溶液中糖含量。计算糖度(°Bx)，用特定温度下的水中纯蔗糖的比例来表示，无论是体积糖度还是重量糖度。15°B_X 表示 100 mg 水中溶解有 15 mg 糖。另见聚合酶。

灌丛：灌木植被和不生产商业木材的树。

体积密度(容重)：物质重量除以实际体积，用 lb/ft^3，kg/m^3 表示。

燃烧指数：一个算术数值，由燃料水分含量、风速和其他影响燃烧条件的选择性因素，以及缓解着火点的因素和可以估计的可能行为决定。

热值：一种物质中的能源含量。由单位重量的物质完全燃烧时放出的热量的数量决定。它可以用卡路里或焦耳测量；热值通常表示为千卡/千克或兆焦耳/千克。

冠层：由森林树木的枝干和其他植物的叶子产生的总叶面积覆盖，形成了土壤上方的植物覆盖。

碳：在 300℃以上温度、空气存在的条件下，由植物和动物的热炭化产生的固态非团粒的有机物残留。

燃烧能：燃烧释放的能量。它通常是指物质与氧发生反应释放的能量。燃烧时释放能量迅速，而有氧消化时则缓慢释能。可达到的技术温度取决于在空气还是纯氧中燃烧，以及燃烧方法。

商业林业：以生产木材为目的的林业以及作为商业公司经营的其他森林。

常规能源(燃料)：指当前为现代工业社会提供大部分需求的能源(例如，汽油，煤和天然气；木材除外)。这个术语与商业能源几乎是同义词。

转换效率：发电厂把总热能实际转化为电能的百分数。

烹饪用炉：在发展中国家广泛用于烹饪食物。目前有许多类型；大多用生物燃料，特别是木材。其热效率很低，为 13%～18%。

扎(cord)：用来衡量堆积木材的工具，一扎定义为 8 英呎长、4 英呎宽、4 英呎高、总体积为 128 立方呎(0.003 84 m^3)。实践中，一扎所代表的重量和体积略微有变异。

作物残留指数(CRI)：估计作物残留物量的一种方法。定义为某一物种产生的残留物量与作物总量的比率。作物生物质产量通常是作物本身实际重量的 1～3 倍。CRI 由田间作物和作物种类，以及不同的农业生态区决定。

连年生长量(CAI)：一年内产生的总生物质的增加量。必须区分存量的增加量和净产量。两者的差异是凋落物、根萎蔫和放牧造成的数量损失。

分散性能源：在不同的地区产生并在当地使用的能源供应，从产生到供应均维持一个低的能量流。这个术语经常用于可再生能源供应，因为其可以利用自然环境中分散的相对低的能量流产生动力。相反，大规模化石和核能的集中能源供应，产生对集中利用能源而言最经济的大能量流。

传送能：可以利用或消耗的能源的实际数量。这一概念认为，为了获得经济上可使用的每一单位的能源，从早期勘探、生产到运送成为一个系统，每一个环节都会削减下一步可送至使用点的能源的数量。传送能也叫接收能，因为它记录最终传送到消费者或其接收到的能源。

致密生物质燃料：压缩生物质，增加密度的同时也将燃料制成一个特定的形状，例如生物质压块、颗粒等，以方便运输和燃烧。

密度：物体单位体积的重量。以木材而言，不同的密度可称为：

- 基本密度(单位体积新砍伐木材的干物重)；
- 风干密度：单位体积烘干木材的重量；
- 堆积密度：固定含水量下木材的重量——新鲜，风干，等等——包含于单位体积中。

胸径：林务员使用的一种方法，用以确定总高度和树冠测量(直径＋深度)，估计单木体积、平均高度、胸高断面积和平均树冠测量。直立树木的主干的参考直径通常在高于地平面 1～3 m 处测量得到。使得每单位面积的树木种植体积得以估计。

直接燃烧：有机物质在空气中完全热解，以致其所有的能量以热的形式释放出来。

干基：水分含量从总数中减去之后，用于计算和报告一种燃料分析的基础。例如，如果一个燃料样品含 A%灰分和 M%水分，那么干基灰分含量为 100：100-A%。

固体燃料：含水量低，一般为 8%～10%的生物质材料。固体燃料允许的水分含量因燃烧系统要求而变化。

干吨：生物质干燥到稳定的 2 000 磅。

能量含量：在特定的压力和温度环境下，一种物质，固体、液体或气体的内含能量。环境的任何变化能够引起物质状态的变化，进而导致物体所含能量的变化。这个概念对于涉及用热做工的计算是至关重要的。又见热值一词。

接收的能量含量：燃烧前燃料所含的能量。它反映了由于风干或加工而引起的燃料中的水分丢失。一般来说，每单位重量燃料接受的能量含量比收获时高。

收获时燃料能量含量：一般用于生物质资源，指收获时燃料的能量含量，也称作绿色能源含量。

能量效率：在能源转换或进程中做有用工，而不是转换为低质量、基本上无用、低温热能的能量占输入总能量的百分率。

乙醇燃料（生物乙醇）：从生物质类资源（通常为甘蔗，玉米等）获得的作为燃料的发酵乙醇。乙醇也可以从化石燃料（例如，煤和天然气）中获得。

可发酵糖：来自淀粉和纤维的能够转化为乙醇的糖（通常为葡萄糖）。也称为还原糖或单糖。

木柴：见“木质燃料”或“薪炭材”词条。

森林调查（盘点）：森林具有不同的结构，即不同种类、树龄和地点的树木在不同的森林以不同的方式集合一起。一次森林地区的盘点可以提供许多不同用途的信息。例如，它可能是自然资源调查、评估森林潜力的国家项目的一部分。因此，森林调查指测量树使用的技术。

森林测定：是林学的一个分支，与个体或集体的树木的规模、组成、增加和树龄的测定有关，也与树木的产品特别是锯材和原木的尺寸有关。

薪炭材（或木柴）：见“木质燃料”一词，联合国粮食农业组织（FAO）使用“薪炭材”。

薪炭材需求：薪炭材或木质燃料的最小需要量。根据家庭消费、手工目的、农村工业必需的最小能量确定，同时与当地的情况和能量供应中薪炭材的分配相一致。

薪炭材供应：在可持续和所有潜在资源的平均年生产力的基础上，已作为或可能作为能源使用的薪材的数量。

“绿色”燃料：这个术语表示新收获的没有大量脱水，含水量不断变化的生物质。多为处理过的植物废弃物和有机物。也指生物基燃料。

绿肥：指将新鲜或仍在生长的绿色植物返还到土壤，可以增加土壤有机质和腐殖质从而支持作物生长。

鲜重:含 30%～35%(干基)水分的新砍伐木材的重量。

总热值(GHV):测量一种燃料总热能源含量的方法。等于一定量燃料完全燃烧释放的热量。它也被称为高位热值。

总生长量:在一定时期内,树木各种直径下至符合规定的最小直径的总的增加量。包括树木达到直径标准和在这一时期之后达到最小直径的增加量。

总初级生产力(Pg)(生物质):在单位时间内单位面积土地上一个生物群落或物种光合作用产生的有机物质的总量。

蓄积量:指的是活树木体积中的正在生长的部分(见"立木材积"一词)。

收获指数:某一作物的指数是有用的收获部分与作物产生的有机物质总重量的比值(另见附录Ⅴ)。

热值:燃料的热值用两个不同的能量含量来表示:

- 总热值(GHV)
- 净热值(NHV)

尽管对石油来说,两者之间的区别很少超过 10%。但是对生物质燃料而言,因为水分含量变化很大,两者之间的差别可能很大。生物质燃料的热值经常作为在不同阶段单位重量或体积的能量含量:绿色、风干和烘干材料(见下面的词条)。另见能量含量。

叶面积指数(LAI):某种作物的叶表面积对应于覆盖单位土地表面面积的比值。

低位热值(LHV):见"净热值"一词。

最大可持续产量:在不减少资源的储备的基础上,每段时期从再生自然资源储备获得的最大量。

年平均生长量(MAI):一定年限内平均每年的增加量,由产生的总生物质除以年数得到。

计量单位:在能量计算中使用的基本单位类型有四个:

- 储存能量单位;
- 流量或速率能量单位;
- 具体能量消费和能量强度;
- 能量含量或热值;

(更多信息见下面的粗体的词条)

水分含量:指燃料中所含的水分量。对于生物质燃料,要特别注意测量和记录水分含量。从收获到最终使用水分含量可以改变 4～5 倍,同时,水分含量对重量或体积基础上的热值以及总热值(GHV)和净热值(NHV)之间的差值而言是至关重要的。

干基水分含量(mcwb):指燃料中水分的重量与烘干(固体燃料)重量的比值,用%表示。

湿基水分含量(mcdb):指燃料中的水分重量与燃料总重的比值,用%表示。

净能量比率(NER):某一生物质燃料过程的NER可以通过计算最终燃料产品的热含量,与在这个过程中所有的工艺和机器产生消耗的能量的比值获得。

净热值(NHV):潜在的可获燃料能量。考虑到薪炭材燃烧过程中因水分蒸发和过热而损失的能量。当系统中燃烧鲜材而不是干木材或化石燃料时,能量损失是多数效率下降的原因。它有时也指低位热值。

净生长量:一定时期内减去自然损失的平均净增加量。

净初级生产力:指单位时间内光合作用形成有机物的量,即呼吸作用后植物体中剩余的量。常用干重来表示。

净初级生产(Pn):植物光合作用产生的有机物质总量减去呼吸作用消耗的有机物质的量,即可用于其他消费者的总生产量。初级生产指植物和自养生物的生产。Pn指植物群落增加的物质;是它由在一定时间间隔内植物生物质变化的总和以及植物材料(例如,死亡等)的损失决定的。另见“初级生产力”一词。

非木质生物质:由生物质能源的性质决定,它与木质生物质没有明确的界线。如木薯、棉花、咖啡都是农作物,但它们的茎都是木质的。为方便起见,非木质生物质包括大多数农业作物、灌木和草本植物。另见“木质生物质”一词。

归一化植物指数(NVI):指由遥感探测得的植物反射的红外与近红外的比率。

干木:劈成相当短、薄的木片后风干得到的木材。

烘干:在水的沸点以上温度(102～103℃)的通风炉内烘干到恒重。这意味着生物质的水分含量为0,有时也被称为绝干。

烘干重:水分含量为零的燃料或生物质的重量。

光合作用:这个术语通常用来表示植物在阳光下将无机原料合成有机化合物的过程。宇宙中所有形式的生命都需要能量来生长和维持。绿色植物通过这个过程利用太阳能产生高能化合物,然后利用其为合成有机物固定二氧化碳，氮和硫。

POL偏极光（折光的简称）：是确定甘蔗中蔗糖水平的一种分析方法。按质量百分比可以清楚表示任何物质的蔗糖含量。它通常被认为是混合液偏极光，世界平均值为12～13。另见“糖度”一词。

一次能源（或初级生产）：测量初始收获、生产或任何类型转换之前发现的燃料的潜在能量含量。它常用来记录国家的能源总消费量，因为忽略燃料使用的转换效率往往引起误解。

初级生产力：在一定地区和时间内，光合作用产生的植物干物质的量。在初级生产力中，光合作用效率是主要决定因素。每年全球初级生产力来自陆地的有（100～125）×10^9 t，加上海洋的（44～55）×10^9 t。大多数生物量（44.3%）在森林和林地中形成。

随机抽样：在随机抽样中，选择测量每一个样本单位的机会都是独立于其他样本的；也就是说任何一个单位的选择与其他供选择的单位之间没有表明特性的区别。选择必须体现变化的规律，以促使抽样对象中的每个单位有已知的被选择的可能性。

遥感：从飞机和卫星上用仪器记录不同部分的电磁波频谱，用来检测地球表面；也用于测量总生物质生产力。

可再生资源：自然资源，由光合作用制造的，或来源于光合产物（例如，来自植物的能源），或直接来源人们利用的植物或动物产品形式的太阳能。见“可再生能源”一词。

可再生能源：指部分或全部来自每年太阳循环过程中的一种能源形式。包括在环境中自然发生并重复的那些连续流（来自太阳、风、植物等的能源）。地热能通常也作为一种再生能源，因为总的来说这是一个规模庞大的资源。

二次级能源（次级燃料或终极能源）：与初级能源的不同在于能源使用和供给转换系统中丢失的能源数量方面，也就是基本燃料制造的能源（例如，在生物质气化炉、煤窑中）。

地位级：某个地点作物相对生产力的衡量方法，或是研究中的作物现存量，均基于体积或重量，或在特定时期取得、或可以取得的最高年平均增加量。

地位指数：见“地位级”一词。

固体体积（木材）：只实际的原木的体积。通过获得平均切割原木后单个几何形状的尺寸来确定；通常用立方米表示。

立木：直立树的值。类似的术语如立木值，立木费、立木值、立木使用费、立木税交替使用，往往造成混淆。立木费衡量立木资源价值的财政概念；立木值是一种单位木材资源的社会价值的经济概念，用资源（机会）成本和影子（效率）价格来估计；立木使用费现在指使用公共地上的树时政府所收取的费用。

堆积体积（木材）：当被堆积成确定的密度时原木所占的体积，通常用立方米表示。

林分：由种类组成、年龄段的安排和条件上充分一致的树木的连续群体形成的相似的和可区分的单位。

林分体积：包括所有的品种，活的或死的，包括所有的直径下至符合标准的最小的直径。没有垂直树干（灌木等）的品种不看作树。它包括倒在地上的还能用作纤维和燃料的死树。

林分体积表：单一品种同龄作物每公顷的体积可以通过一个林分体积表直接预测得到，从而代替砍伐样品树木或是测量它们的林分或是使用单一树木体积表。最常见的林分体积表来源于每公顷体积的简单线性回归，或每公顷组合变基面积乘以作物代表高度；常使用占优势树的高度，因为方便的同时能够客观地定义为每公顷100棵最粗或最高树的高度。在使用20个独立样本时，通常立木体积表的0.05置信区间为平均林分体积的±（5%～10%）。

立方米：堆积木材的测量方法。定义是长1 m、宽1 m、高1 m的一堆木材的体积为1 m^3，实际上1 m^3 木材的重量变化范围是250～600 kg。

存量：任何特定时间内生物质的总重量。生物质存量和清点量最初更适于用总毛重数字表示，然后用烘干重量表示。

存量能量单位：这些单位测量资源和存量中的大量能源（例如，特定时间点树木中的木质能源）；例如吨石油当量或焦耳倍数（MJ、GJ、PJ）。

存量（木材）：单位面积木质材料的体积或重量，通常用在特定的土壤和当时的气候条件下可测量的或理论上可能最大值的比例来表示。常用树冠覆盖的单位面积的比例作为存量的一个粗略指示。

总生物质体积：一株植物的所有地上部分。

树高测量：树高测量很重要的，因为它常常是估计树体积中普遍使用的变量之一。树高有不同的可能导致实际问题的含义。因此明确树高的定义很重要。

总高度：指地面和树尖之间沿着树轴的距离。

主干高度:指地面和树冠点之间沿着树干轴的距离。

商品材高度(可售材高度):指地面和树干最后可用部分的终端位置之间沿着树轴的距离(最小径直径)。

树桩高度:指地面和树主干基部位置即树被砍伐的地方之间的距离,大约为30 cm。

可销售长度:指树桩顶部和树干最后可用部分的终端位置之间沿着树轴的距离。

缺陷长度:可销售中由于缺陷不能利用的部分的总和。

有效的销售长度:等于销售长度减去缺陷长度。

树冠长度:指的是树冠点和树顶之间沿着树轴的距离。

植被指数:来自陆地遥感中的结合的可见光和近红外观测。植被指数是电磁遥感的一个重要方面,电磁遥感可能对研究生物气候具有重要价值。

木质燃料:直接或间接来自森林和非森林中的树木和灌木的所有类型的生物燃料。木质燃料也包括来自造林活动(疏伐,修剪等)、收获、伐木(树冠、根、枝)的生物质,以及来自作为燃料使用的森林工业的初级、次级副产品,还包括来自森林能源种植园的木质燃料。木质燃料由四个主要类型组成:

- 薪炭材(或木柴);
- 木炭;
- 造纸黑液;
- 其他。

根据来源,木质燃料分为三组,详细如下:

- **直接木质燃料**:这些包括直接来自以下几个方面的木材:
  - —森林(天然林和人工林)—树冠覆盖超过10%的土地和超过0.5 hm^2的区域;
  - —其他林地(树木的树冠覆盖为5%~10%,同时在原位成熟时至少达到5 m高的土地;或是树冠覆盖超过10%而在原位成熟时没有达到5 m高的土地,以及灌木或矮树覆盖下的土地);
  - —其他提供能量供应的土地,包括记载的(记录在官方统计资料中)和没有记载的木质燃料。
- **间接木质燃料**:这些通常包括工业副产品,来自初级(锯木、刨花板、纸浆和造纸厂)和次级(细木工,木工)木材行业,例如锯木厂丢弃物、厚板、边缘和零碎物、木屑、刨花和树皮碎片、造纸黑液等。
- **可回收的木质燃料**:指来自森林部门以外的所有经济和社会活动的木质

生物质，通常是建筑部门、建筑物的拆除、货盘、木质容器、盒子等的废弃物（FAO 的定义）。

木质生物质：尽管一些灌木、矮树丛和农作物（如木薯、棉花和咖啡）的茎是木质的和常常包括在内，主要包括树木和森林残留物（树叶除外）。木质生物质是最重要的生物质能源形式。又见“生物质”和“非木质生物质”两词条。

产量：植物物质产量的定义是一定时间、特定地区内生物质的增加量，同时必须包括从该地区移走的所有的生物质。生物质产量或每年的增加量用每年的干吨/公顷来表示。同时应该清楚说明，产量是当前的还是平均年增加量。

附录Ⅱ　最常用的生物质符号

生物质和其他

od 或 OD =烘干；

odt 或 ODT =烘干吨；

ad 或 AD =风干；

mc 或 MC =水分含量；

mcwb =水分含量，湿基；

mcdb =水分含量，干基；

MAI =年平均生长量；

GHV =总热值；

HHV =高位热值；

LHV =低位热值；

NHV =净热值。

公制单位前缀

前缀	符号	单位
exa	E	10^{18}
peta	P	10^{15}
tera	T	10^{12}
giga	G	10^{9}
mega	M	10^{6}
kilo	k	10^{3}
nano	n	10^{-9}
micro	u	10^{-6}
milli	m	10^{-3}

公制换算

1 km=1 000 m

1 m=100 cm

1 cm=10 mm

1 km^2=100 hm^2

1 hm^2=10 000 m^2

费用

被乘数	乘数	等于
$ /ton	1.102 3	$ /M
$ mg	0.907 2	$ /ton
$ MBtu	0.947 0	$ /GJ
$ GJ	1.055 9	$ /Btu

附录Ⅲ 能量单位:基本定义

能量:可以用不同的单位测量,其中最常用的是焦耳(符号 J)。在过去,卡(符号 cal)被广泛用于测量热(热能)。但是在 1948 年第九届重量和计量单位会议上,采用焦耳 J 作为热能的测量单位。

商业能源的能量含量用热值表示,热值提供特定材料的能量含量且与重量单位相关,用 kJ/kg(过去用 kcal/kg)度量。各种能源的热值总是约数,因为精确的热值主要取决于化学组成。

液体燃料:和一些固体燃料如薪炭柴、木切片等的数量,在多数情况下用体积测量,因此其热值也可用与体积相关的单位表示。借助能量载体的比重(kg/L)和体积密度(kg/m^3),可以估计热值。根据化学组成和物理状态,热值可以发生很大的变化。

电能:电力能源通常用千瓦小时度量(符号 kWh);因为 1 J=1 瓦秒,乘以 3 600(1 h=3 600 s)和 1 k=1 000,1 千瓦时等于 360 万 J(3.6 MJ)。另外,1 kWh 电能等于 860 大卡热,因此从旧的能量单位卡到标准单位焦耳的转换系数如下:

$$1\ \text{kcal}=3\ 600/860=4.186\ 8\ \text{kJ}$$

能当量 1 kWh=3.6 MJ=860 kcal,与净(有用)能有关。但是由于产生和传送电能的效率约为 30%,产生 1 kWh 电能要用去 12 000 kJ 即 2 870 kcal 的一次能源。因此,当讨论电能的能当量时应该明确区分这两种方法。

应该注意到一个事实,千瓦时不是电力单位而是能量单位,它等于 1 kW 电力运作 1 h 消耗的总能量。

能当量和转换系数

为了比较各种能源的能当量、具有不同的热值和物理化学特性的能量载体,在技术经济计算中使用各种能量单位和能当量。

尽管基本单位是焦耳和 kWh,实际上,在附录Ⅱ的公制单位前缀表中已详细列出了很小单位的标准前缀。

前缀	符号	单位
exa	E	10^{18}
peta	P	10^{15}
tera	T	10^{12}
giga	G	10^{9}
mega	M	10^{6}
kilo	k	10^{3}

另外，kWh 首先指电能，它不是测量和表示化石燃料和固体燃料的能量含量的一个非常方便的单位。但是以前较常用煤当量 kg(kgCE，30 MJ/kg LHV)，但现在人们普遍接受油当量 kg(kgOE；42 MJ/kg LHV)作为表示不同能量载体的热当量单位。

功率和效率

以前内燃机的机械功率用 HP(马力)衡量，但新标准单位为 kW(转换系数为 HP＝0.736 kW)。

热发生器的热功率以前用 kcal/h 表示；而新标准单位也是 kW (转换系数是 1 kW ＝ 860 kcal/h，例如：一个 100 000 kcal/h 锅炉的热功率是 100 000/860＝116 kw)。

电功率仍热用 kW 度量 (焦耳每秒的小部分一J/s)。

所有能源和各种形式能源都能转化为任何其他形式，但能量转化过程总是伴随着或大或小的能量损失，能量转化效率主要取决于能源或载体的类型、能量转化装备的结构和设计，以及实际操作情况。所以，应该从能量和经济角度比较各种燃烧单元和加热系统，除了各种能源载体的具体燃料价格用通用单位 kJ 或 kgOE(即 US＄/kJ 或 US＄/kgOE)，具体净(有用)能价格考虑到应该计算的预期能量效率。

国际单位

J＝焦耳；

1 hm^2＝公顷＝2.47 英亩；

t＝公吨＝1 000 kg；

1 btu(英国热量单位)＝1.054 kJ；

1 calorie＝4.19 J；

1 kWh＝3 600 J；

1 W＝1Js－1。

参考文献

Bialy, J. 1979. Measurement of Energy Released in the Combustion of Fuels, School of Engineering Sciences, Edinburgh University, Edinburgh

Bialy, J. 1986. A New Approach to Domestic Fuelwood Constervation: Guidelines for Research, FAO, Rome

www. convertit. com(electronic unit converter)

www. exe. ac. uk/dictunit/(a general dictionary of units)

附录Ⅳ 木材、薪炭材和木炭的一些转换数字

表Ⅳ.1 转换数字[a](风干,20%水分)

1 t 木材	=	1 000 kg
	=	1.38 m^3
	=	0.343 t 油
	=	7.33 桶油
	=	90.5 L 煤油
	=	3.5 Mkcal
1 t 木材(od)	=	15 GJ
1 t 木材(od)	=	20 GJ
1 m^3 木材	=	0.725 t
	=	30 lb
1 m^3 木材(s 堆积)	=	0.276 cord(堆积)
1 cord[b] 木材	=	1.25 t(3.62 m^3)
1 cord(堆积)	=	2.12 m^3(固体)
	=	3.62 m^3(堆积)
	=	128 ft^3(堆积)
1 stere[b] 木材	=	1 m^3(0.725 t)
1 pile 木材	=	0.510 t(510 kg)
1 QUAD	=	62.5 t 木材(od)
	=	96.2 t 木材(鲜重)
1 headload[c]	=	37 kg
1 t 木炭		6～12 t 木材[d];30GJ
1 m^3 木炭	=	8.28～16.52 m^3 木材
	=	0.250 t
1 kg 木炭	=	4.2～4.7 m^3 发生炉煤气
1 kg 湿木材	=	1.2～1.5 m^3 发生炉煤气
1 kg 干木材	=	1.9～2.2 m^3 发生炉煤气
1 t 农业残留	=	10～17 GJ[e]

注:

[a] 这些只是近似数字,因此重要的是清楚地说明使用的所有转换系数。

[b] 在实际应用中扎(cord)和立方米测量的变化很明显。见附录Ⅰ术语表。

[c] 头顶的垛形物因地而异。这是对一个成年女性的头顶负重力而言。

[d] 这个巨大差异是由于许多因素(例如,品种、水分含量、木材密度、木炭片大小、费用等)造成的。

[e] 这个大变化是因为水分含量。水分含量为20%时是13～15 GJ。

来源:Rosillo-Calle 等(1996)。

参考文献

Rosillo-Calle, F., Furtado, P., Rezende, M. E. A. and Hall, D. O. 1996. The Charcoal Dilemma: Finding Sustainable Solutions for Brazilian Industry, Intermediate Technology Publications, London

附录Ⅴ　关于生物质的能值和水分含量的更多信息

附录2.3给出了如何计算生物质的体积、密度、水分含量和能值的详细说明。附录Ⅴ提供了关于能值和水分含量的其他详细信息。

为了便于记忆，使用两种不同类型的能量含量记录燃料的热值：总热值和净热值。虽然对于石油，两者之间的差异很少超过10%，但是对于水分含量变化很大的生物质燃料差异可能非常大。

总热值(GHV)

总热值即燃料燃烧释放的总能量除以燃料的重量所得的值，也称作高位热值(HHV)。

净热值(NHV)

净热值即实际燃烧获得的能量，并考虑到自由水或结合水蒸发导致的能量损失后。NHV总是比GHV小，主要是因为它不包括燃烧过程中释放的两种形式的热能：

- 燃料中的水分蒸发所需要的能量；
- 燃料中烃分子中的氢形成水以及水分蒸发所需要的能量。

NHV和GHV的差异主要取决于燃料的水分(氢)含量。石油燃料和天然气含水量很少(3%～6%甚至更少)，但生物质燃料在燃烧点时的含水量可能多达50%～60%。

生物质燃料的热值常用不同阶段(如新鲜、风干、烘干的材料)单位重量或体积的能量含量表示(见附录2.3和术语表)。

现在大部分国际和国内的能量统计用LHV(低位热值)，定义为热值1010卡(107大卡)或41.868GJ。但是一些国家和许多生物质能源报告和项目仍然使用高位热值。对于化石燃料如煤、石油和天然气，以及大多数形式的生物质，低位热值接近为高热值的90%。

水分含量

刚收获("青绿"作物或木材)和一段时间后用作燃料的生物质材料，水分含量存在4～5倍的变异，因为这期间部分材料干燥或失去水分。这一过程中任何阶段的含水量通常称为水分含量，并以百分数表示，测量方法有两种，分别是在湿基和干基上测量(也见附录2.3)：

- 干基水分含量(mcdb),生物质中水分的重量除以生物质干重;
- 湿基水分含量(mcwb),生物质中水分的重量除以生物质的总重量,即水分重量和生物质干重之和。

表Ⅴ.1提供了生物质的HHV和LHV(GJ/t),其前两列表明mcdb和mcwb的关系,根据水分含量和干生物质的三个典型的HHV(HHVd);更多细节见Kartha等(2005)pp141-143。

正如表Ⅴ.1中所评价,水分对单位生物质的能量含量有较大的影响,然而使用HHV有较小但显著的影响。可以推测低热值和高热值的差异随水分含量的增加而增大(Kartha等(2005)pp141-143)。表Ⅴ.2说明了残留产品、能值和水分含量。

表Ⅴ.1 不同水分含量下的能量含量以及高位、低位热值的利用

水分/%		干生物质的高位热值(HHVd)					
湿基(mcwb)	干基(mcdb)	22 GJ	20 GJ	18 GJ	22 GJ	20 GJ	18 GJ
		特定水分含量下的生物质的高位热值(HHV)和低位热值(LHV)					
		HHV	HHV	HHV	LHV	LHV	LHV
0	0	22.0	20.0	18.0	20.79	18.79	16.79
5	5	20.9	19.0	17.1	19.64	17.74	15.84
15	18	18.7	17.0	15.3	17.34	15.64	13.94
20	25	17.6	16.0	14.4	16.18	14.58	12.98
25	33	16.5	15.0	13.5	15.03	13.53	12.03
30	43	15.4	14.0	12.6	13.88	12.48	11.08
35	54	14.3	13.0	11.7	12.72	11.42	10.12
40	67	13.2	12.0	10.8	11.57	10.37	9.17
45	82	12.1	11.0	9.90	10.42	9.32	8.22
50	100	11.0	10.0	9.00	9.27	8.27	7.27

来源:Kartha等(2005)。

表Ⅴ.2 残留产品、能值和水分含量

生物质	产品:残渣	产品能值/(GJ/t)	产品水分状况	残留能值/(GJ/t)	残留水分状况
谷物[a]	1.0∶1.3	14.7	20%风干	13.9	20%风干
燕麦[a]	1.0∶1.3	14.7	20%风干	13.9	20%风干
玉米[a]	1.0∶1.4	14.7	20%风干	13.0	20%风干
高粱	1.0∶1.4	14.7	20%风干	13.0	20%风干
小麦	1.0∶1.3	14.7	20%风干	13.9	20%风干
大麦	1.0∶2.3	14	20%风干	17.0	干重
水稻	1.0∶1.4	14.7	20%风干	11.7	20%风干

续表Ⅴ.2

生物质	产品:残渣	产品能值/(GJ/t)	产品水分状况	残留能值/(GJ/t)	残留水分状况
甘蔗	1.0∶1.6	5.3	48%水分	7.7	50%水分
豆类[b]	1.0∶1.9	14.7	20%风干	12.8	20%风干
干豆	1.0∶1.2	14.7	20%风干	12.8	20%风干
木薯[c]	1.0∶0.4	5.6	收获	13.1	20%风干
马铃薯	1.0∶0.4	3.6	50%水分	5.5	60%水分
甘薯	1.0∶0.4	5.6	收获	5.5	收获
水果	1.0∶2.0	3.2	收获	13.1	20%风干
蔬菜	1.0∶0.4	3.2	鲜重	13.0	20%风干
纤维作物[d]	1.0∶0.4	18.0	20%风干	15.9	20%风干
籽棉	1.0∶2.1	25.0	干重	25.0	干重
向日葵[e]	1.0∶2.1	25.0	干重	25.0	干重
大豆	1.0∶2.1	14.7	20%风干	16.0	20%风干
花生[e]	1.0∶2.1	25.0	20%风干	16.0	20%风干
茶	1.0∶1.2	10.2	20%风干	13.0	20%风干
干椰肉(椰子产品)		28.0	5%水分		
纤维(残留椰子皮)	1.0∶1.1			16.0	风干
壳(残留椰子壳)	1.0∶0.86			20.0	风干

注：

[a] 谷物(包括玉米、高粱和燕麦)的能值是基于 Ryan & Openshaw,1991;Senelwa & Hall,1994;Strehler & Stutzle,1987 和 Woods,1990 提供的类似作物能值的最好假设。

[b] 豆类的能值是基于 Ryan & Openshaw,1991;Senelwa & Hall,1994 和 Strehler & Stutzle,1987 提供的类似作物能值的最好假设。

[c] 木薯和甘薯的能值是基于 Senelwa & Hall,1994 和 Strehler & Stutzle,1987 提供的类似作物能值的最好假设。

[d] 纤维作物的能值是基于 Senelwa & Hall,1994 和 Strehler & Stutzle,1987 提供的类似作物能值的最好假设。

[e] 产品:向日葵和花生的残留率是基于 Strehler & Stutzle,1987 提供的类似作物能值的最好假设。

来源:Hemstock 和 Hall(1995);Hestock(2005)。

参考文献

Hemstock,S. L. 2005. Biomass Energy Potential in Tuvalu(Alofa Tuvalu),Government of Tuvalu Report

Hemstock, S. L. and Hall, D. O. 1995. 'Biomass energy flows in Zimbabwe',Biomass and Bioenergy,8,151-173

Kartha, S. , Leach, G.. and Rjan, S. C. 2005. Advancing Bioenergy for Sustainable Development; Guidelines for Policymakers and Investors, Energy Sector Management Assistance Programme (ESMAP) Report 300/05, The World Bank, Washington, DC

Leach, G. and Grown, M. 1987. Household Energy Handbook: An Interim Guide and Reference Manual, World Bank Technical Paper no 67, World Bank, Washington, DC

Openshaw, K. 1983. 'Measuring fuelwood and charcoal', in Wood Fuel Surveys, FAO, pp173-178

Ryan, P. and Openshaw, K. 1991. Assessment of Bioenergy Resources: a discussion of its needs and methodology. Industry and Energy Development Working Papers, Energy Series Paper no 48. World Bank, Washington, DC, USA

Senelwa, K. A. and Hall, D. O. 1994. 'A Biomass energy flow chart for Kenya', Biomass and Bioenergy, 4, 35-48

Strehler, K. A. and Stutzle, G. 1987. Biomass Residues. D. O. Hall and R. P. Overend(eds), Biomass: Regenerable Energy, Elsevier Applied Science Publishers, London, UK

Woods, J. 1990. Biomass Energy Flow Chart for Zambia-1988. King's College London, Division of Biosphere Sciences, London, UK

www. eere. energy. gov/biomass/feedstock _ databases. html (conversion factors)

www. fao. org// doccrep/007/(bioenergy terminology, parameters, units and conversion factors, properties of biofuels, moisture content, energy content, mass, volume and density)

附录Ⅵ　测量糖和乙醇产量

糖产量

平均每 100 t 甘蔗产生(Thomas,1995)：

- 1.2 t 原糖(98.5pol)；
- 5.0 t 剩余甘蔗渣(水分 49%)=1 300 kW·h 电(取决于锅炉的效率)；
- 2.7 t 糖蜜(糖度 89,比重 1.47)；
- 3.0 t 滤泥(水分 80%)；
- 0.3 t 炉灰；
- 30.0 t 甘蔗梢/垃圾(barbojo)。

这些数量是工业平均值,在国家之间以及同一个国家的设备之间有相当大的变化。

乙醇产量

1 kg 转化糖=0.484 kg 乙醇=0.61 L；

1 kg 蔗糖=0.510 kg 乙醇=0.65 L；

1 kg 淀粉=0.530 kg 乙醇=0.68 L；

1 kg 乙醇=6 390 kcal；

1 L 乙醇=5 048 kcal；

1 t 乙醇=1 262 L

=26.7 GJ(21.1MJ/L),LHV;23.4 GJ/L,HHV。

注:以重量为单位乙醇的最大理论产量是 48%转化葡萄糖。

来源:生物质用户网(BUN)数字;http://bioenergy.ornl.gov/papers/misc/energy_conv.html

甘蔗的性质

一般 1 t 甘蔗(UNICA,巴西——www.portalunica.com.br)：

- 能量含量 1.2boe；
- 产生 118 kg 糖(加 10 L 糖蜜)；
- 产生 85 L 无水乙醇；
- 产生 89 L 水合乙醇；

转换系数:乙醇和汽油

转换系数并不简单,因为很大程度上它不仅取决于燃料(即乙醇和汽油)的热值而且还取决于发动机效率、调整、混合等。例如:尽管乙醇的热值较低,但当燃烧时它的效率比汽油的还高,因此产生更多的能量,部分弥补了热值的不足。例如在巴西,乙醇以24%的比例与汽油混合①,考虑到发动机中乙醇热值较低和高效率的情况。转换系数定为1.2～1.3 L乙醇/汽油,

对于使用弹性掺混比燃料的车辆,转换系数更复杂,因为掺混比例变化相当大(即在巴西,从最小20%到几乎100%,尽管目前50%∶50%的乙醇-汽油混合比例很普遍)。但是复杂情况还没完,原因是弹性燃料车辆的发动机特点因发动机的压缩比变化而不同,目前是介于汽油和乙醇燃料发动机之间(更多细节见Rosillo-Calle和Walter,2006)。弹性燃料车辆发动机的压缩,如VW Golf 1.6的10.1,Fiat Palio 1.38v的11.1(注:这两种汽车都使用弹性燃料;压缩比正在提高,可能在不久的将来新技术发展将促进压缩比进一步提高)。

利用甘蔗生产糖和乙醇

图Ⅵ.1中的流程图简要图解了在巴西利用甘蔗生产糖和乙醇的过程。

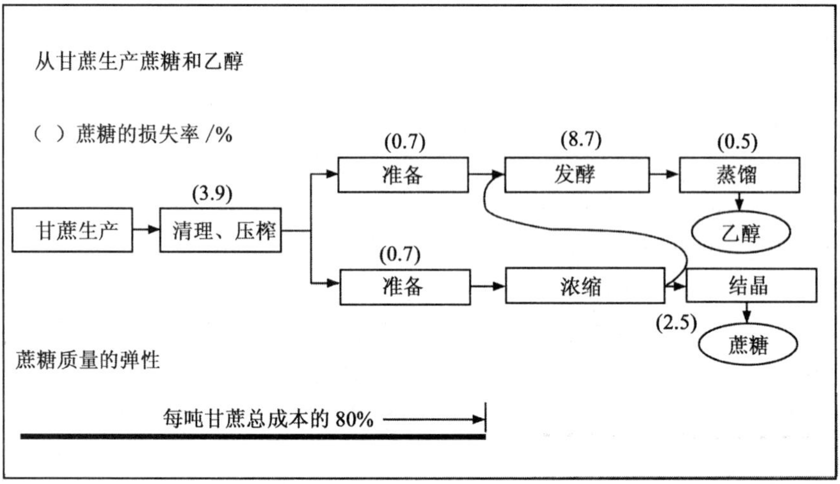

Source: Macedo (2003).

图Ⅵ.1 巴西用甘蔗生产蔗糖和乙醇的流程

乙醇的农产品加工业加工

表Ⅵ.1详细说明了巴西的乙醇农产加工业加工中涉及的能量流。

---

①这可以改变,但大多数情况下混合比例保持在20%～25%。

表Ⅵ.1　巴西圣保罗的农产加工业乙醇加工过程中的能量平衡

项目	能量流(MJ/t 甘蔗)			
	平均		最佳情况	
	消费	生产	消费	生产
农业活动	202		192	
工业过程	49		40	
乙醇生产		1 922		2 052
甘蔗渣剩余		169		316
总量	251	2 090	232	2 368
能量输出/输入	8.3		10.2	

来源：Macedo 等(2004)。

参考文献

Macedo, I. C. 2003. 'Technology: Key to sustainability and profitability—A Brazilian view', Cebu, Worshop Technology and Profitability in Sugar Production, International Sugar Council, Philippines, 27 May 2003

Macedo, I. C., Lima Verde Leal, R. and Silva, J. E. A. R. 2004. 'Assessment of greenhouse gas emission in the production and use of fuel ethanol in Brazil', Secretariat of the Environment, Government of the State of Sao Paulo, SP

Rosillo-Calle, F. and Walter, A. 2006. 'Global market for bioethanol: Historical trends and future prospects', Energy for Sustainable Development (Special Issue), March

Thomas, C. Y. 1985. Sugar: Threat or Challenge, International Development Research Center, IDRC-244e, Ottawa, Canada

www.portalunica.com.br (information on Brazil's sugar cane energy)

附录Ⅶ 化石燃料和生物能原料的碳含量

化石燃料的碳含量	
1 t 煤	= 750 kg
1 t 油	= 820 kg
1 t 天然气	= 710 kg
1 m^3 天然气	= 0.50 kg
1 L 油（平均）	= 0.64 kg
1 L 柴油	= 0.73 kg
1 t 柴油燃料	= 850 kg[a]
1 t 汽油	= 860 kg[b]
烘干生物能原料的碳含量（大约）	
木质作物	= 50%
禾本科作物（草和农作物残留物）	= 45%

注：

[a]：30℃时 1 159 L/t。

[b]：30℃时 1 418 L/t。

改编自：http://bioenergy.ornl.gov/papers/misc/energy_conv.html